W0266456

GESCHICHTE DES DEUTSCHEN SCHLEPPERBAUS

WOLFGANG H. GEBHARDT

GESCHICHTE DES DEUTSCHEN SCHLEPPERBAUS

WELTBILD VERLAG

Mit 452 Schwarzweißabbildungen

Zu den Abbildungen:

1 = Werkfoto
2 = Sammlung Jürgen Hummel
3 = Sammlung Armin Bauer

Alle nicht gekennzeichneten Abbildungen stammen aus dem Archiv des Verfassers

Genehmigte Lizenzausgabe für
Weltbild Verlag GmbH, Augsburg 1997
© 1987 by Franckh-Kosmos Verlags-GmbH, Stuttgart
Das Werk, einschließlich aller seiner Teile, ist urheberrechtlich geschützt. Jede Verwertung außerhalb der engen Grenzen des Urheberrechtsgesetzes ist ohne Zustimmung des Verlages unzulässig und strafbar. Das gilt insbesondere für Vervielfältigungen, Übersetzungen, Mikroverfilmungen und die Einspeicherung und Verarbeitung in elektronischen Systemen.
Einbandgestaltung: Peter Engel, München
Gesamtherstellung: Ebner Ulm
Printed in Germany
ISBN 3-89350-813-9

Geschichte des Deutschen Schlepperbaus

Einleitung 11

Abega 36
Abele, Agria 37
Allgaier 40
Altmann, Anker 45
Ansbacher 46
Apollo 47
Atlas, Auto-Union 48
Autowerke Salzgitter 49

Bautz 50
Bayer. Kleinmotorpflug, Bayer. Landmaschinen- und Kraftfahrzeug GmbH (Alpenland), Bayer. Traktoren und Fahrzeugbau . . . 55
Beemann, Beilhack, Benz, Bischoff 58
Biwag, Blancke, Blank 60
Boehringer (Unimog) 64
Borgward 66
Borsig 67
Buchholz, Büssing 68
Bungartz 70

Cerva 73
Claas 74

Daimler Benz 76
Daimler-Motoren-Gesellschaft 84
Dechentreiter 86
Johne Deere, Deuliewag, Demmler, Deumo, Deutsche Industrie-Werke, Deutsche Landwirtschafts-Bedarfs-Gesellschaft 91
Deutsche Landwirtschafts-Industrie, Dt. Motorpflug- und Lokomotivfabrik, Dt. Zugmaschinen 92
Deutsches Landwerk 93
Dexheimer 94
Dinos 95

Dolmar 96
Dreyer, Dürkopp 97

Eberhard, Eicher 99
Eicker, Ensinger 117
Erkelenz 118

Fahr 120
Faka, Famo 129
Faun, Fendt 134
Fey 150
Flader 151
Flöther, Freund 152
Funke u. Hueck 153

Gast, Godfrin 154
Gothaer Waggonfabrik, Grams 156
Grebestein, Gruse, Güldner 158
Gumbinnen, Gutbrod 164

Hagedorn 168
Hako 169
Hallensia, Hanomag 172
Hannoversche Fahrzeugfabrik, Hann. Waggonfabrik,
Hansa-Lloyd 190
Hanseatische Motoren-Gesellschaft, Hartmann 192
Hatz 193
Hein, Hessische Motorenbau 196
Heßler, Heumann 197
Hieble 198
Hofmann 199
Holder 201
Hütter, Hummel 206
Hunger 208

Fürstlich Stollberg'sches Hüttenamt (Ilsenburger),
Imperator, IHC 210

Irus 220
Jaehne und Sohn 221

Kaelble 222
Kämper 224
Kelkel, Gottfried 225
Kelkel, Josef 226
Kemna 228
Kiefel 229
Kiesel, Kießwetter, Klauder 230
Kleine, Klöckner-Humboldt-Deutz 231
Klose 248
Kögel, Körting 249
Komnick 250
Kosto 255
Kramer 256
Krapp 265
Krieger 266
Krümpel, Kühner und Berger 267
Kuers (Ergomobil) 268
Kulmus, Aktien-Maschinenfabrik Kyffhäuserhütte (Akra) 270

Landmaschinenwerk Karlsruhe-Durlach (Farmtrak) 273
Landwirtschaftskammer Müncheberg, Hermann Lanz (Hela) 274
Heinrich Lanz 282
Lehmbeck 305
Liebherr, Linke-Hofmann-Busch 307
Lippische Werkstätten (Damig) 311
Löcknitzer Eisenwerk 312
Luftfahrzeug Gesellschaft, Lythall 314

Märkische Motorpflug-Fabrik (Arator) 315
Staatliches Hüttenamt Malapane, Manhardt,
Mannesmann-Mulag 317
Markranstädter Automobil-Fabrik 318
Martin (Bayer. Landmaschinenfabrik AG) 320
Maschinenbau AG Starke und Hoffmann 321
Maschinen-Centrale, Landmaschinenfabrik AG 322
Maschinenfabrik Augsburg-Nürnberg (MAN) 323
Metallwerk Creussen (Unitrak) 331
MIAG Mühlenbau und Industrie AG 333
Baugesellschaft Michelsohn (Baumi) 336
Hüttenwerk, Eisengießerei und Maschinenfabrik Michelstadt
AG (Unirag) 337

Mig-Auto-Motorpflug, Moorkultur-Kraftpflug Gesellschaft mbH, Motorenfabrik Darmstadt (Modag) 339
Motorenfabrik München-Sendling 340
Motorenfabrik Oberursel 344
Motoren-Werke Mannheim (MWM) 345
Motorpflugfabrik Vorwärts 346
Motorpfluggesellschaft mbH, Motorpflug-Fabrik GmbH, Motorpflugwerke München GmbH, Maschinenfabrik Gottwald Müller GmbH, MULAG Fahrzeugwerk Heinz Wössner KG 347

Nahag AG 349
Neukirch, Neumeyer AG 350
Nodu, Norddeutsche Traktorenfabrik Franz Westermann (Nordtrak) . 351
Nordhäuser Maschinenbau GmbH (Normag) 354

Odenbach-Motorpflug, Adam Opel, Orenstein und Koppel und Lübecker Maschinenbau AG (auch MBA, Maschinenbau und Bahnbedarf AG) 360

Phönix 366
Pionier, Planet Maschinenfabrik und Eisengießerei, Ernst Platten und Söhne KG 367
Podeus 368
Pöhl 371
Porsche-Diesel-Motorenbau GmbH 377
Porsche GmbH Konstruktion und Beratung für Motoren- und Fahrzeugbau 379
Primus 383

Rathgeber AG (Famo) 388
Reichsamt für Wirtschaftsausbau 389
Carl Friedrich Richter und Co., Rische und Apitz (Eubu) 390
Ritscher GmbH (Moorburger Treckerwerke) 392
Röhr (Isaria) 400
Rotenburger Metallwerk 403
Rüttger Motorpflug- und Automobilwerk, Ruhrstahl AG 405
Ruhrthaler Maschinenfabrik Schwarz und Dyckerhoff GmbH 407
Ruhrwerke, Rush 408

Sack, Karl Schaeff 409
Schanzlin 410

Scheffeldt 413
Schlüter 414
Schmiedag 425
Schmotzer 427
Schneider Maschinen- und Geräteträgerbau 430
Maschinen- und Traktorenbau Schneider, Schröder und Wurr 431
Schultz-Motorpflug-Patent GmbH 432
Schwäbische Hüttenwerke GmbH 433
Schwalbe Maschinenfabrik, H. H. Sieben, Siemens-Schuckert Werke Berlin 435
Steiger und Cie., Stihl Maschinenfabrik 437
Stock und Co. 440
Stoewer 449
Ströbele, Süddeutsche Bremsen AG, Sulzer Maschinen- und Fahrzeugbau 450

Taunus Traktoren, Technische Kultur Gesellschaft für Forst- und Maschinenwesen mbH, Titus-Traktorenbau (Primus-Montagewerk) 454
Toro-Motorpflug AG 455
Trabant Traktorenbau GmbH 456
Tröster Landmaschinenfabrik 457

Union-Gießerei, Universal-Landbaumotor AG (Faktotum) 458
Unterilp, Ursus-Traktoren-Werk GmbH 459

Vari Werk Haussner KG, VEB DUZ Schädlingsbekämpfungswerke . 463
VEB IFA Traktorenwerk Brandenburg 464
VEB Horchwerke 467
VEB IFA Schlepperwerk Nordhausen 468
VEB IFA Schlepper-Werk Triptis 471
VEB IFA Traktorenwerke Schönebeck 472
Vereinigte Fabriken landwirtschaftlicher Maschinen (Epple und Buxbaum) 475
Vereinigter Motoren- und Flugzeugbau Paul Dahl 476
Vogeler Maschinen- und Werkzeugfabrik 477
Voß und Co. (Hammonia) 478

Wahl Maschinenfabrik KG 479
Motorpflug Carl Freiherr v. Wangenheim 481
Wanner 483

Anton und Ludwig Weber 484
Weichel Landmaschinenbau, Weigold Fahrzeugbau, Welte Stahl- und Fahrzeugbau (Oekonom) 485
Wesseler oHG Schlepper- und Fahrzeugbau 487
Fahrzeugbau Widmann (Fawi), Georg Wiß 491
Wolfenbütteler Traktoren Gesellschaft mbH, Wumag-Waggon- und Maschinenbau GmbH 492

Zanker 493
Zettelmeyer 494
E. A. Zogbaum 496

Nachtrag 497

Literaturhinweise 498

Erläuterungen zu den Abkürzungen in den Tabellen

SP bedeutet: Aufnahme der Produktion bzw. der Serienproduktion dieses Typs
Z bedeutet: Anzahl der Zylinder
K bedeutet: Kühlung (Luft, Wasser, Verdampfungskühlung, Thermosyphonkühlung)
B x H bedeutet: Bohrung mal Hub
Hub. bedeutet: Hubraum
D bedeutet: Drehzahl
Mot. bedeutet: Motorhersteller, sofern Fremdfabrikate verwendet wurden; weiterhin sind in dieser Spalte Besonderheiten vermerkt (Art des Motors, Allradantrieb, Lenkung usw.)

Einleitung

Das vorliegende Buch enthält eine alphabetische Zusammenstellung aller deutschen Hersteller von Tragpflügen, Traktoren und Raupenschleppern, die seit 1896, dem Zeitpunkt, als Adolf Altmann seinen **„Trakteur“** schuf, bis zum Jahre 1986 in diesem Industriezweig tätig waren bzw. tätig sind.

Für die Zusammenstellung der Firmendarstellungen wurden Motorzeitschriften seit der Jahrhundertwende bis in die 80er Jahre, spezielle Traktorenliteratur sowie Auskünfte von Firmen, Industrie- und Handelskammern und Stadtarchiven herangezogen.

Der Vorwurf der Unvollkommenheit muß bei diesem ersten Portrait der Schlepperindustrie in Kauf genommen werden. Trotz vielfacher Recherchen waren eine vollständige Darstellung sowie eine exakte Erfassung der Produktionszeiträume und Baujahre nicht möglich, weil der Traktorenindustrie als einem Nebenzweig der Kraftfahrzeugindustrie in der Literatur keine sonderliche Beachtung zuteil wurde, und daher die Informationen im Gegensatz zur Pkw- und Teilbereichen der Nutzfahrzeugindustrie recht spärlich sind bzw. Lücken aufweisen. Darauf hinzuweisen ist, daß die Texte in den frühen Zeitschriften oft widersprüchliche Angaben zum Fertigungszeitpunkt sowie zu den technischen Daten aufweisen.

Zudem bestanden gerade in den 20er Jahren und kurz nach dem Zweiten Weltkrieg viele kleine Firmen, die rasch wieder vom Markt verschwanden und in der Literatur kaum in ergiebigem Maße beschrieben worden sind. Darüber hinaus ist eine Nachforschung nach den Firmen um den Ersten Weltkrieg in den Gebieten, die in der damaligen DDR lagen bzw. zu Polen gehören, nicht mehr möglich. Ebenso ist eine exakte Abgrenzung von echten Herstellerfirmen gegenüber Firmen, die gerade einige Prototypen hergestellt haben, nicht mehr durchführbar; daher sind hier alle erfaßbaren Marken unterschiedslos aufgenommen worden. Der Produktionszeitraum ist, wenn möglich, nach genauen Aussagen der betreffenden Firmen, anderenfalls nach dem ersten und letzten Erscheinen in der Literatur, angegeben.

Neben dem großen Aufwand in der Beschaffung exakter Daten gestaltete sich auch die Beschaffung der Fotografien, insbesondere früher, nicht mehr existierender Firmen, äußerst schwierig. Um auch diese längst vergessenen Hersteller mit Bildern zu berücksichtigen, erschien es daher vertretbar, auch qualitativ schlechte Fotos wiederzugeben.

Bei der Fülle der Fahrzeuge und Sonderbaureihen wurden die technisch und

zahlenmäßig bedeutsamsten Typen ausgewählt, um damit eine entwicklungsgeschichtliche Darstellung der Schlepperindustrie und ihrer Produkte zu geben.
Insgesamt konnten über 240 Hersteller von Tragpflügen, Drei- und Vierradtraktoren und Raupenschleppern erfaßt und beschrieben werden.

Die Anfänge der Schlepperindustrie liegen in der Zeit um die Jahrhundertwende, als die unwirtschaftlichen und umständlich zu bedienenden Lokomobilen für landwirtschaftliche Zwecke durch die leichteren, von einer Person einfach zu führenden und sofort einsatzbereiten Tragpflüge und Traktoren mit Ottomotoren ersetzt wurden. Als eines der ersten Fahrzeuge mit den noch heute typischen Merkmalen eines Standardschleppers mit kleinen Vorder- und großen Hinterrädern sowie einer Zugmöglichkeit kann der von einem Petroleummotor angetriebene „Trakteur" von Adolf Altmann angesehen werden.
Eine geradlinige landtechnische Entwicklung von diesem „Trakteur" zum heutigen Universalschlepper hat es jedoch nicht gegeben. Eine besondere deutsche Erscheinung war kurz nach der Jahrhundertwende die Parallelentwicklung von Tragpflügen und Traktoren, wobei zunächst der Tragpflug im Vordergrund des Interesses stand und einige Bedeutung erhielt. Hierbei handelte es sich um motorgetriebene Fahrzeuge, die, im Gegensatz zu den vielfachen Einsatzmöglichkeiten des Traktors, lediglich zum Pflügen dienten und dabei oft beachtliche Pflugleistungen vollbrachten. Zur Verstärkung der Zugkraft war der Motor von gewöhnlich 40 bis 80 PS fest über oder vor der starren Vorderachse angeordnet. Zwischen der Vorderachse und dem lenkbaren Einzelrad am Fahrgestellende befand sich der mehrscharige Pflug. Um ein paralleles Pflügen zu ermöglichen, konnte bei vielen Modellen eines der angetriebenen Vorderräder in der Höhe verstellt werden, so daß der Tragpflug – mit einem Rad in der gepflügten Erdfurche – trotzdem waagerecht fahren konnte.
Als erstes spezielles landwirtschaftliches Motofahrzeug in der Bauart eines Tragpfluges, das in größeren Stückzahlen gefertigt wurde, gilt der Motorpflug des vielseitigen Unternehmers und Konstrukteurs Robert STOCK und des Ingenieurs Karl GLEICHE aus den Jahren 1908/09. In einem starren Tragrahmen war der Motor angebracht, um durch die Vorderlastigkeit eine leichte Lenkbarkeit des hinteren Spornrades zu erzielen. Feste Pflugscharen befanden sich unter dem Rahmen. Bis 1925 wurde dieses Pioniermodell des Tragpflugbaues mit schließlich 80 PS Leistung, versetzbaren Rädern und einem Fahrersitz gefertig. Karl Gleiche ging 1919 zur Firma Vogeler in Berlin und entwarf dort als leitender Ingenieur den zwar solide gebauten, aber nur in geringen Stückzaheln gefertigten *Vogeler-Tragpflug*.

Die Hannoversche Maschinenbau AG **(Hanomag)** brachte 1912 den von dem Ingenieur Ernst WENDELER und dem Landwirt Boguslaw DOHRN entwikkelten *„WD-Motorpflug"* (Wendeler-Dohrn) auf den Markt, wobei es sich im Prinzip nur um einen verbesserten Nachbau des Stockschen Motorpfluges handelte.
Von besonderer technischer Ausstattung waren der Pöhl- und der MAN-Tragpflug. Der Pöhl-Tragpflug verfügte über ausklappbare Furchenabtaster, die ein exaktes Einhalten der Pflugspur ermöglichen sollten. Die Maschinenfabrik Augsburg-Nürnberg (MAN) entwickelte eine Knicklenkung für ihren Tragpflug, die kurz hinter dem Motorteil angebracht war. Dadurch konnte das gefürchtete Aufbäumen der Maschine bei der Rückwärtsfahrt vermieden werden.
Unter den bekannten Maschinen- und Motorenfabriken dieser Zeit nahmen auch die Borsig AG, die Feuerlöschgerätefabrik Flader im Erzgebirge, die Motorenfabrik Gebr. Körting AG, die Mannesmann-Mulag AG und die Ruhrthaler Maschinenfabrik Schwarz und Dykerhoff GmbH in den Jahren 1919/20 den Bau von Tragpflügen auf. Auch die bekannte „Anker-Steinbaukasten"-Fabrik Richter u. Co. in Rudolstadt fertigte im Auftrag der Firmen Arlt-Anker, Müller und C. F. Richter Tragpflüge.
Eine eigenständige Konstruktion war die Deutzer *„Ackerpfluglokomotive"*. Hier handelte es sich um ein vierrädriges Fahrzeug mit mehrscharigen Pflügen an den Fahrzeugenden. Diese Konstruktion erlaubte es, ohne Wendemanöver von Vorwärts- auf Rückwärtsfahrt überzugehen. Zur Erhöhung der Zug- und Lenkkraft war diese Maschine mit einer Allradlenkung und einem Allradantrieb versehen. Die komplizierte Bedienung sowie der hohe Anschaffungspreis begrenzten den Erfolg dieser besonderen Entwicklung aus der Anfangszeit der Motorisierung der Landwirtschaft.
Motormäßig waren die verschiedenen Konstruktionen mit einem Benzin-, Benzol- oder Petroleummotor eigener oder fremder Fertigung, gewöhnlich von Kämper in Berlin, ausgerüstet. Eine Ausnahme bildete hier allein der „Vorwärts-Tragpflug", der schon 1914 einen nach dem Dieselprinzip arbeitenden, jedoch allzu anfälligen Rohölmotor besaß.
Gegen Ende des Ersten Weltkrieges wurde die Produktion von Tragpflügen durch Aufträge der Heeresverwaltung und durch die damit bevorzugte Rohstoffzuteilung günstig beeinflußt. Die Militärbehörden setzten die Tragpflüge – gewöhnlich mit Aufsichtspersonal und Kriegsgefangenen als Fahrzeugführern – auf den Großgütern und in den besetzten Gebieten im Osten ein, um dort die Nahrungsmittelproduktion durch maschinelle Bodenbearbeitung zu fördern.
Während die großflächigen Landwirtschaftsgebiete im Osten des Deutschen Reiches für den Einsatz des Tragpfluges gute Möglichkeiten boten, so zeigte

sich doch bald, daß dies in den südlichen und westlichen Gebieten des Reiches wegen der starken Parzellierung der Ländereien und des Reliefs weniger der Fall war.
Technisch hatten sich inzwischen zwei Tragpflugbauarten herausgebildet. Beim starren System wurde der Pflugkörper fest angekoppelt, beim Gelenksystem waren bewegliche und abmontierbare Pflugkörper angebracht. Die Anbringung einer Riemenscheibe erlaubte den Einsatz des Tragpfluges auch als stationäre Kraftquelle.
Einen Höhepunkt erlebte die Tragpflugära von 1914 bis in die Mitte der 20er Jahre. Der Zwang zu intensiver landwirtschaftlicher Tätigkeit, um die Ernährung der Bevölkerung während des Krieges sicherzustellen sowie die Notlage der anschließenden Jahre, in denen wegen des Verlustes großer Landesteile die Versorgung der Bevölkerung mit landwirtschaftlichen Produkten ebenfalls sehr schwierig war, führten zu einem verstärkten Einsatz von motorisierten Pflügen auf den Großgrundbesitzen im Osten. Die Fabrikationsstätten lagen deshalb auch vorwiegend in diesen Gebieten oder in der Berliner Region.
In Mitteldeutschland waren folgende, zu dieser Zeit bekannte Firmen bzw. Marken ansässig: Akra, Cerva, Dixi (Gothaer Waggonfabrik), Flader, Hanomag (WD-Pflug), Ilsenburg, Motorpflugfabrik Magdeburg, Orenstein und Koppel, Orion, Pöhl und Scheffeldt; im Osten des Deutschen Reiches: Bussard, Jaehne, Komnick und Pfeiffer sowie im Berliner Raum: Atos, Borsig, Freund, Gast, Herkules, Imperator, Kosto, Kuers, Marienfelde (Daimler), Motorpflug-Fabrik, Richter (Brennabor), Rüttger, Schulz und Stock.
Die Produktionszahlen der einzelnen Unternehmen, abgesehen von Hanomag, Komnick und Stock, scheinen meistens recht spärlich gewesen zu sein. Die Automobilfabrik Opel fertigte z. B. nur einen Prototyp eines gewaltigen Tragpfluges; die Märkische Motorpflug-Fabrik baute gerade acht Exemplare.
Die Weiterentwicklung der wendigen und universell einsetzbaren Traktoren machte die Nachteile der umständlichen Tragpflüge als gewöhnliche Einzweckmaschine immer deutlicher, auch wenn der Tragpflug aufgrund seiner schweren Konstruktion von gewöhnlich drei bis sechs Tonnen Gewicht und der günstigen Anordnung der Pflugschare einen breiten und tiefen Umbruch in der Großflächenbewirtschaftung ermöglichte. Die meisten Tragpflugfirmen begannen deshalb mit der Umstellung auf die Entwicklung und Fertigung der vielfältig verwendbaren Traktoren. Als letzte Tragpflugfabrik produzierte bis in das Jahr 1931 die Wesselmann-Bohrer-Compagnie ihre „*Cerva-Tragpflüge*".
Eine konstruktionstechnische Übergangsform waren die Gelenkpflüge dieser Firma sowie die der Feuerlöschgerätefabrik Flader. Mit einem lenkbaren Vorderrad ausgerüstet, waren diese traktorähnlichen Arbeitsgeräte mit

einem am Fahrzeugende beweglich angebrachten Pflug versehen, der den Einsatzzweck des Gelenkpfluges wiederum auf den Umbruch der Erde beschränkte.

Erste Versuche, Zugmaschinen für landwirtschaftliche Zwecke nutzbar zu machen, sind um die Jahrhundertwende mit von Ottomotoren angetriebenen, aus dem Lokomobilbau abgeleiteten Fahrzeugen unternommen worden. Als einige der ersten Typen dieser Sparte können neben dem Altmannschen „Tracteur" die *„Ackerlokomotive"* des Berliner Ingenieurs Theodor LEHMBECK und die *„Motorlokomotive"* der Deutzer Gasmotoren-Fabrik aus dem Jahre 1900 angesehen werden, die von Spiritusmotoren angetrieben wurden. Diese Fahrzeugtypen erscheinen nach heutigen Gesichtspunkten als richtungsweisende Modelle, auch wenn eine Serienproduktion nicht zustande kam. Die Gasmotoren-Fabrik Deutz konnte dabei als älteste Motorenfabrik der Welt auf Versuche ihres Tochterunternehmens in Philadelphia/USA zurückblicken, das im Jahre 1894 eine Benzin-Zugmaschine mit 26 PS Leistung bei einem Eigengewicht von 5,4 t vorgestellt hatte. Schlußpunkt in dieser Entwicklungsphase von Deutz war nach mehreren Spiritus-Pfluglokomotiven im Jahre 1907 der 40 PS starke **Deutzer „Trekker"** aus dem Jahre 1919, der aus der Entwicklung militärischer Zugmaschinen abgeleitet und mit einer kleine Ladepritsche und einer Seilwinde (Spill) ausgerüstet wurde.
Auch das spätere Zweigwerk der Gasmotoren-Fabrik Deutz, die Motorenfabrik Oberursel, fertigte im Jahre 1902 mehrere Motorlokomotiven für landwirtschaftliche Zwecke. Die Motorenfabrik beschränkte sich dann aber wieder auf den Motorenbau.
Den dampfgetriebenen Straßenlokomotiven ähnlich waren die ersten mit einem Ottomotor ausgestatteten Zugmaschinen der Motorenfabrik München-Sendling von Otto VOLLNHALS aus dem Jahre 1909. Der 80 PS starke Vierzylinder-Motor steckte unter einer Attrappe, die dem Fahrzeug das Aussehen einer Straßenlokomotive gab.
Eine schon fortschrittlichere Version bildete der *Pöhl-Schlepper* von 1915, der gleichfalls wie der *Benz-Traktor* aus dem Gaggenauer *Wiß-Schlepper* entwickelt war. Diese Fahrzeuge besaßen hinter dem Fahrersitz eine Hilfsladepritsche als besondere Ausstattung.
Eine ebenfalls bekannte Traktorentype war der aus der Ilsenburger Konstruktion entwickelte *Hansa-Lloyd „Trekker"* aus Bremen, dessen Modellbezeichnung **„Trekker"** bis heute eine allgemein gebräuchliche Bezeichnung für landwirtschaftliche Zugmaschinen geblieben ist.
Weitere Hersteller bzw. Marken aus der Anfangszeit bis in den Ersten Weltkrieg waren: Arator, Benz (Wiß), Daimler (ehemals Marienfelde), Epple

und Buxbaum, Ergomobil, Flöther, Freund, Lanz, Löcknitz, Märkische Motorpflug-Fabrik, MAF, Modag, Podeus, Siemens (Meyenburg'sche Motorfräsen), Steiger und Stoewer.
Kurz nach dem Ersten Weltkrieg kamen noch folgende Hersteller bzw. Marken hinzu: Abega, Anker, Atlas, Autarra, Bachmann, Behrend, Deumo, Deutsche-Landwirtschafts Industrie, Deutsche Motorpflug- und Lokomotivfabrik, Eubu, Freund, Hein, Hercules (Nahag), Kiesel, Kosto, Loeb, Luftfahrzeug-Gesellschaft, LWD, Mannesmann-Mulag, Miego, Neumeyer, Nodu, Planet, Ruhrthaler, Schmotzer, Schulz, Schwalbe, Sembdner, Vogeler und Voß.
Bei der Fülle der aufgeführten Firmen ist jedoch zu bedenken, daß viele Anbieter ohne entsprechende Kapitalausstattung eine zumeist unausgereifte Konstruktion auf den Markt brachten und nach ein paar Prototypen oder einer kleinen Serie die Produktion wieder einstellten. So war z. B. die Zugmaschine der Markranstädter Automobil-Fabrik (MAF) auf einem leichten Pkw-Fahrgestell mit einem schwachen, luftgekühlten Zweizylinder-Motor aufgebaut. Bei der Hammonia-Zugmaschine von Voß handelte es sich um die Aufarbeitung von unverkäuflichen Pkw-Chassis mit verschiedenen Motoren.
Auffallend sind weiterhin in den 20er Jahren die vielen Konstruktionsübernahmen durch neu hinzutretende Firmen, die damit die Entwicklungskosten sparen wollten. Der Traktor-Typ von Klose ging z. B. 1920 an die Lippischen Werkstätten (LWD) unter der Bezeichnung „*Damig-Klose*" über; den Ilsenburger Traktor übernahmen schon während des Ersten Weltkrieges die Hansa-Lloyd Werke. Den Löcknitzer Moortraktor fertigten weiterhin die seinerzeit bekannten Kugellager-Werke Riebe in Berlin. Schon im Ersten Weltkrieg hatte die von dem bekannten Autor verschiedener nutzfahrzeugtechnischer Handbücher, Otto Barsch, für die Märkische Motorpflug-Fabrik in Berlin konstruierte Zugmaschine vom Typ „*Arator*", in den Stettiner Stoewer-Werken einen zum Teil parallelen Weiterbau erfahren.
Reststücke der Geschützschlepperproduktion des Weltkrieges waren die als sogenannte „Landwirtschaftliche Zugmaschinen" (LZM) bezeichneten Fahrzeuge von Büssing, Daimler und Dürkopp, die um 1920 für kurze Zeit in den Herstellerlisten erschienen.
Ein Problem dieser Zeit war die Bodenadhäsion der eisenbereiften Fahrzeuge. Entweder waren sie zu leicht, bzw. der Motor zu schwach, oder die Konstruktion erwies sich als zu schwer, so daß sie den Boden aufwühlte bzw. einsackte. Zum einen wurde eine Fülle von aufgesetzten, ausklappbaren, ausziehbaren und aufmontierbaren Greifern entwickelt. Zum anderen wurde das bei Dampflokomobilen übliche Seilgangsystem auf den Motorschlepper übertragen. Ein Seilpflugsatz bestand aus zwei Antriebswagen und dem

über das Feld gezogenen Kippflug, welcher gewöhnlich als Einachs-Fahrzeug Pflugkörper für beide Fahrtrichtungen besaß, wobei der eine Teil hochgeklappt, der andere gesenkt wurde. An den Furchenenden standen die Seilmotorwagen und zogen über teilweise 450 m lange Schläge an dem Seil den Kippflug hin und her. Hersteller dieser Fahrzeuge waren hauptsächlich die Firmen Abega, Hartmann, Kuers, Löcknitzer Eisenwerke und die Maschinen-Centrale Rathenow. Die Borsig-Werke übernahmen die von Friedrich Kuers unter der Bezeichnung „*Ergomobile*" entwickelte, schwere Motor-Seilpflugkonstruktion.
Das hohe Gewicht, der enorme Preis und die hohen Kosten für einen ausgebildeten Fahrzeugführer ließen zunächst – wie auch bei den Tragpflügen – nur Großbetriebe an den Kauf eines Treckers denken. Dementsprechend waren die Stückzahlen, selbst der renommierten Hersteller, gering.
Impulse, den Traktor durch verbesserte Konstruktionen auch für mittlere Betriebe interessant zu machen, gaben in den 20er Jahren Wettbewerbe im Pflügen mit Traktoren verschiedener Marken. Der dabei zu Tage tretende Vorsprung der US-Schlepper, insbesondere der von Ford hergestellten Fordson-Traktoren, die später von Podeus in Lizenz und ab 1929 im Berliner Montagewerk von Ford weitergebaut wurden, führte 1923 zu einem Aufwachen der deutschen Traktorenindustrie und zur Entwicklung moderner und vielseitig verwendbarer Typen. So trat zum Vergleichspflügen 1923 nur ein einziger Pöhl-Schlepper an, der zwar in punkto Pflugleistung hervorragend war, aber fünfmal höhere Herstellungskosten gegenüber der US-Konkurrenz aufwies. 1925 waren es schon neun deutsche Modelle, die sich dem Wettbewerb stellten.
Einen bedeutenden Beitrag zur Motorisierung der deutschen Landwirtschaft lieferte die Firma Heinrich Lanz in Mannheim mit ihren 1921 vorgestellten und ab 1923 serienmäßig gefertigten **„Bulldog"**-Typen. Schon seit 1912 fertigte diese alte Landmaschinenfabrik neben Dampflokomobilen und Dampfstraßenlokomotiven den ungarischen „Köszegi-Landbaumotor" in Lizenz. Dieser „Landbaumotor", eine zum Bodenfräsen konstruierte Maschine, wurde in 1500 Exemplaren gefertigt. Aber erst der von Dr. Fritz HUBER konstruierte, ventillose Zweitakt-Glühkopfmotor des „Bulldogs", der speziell für minderwertige Treibstoffe geeignet war, wurde für Jahrzehnte zum Markenzeichen für die Motorisierung der deutschen Landwirtschaft. Neben der Anspruchslosigkeit in der Wahl der Treibstoffe, die leider mit hohem Verbrauch verbunden war, führte bei einfacher Bedienung die hohe Zuverlässigkeit der Maschine zum großen Erfolg des „Bulldogs". Die eigentümliche Gestalt des freiliegenden Zylinderkopfes mit seinen Entlüftungsdüsen gab dem Lanz-Traktor seine Markenbezeichnung.
Sogar mit Knicklenkung und Allradantrieb (Ackerbulldog, 1931) wurde der

„Bulldog" in verschiedenen Varianten geliefert. Bis 1960 wurden Lanz-Bulldogs in über 220 000 Exemplaren gefertigt und in hohen Stückzahlen exportiert. In Lizenz wurde diese Lanz-Konstruktion in verschiedenen Ländern, so in den USA, in Polen und in Spanien gebaut.
Eine weitere Erfolgsentwicklung waren die WD-Radschlepper von Hanomag, die 1924 zunächst mit Vergaser-, ab 1931 mit Dieselmotoren auf den Markt kamen. Günstig wirkte sich für den Absatz dabei die eigens dafür ins Leben gerufene „Deutsche Kraftpflug GmbH" aus, die den Vertrieb der Hanomag-Erzeugnisse übernahm.
Zu diesen Traditionsfirmen stieß erneut 1926 die Motorenfabrik Deutz mit zunächst einem Einzylinder-Schwerölmodell von 14 PS und ab 1927 mit einem stärkeren Zweizylindermodell. In Großserienfertigung konnten ab 1933/34 Deutzer Diesel-Traktoren in moderner Blockbauweise hergestellt werden. Dabei war der Motor, der auf der Vorderachse abgestüzt war, mit dem Getriebegehäuse, das die Führung für die Hinterachse enthielt, verschraubt, so daß das sonst übliche Rahmenchassis entfallen konnte. Unter den in den 20er Jahren mit dem Schlepperbau beginnenden Firmen sind neben den Marktführern Deutz, Lanz und Hanomag noch folgende Marken zu nennen:
Apollo, Baumi, Borsig, Centaur, Cerva, Daimler-Benz, Elefant, Fahr, Fendt, Grebestein, Hagedorn, Hawa, Hemag, Jaehne, Kaelble, Kemna, Komnick, Kramer, MTW, MWM, SHW, Stock, Süddeutsche Bremsen AG (Colo) und Toro.
Unter diesen kleineren Produzenten lieferte die Firma Stock einen von ihrem Raupenschlepper abgewandelten Radschlepper.
Bei der hier dargestellten Entwickungsperiode ist für die folgenden Firmen auf die pionierhafte Erprobung und serienmäßige Verwendung des robusten und wirtschaftlichen Selbstzündermotors hinzuweisen, der die frühe und richtungsweisende Verdieselung der deutschen landwirtschaftlichen Zugmaschinen eingeleitet und vor allem nach dem Zweiten Weltkrieg die führende Stellung der deutschen Traktoren- und Dieselmotorenindustrie auf dem Weltmarkt begründet hat.
Die Benz-Werke in Gaggenau, die ihre Traktorenkonstruktion ebenfalls wie die thüringische Firma Pöhl mit dem Weiterbau der Wiß-Schlepper begonnen hatte, entwickelte 1919/1920 zusammen mit der Münchener Motorenfabrik München-Sendling den *„Benz-Sendling-Schlepper"*, der von einem Vorkammer-Dieselmotor angetrieben wurde. Dieses Modell, das ab 1921/1922 zunächst von verschiedenen fremden Firmen gefertigt wurde, gilt als erster kompressorloser Dieselschlepper der deutschen Traktorenindustrie. Im Jahre 1928 wurde dieses Modell noch für kurze Zeit im Mannheimer Zweigwerk der inzwischen fusionierten Daimler- und Benz-Werke gefertigt

und dann durch den Daimler-Benz Dieselschlepper der Baureihe „*OE*" abgelöst.
Für die nahezu gleichzeitige Entwicklung der Dieselschlepper in Deutschland war das von den Mannheimer Motoren-Werken (MWM) konstruierte „*Motorpferd*" mit einem eigenen 16-PS-Motor eine vielbeachtete Zugmaschine. Auch die Süddeutsche Bremsen AG, ein damaliger Zweigbetrieb der MWM, trat für kurze Zeit mit ihrem kompressorlosen „*Colo-Trecker*" auf den Markt, wobei es bei beiden Motorenproduzenten vor allem auf die Erprobung des kompressorlosen Dieselmotors im Fahrzeugbetrieb ankam.
Unter den Firmen, die frühzeitig Glühkopf- oder Dieselmotoren in ihre Erzeugnisse einbauten, sind die Firmen Hemag und Modag in Darmstadt zu nennen. In Hamburg bauten die Hanseatischen-Motoren-Werke einen vielseitig verwendbaren Glühkopfschlepper vom Typ „*Elefant*".
Die 1928/29 von den Brüdern Dr. Hermann und Xaver FENDT gegründete Traktorenfabrik Fendt brachte als einen leichten Schlepper für Wiesenarbeiten das **„Fendt-Dieselroß"** mit einer Leistung von zunächst 7 PS auf den Markt. Als privater Hersteller konnte sich diese Traktorenfabrik mit einem umfassenden Typenprogramm in den letzten Jahren zu einem der größten Produzenten in der Bundesrepublik entwickeln.
Für die Bayerischen Motorenwerke entwickelte im Jahre 1929 Karl Fhr. VON WANGENHEIM, der die Ergomobil-Traktoren vertrieb und den Traktor „*Faktotum*" für die Universal-Landbaumotor AG konstruiert hatte, einen 16-PS-Dieseltraktor. Auf Grund einer Lizenzabgabe wurde dieses einzige BMW-Modell dann von der Hannoverschen Waggonfabrik (Hawa) in kleiner Serie gefertigt.
Der Gründer der Zündapp-Werke, Fritz NEUMEYER, übernahm 1923 die Konstruktion der Firma Nahag (Marke Herkules), die aus den Firmen Herkules-Motorpflug-Werke und Vereinigter Motoren- und Flugzeugbau Paul Dahl hervorgegangen war. Der Neumeyer-Traktor mit 45 PS und ein selbst entwickeltes Modell mit 25 PS Leistung wurden in kleinen Stückzahlen bis 1925 gebaut.
Die Automobilfirma Apollo stellte in Apolda für einige Jahre einen dem Fordson-Traktor ähnlichen Schlepper her. Die Baugesellschaft Michelsohn rüstete ihre 1924 erschienenen, dem Lanz-Bulldog nachempfundenen Typen der Marke „*Baumi*" mit einem Schwerölmotor aus. 1934 mußten die Gebrüder Michelsohn ihren Betrieb auf Grund der politischen Verhältnisse schließen.
Kaelble, Kemna und Komnick fertigten für kurze Zeit traktorähnliche Zugmaschinen. Die beiden letzten Firmen beendeten infolge der Weltwirtschaftskrise ihre Produktion. (Vereinzelte Prototypen scheint es bei der Firma Kemna, die hauptsächlich Dampfwalzen und Baugeräte herstellte, noch bis

etwa 1937 gegeben zu haben.) Die Firma Kaelble verlegte sich ab 1931 ganz auf die Produktion von schweren Straßenzugmaschinen.
Recht erfolgreich konnten sich von 1928 bis 1974 die Kramer-Werke am Bodensee zunächst mit leichten Mähtraktoren für die schwäbische Grünlandwirtschaft und später mit Schleppern mittlerer Leistung (Ursprungsmarke **„Allesschaffer“**) auf dem Markt halten.
Ein Universalfahrzeug für die Landwirtschaft sollte die vielbeachtete „*Grams-Lastkraftbodenfräse*“ werden, die ohne große Umrüstungen verschiedene Bodenbearbeitungs- und Transportaufgaben wahrnehmen konnte. Zu einer Serienproduktion ist es jedoch nicht gekommen.
Ende der 20er Jahre hatte sich der Diesel- oder Glühkopfmotor im Gegensatz zur übrigen europäischen und nordamerikanischen Traktorenfertigung im Deutschen Reich durchgesetzt. Mehrzylindrige Fahrzeuge erhielten in diesen Jahren schon eine elektrische Startanlage. Zur Erhöhung der Geschwindigkeit und zur Erzielung eines ruhigeren Laufes wurden erstmals Traktoren von Hanomag und Lanz auf Wunsch mit großvolumigen Niederdruck-Acker-Luftreifen ausgerüstet. Die Einsatzmöglichkeiten und die Geschwindigkeiten des Radtraktors konnten dadurch in der Feldarbeit, im Transport landwirtschaftlicher Erzeugnisse und in der Forst- und Bauwirtschaft erweitert werden.
Trotz der Vielzahl der Herstellerbetriebe ist die Zahl der Traktoren bis in die Mitte der 20er und die beginnenden 30er Jahre recht gering geblieben. Zum Beispiel konnten von den Bulldog-Typen des Marktführers Lanz zwischen 1921 und 1929 nur 6000 Exemplare abgesetzt werden. Die schlechten wirtschaftlichen Verhältnisse ließen eben breite Bauernschichten noch nicht an den Erwerb eines Traktors denken. Erst mit der Stabilisierung der wirtschaftlichen Bedingungen und infolge der Agrar- und Finanzpolitik des Dritten Reiches wuchsen Produktion und Absatz von Traktoren sowie die Zahl der Hersteller stark an. Lanz produzierte z. B. zwischen 1934 und 1942 für das Inland und für den Export über 80 000 Glühkopftraktoren.
Unter dem Fachbegriff „*Bauernschlepper*“, der mit einer Leistung von 11 bis 20 PS hauptsächlich für kleine und mittlere Landwirtschaften gedacht war, wurden von den bekannten Markenfirmen und einer Fülle neuer Hersteller ab 1935 leichte, preiswerte und betriebssichere Traktoren angeboten. Das führende Modell in dieser Klasse wurde ab 1936 der Deutzer Einzylinder-Bauernschlepper von anfänglich 11 PS Leistung (**„Elfer-Deutz“**), der nach dem Krieg mit höherer Leistung und (ab 1949) der für die Deutzer Erzeugnisse typischen Luftkühlung ein international anerkanntes Erfolgsmodell wurde.
Neu in den Kreis der Hersteller traten in dieser Zeit folgende Firmen ein, die entweder die grundlegenden Teile selbst herstellten oder als sogenannte

Konfektionsfirmen die Motoren und Getriebe von anderen Firmen bezogen: Bungartz, Deuliwag, Eicher, FAMO, Güldner, Hanno, Hütter, IHC, Kelkel, Klauder, Kleine, Kulmus, Hela (Hermann Lanz), MAN, Martin, MIAG, Normag, Orenstein und Koppel, Primus, Printz, Schlüter, Wesseler, Wahl und Zettelmeyer.

Bungartz fertigte von 1938 bis 1974 Schlepper der kleinen und mittleren Klasse. Auch die heute noch im Schlepperbau tätige Firma Eicher nahm in dieser Zeit die Produktion von Traktoren auf. Diese waren zunächst mit Deutz- und Hatz-Dieselmotoren ausgerüstet und erhielten ab 1948 eigene Motoren mit einer Radialluftkühlung, die im Gegensatz zu den Deutzer luftgekühlten Motoren jeden einzelnen Zylinder mit Kühlluft versieht.

Güldner nahm nach einem Versuch im Jahre 1925, mit einem „Hochleistungskrafttraktor" auf den Markt zu kommen, ab 1935 erfolgreich für Jahrzehnte die Produktion von wasser- und später luftgekühlten Dieseltraktoren auf. Der amerikanische Nutzfahrzeughersteller International Harvester (IHC) errichtete 1939 ein Zweigwerk in Neuß für die Modelle „*Farmall*, „*McCormick*" und heute „*Case-International*". Die ersten Modelle erhielten nach USA-Vorbild einfachste Benzin-Motoren. In Gottmadingen/Württ. begann 1937 die Landmaschinenfabrik Fahr mit der Traktorenproduktion. Die schon früher im Tragpflugbau tätige Firma MAN entwickelte ab 1938 einen Dieseltraktor mit einer festen Windschutzscheibe. Die Kriegsereignisse ließen eine Serienfertigung jedoch erst nach 1946 zu, da die Fertigungswerkzeuge im Jahre 1944 zu dem französischen Nutzfahrzeughersteller Latil in Suresnes ausgelagert worden waren. In Miltenberg stellte die Bayerische Landmaschinenfabrik Otto Martin einen Bauernschlepper her. Nach dem Krieg wurde die Firma nach Ottobeuren verlegt und trat kaum noch auf dem Markt auf.

Neben ihren Straßenzugmaschinen baute die Mühlenbau und Industrie AG (MIAG) in kleinen Serien im ehemaligen Automobilwerk Röhr in Oberramstadt Traktoren. In Nordhausen im Harz begann 1938 die Normag mit der Herstellung von Traktoren. Ebenfalls in Nordhausen fertigte ab 1938 das Montana-Werk von Orenstein und Koppel, durch Zwangsumbenennung ab 1941 Maschinenbau- und Bahnbedarf AG (MBA) genannt, Traktoren mit Diesel- und Anthrazitgasmotoren, bis das Werk der reinen Panzermotorenfertigung diente. In Berlin stellte die Primus Traktoren-Gesellschaft ab 1934 ihre Erzeugnisse her. Eine beachtenswerte Entwicklung war der Primus-Typ „*Packesel*", der eine Ladepritsche und eine um 180 Grad schwenkbare Bedieneinheit besaß und als ein Vorläufer der modernen Geräteträger und Ladepritschenschlepper angesehen werden kann. Ein Zweigwerk in Miesbach/Obb. ermöglichte der Firma nach der Demontage ihres Betriebes im Ostteil Berlins eine Wiederkehr auf den Markt bis ins Jahr 1960.

Die seit 1899 bestehende Motorenfabrik Schlüter begann 1937 ihre bis heute anhaltende Produktion von Schleppern, wobei sich Schlüter seit den 70er Jahren auf die Fertigung von Großschleppern spezialisiert hat.

Erste Typenbeschränkungen und Typenvereinheitlichungen setzten schon 1935 ein; 1939 und 1940 erließ der Generalbevollmächtigte für das Transportwesen, Oberst von Schell, im Namen des Beauftragten für den Vierjahresplan, Ministerpräsident Göring, ein festes Typenprogramm, das einzelnen Firmen bestimmte Leistungsklassen und Antriebsarten vorschrieb und die Traktorenindustrie auf wenige leistungsfähige Hersteller zuammenfaßte. Nur noch Acker- und Raupenschlepper der Größen von 11, 15, 20, 25, 30, 35, 40, 45, 55 und 60 PS durften gebaut werden. Den ausgewählten Firmen wurden Haupt- und Sondertypen zugewiesen, die jeweils gemeinsame Konstruktionen aufweisen und in den wichtigsten Teilen übereinstimmen sollten. Allerdings verhinderte der Krieg die Entwicklung gemeinsamer Typen; lediglich der Einheits-Generatorschlepper mit einem 25-PS-Motor wurde von den Firmen Eicher, Fahr, Güldner, Hermann Lanz und Kramer während der Kriegszeit gefertigt.
Eine Besonderheit in der Motorenausstattung brachte der autarkie- und mangelbedingte Einsatz von Generatorgasanlagen zum Ersatz flüssiger Treibstoffe durch Holz oder Anthrazitkohle. Schon 1924 hatte Hanomag eine Raupe mit einer Holzgasanlage ausgerüstet und erste Erfahrungen gesammelt. Das *RKTL* (Reichskuratorium für Technik und Landwirtschaft) – Forschungsstelle Gasschlepperentwicklung – sowie verschiedene Reichsorganisationen, ab 1939 in Zusammenarbeit mit den deutschen Schlepper-, Motoren- und Gasgeneratorproduzenten, entwarfen einen großvolumigen Einheitsgasmotor, den die Firma Klöckner-Humboldt-Deutz in größeren Stückzahlen fertigte. Die Firmen Güldner, MBA (Orenstein und Koppel), Motoren-Werke Mannheim, Süddeutsche Bremsen AG und Schlüter stellten eigene Generatormotoren her.
Die Umstellung der Serientraktoren gelang besonders bei den großen Modellen von FAMO, Lanz, Klöckner-Humboldt-Deutz und MIAG ohne Schwierigkeiten. Bei den kleineren Modellen bereitete der Einbau der unförmigen Generatoranlage einige Probleme, zumal der Schwerpunkt des Fahrzeugs verlagert und der Wendekreis ungünstig vergrößert wurde. Durch eine Änderung der Zylinderköpfe und die Ausstattung der Motoren mit einer elektrischen Anlage, wie sie auch der Einheitsgasmotor erhalten hatte, konnte der Einsatz der auf das Vergaserprinzip umgerüsteten Traktoren während des Krieges aufrechterhalten werden, weil Benzin- oder Dieselkraftstoff für militärische Transportzwecke vorbehalten blieb.
Der Glühkopfmotor von Lanz arbeitete im Holzgasbetrieb nach dem Zwei-

stoffverfahren, auch Dieselgasverfahren genannt. Eine Fremdzündung war hier nicht erforderlich. Nachdem zum Zündvorgang eine geringe Menge Dieselöl zur Verbrennung gebracht worden war, erfolgte das Einströmen des Holzgases zur eigentlichen Gasentwicklung im Zylinder.
Der IHC-Ottomotor konnte ohne große Schwierigkeiten auf den Generatorbetrieb umgerüstet werden, zumal ja eine Zündanlage vorhanden war.
Schließlich ist darauf hinzuweisen, daß das Konstruktionsbüro von Ferdinand Porsche ab 1938 verschiedene „*Volksschlepper*"-Typen mit Holz- und Anthrazitgeneratoranlagen entworfen hatte, wobei die Fahrzeuge entsprechend dem „VW-Käfer"-Vorbild eine Luftkühlung erhielten.
Die Generatoranlagen, die Gaserzeuger, die Reiniger, Kühlanlage und Zusatzteile umfaßten, wurden von den Firmen Gustloff, Imbert, Klöckner-Humboldt-Deutz, Süd-Gas und Zeuch gefertigt. Der Einbau erfolgte in geschlossener oder aufgelockerter Bauweise, wobei bei letzterem System die Komponenten an verschiedenen Fahrzeugteilen angebracht wurden.

Das Kriegsende hinterließ auch eine stark zerstörte Traktorenindustrie. Die Lanz-Werke waren z. B. zu 90 % zerstört. Demontagen, vor allem im sowjetisch besetzten Teil Deutschlands, reduzierten die verbliebenen Produktionskapazität noch weiter. Dem stand jedoch der Zwang zur erneuten intensiven landwirtschaftlichen Nutzung der verkleinerten Anbaufläche mit einer hohen Bevölkerungszahl gegenüber. Da die großen Werke zerstört oder in ihrer Produktionskapazität eingeschränkt waren, konnten kleine Hersteller zumeist mit der Montage von Fremdteilen in die Marktlücke springen.
Nach 1945 kamen neu auf den Markt die folgenden Firmen: Allgaier, Alpenland, Bautz, Bischof (Biwe), BTG, Buchholz, Creussen, Deutsches Landwerk, Dolmar, Ensinger, Erkelenz, FAKA, Faun, Guß- und Armaturenwerk Kaiserslautern, Gutbrod, Hako, Hatz, Hermann, Holder, Hummel, Irus, Kämper, Kiefel, Kögel, Kühner und Berger, Landmaschinenwerk Karlsruhe-Durlach, LHB, München-Sendling, Nordtrak, Porsche-Diesel, Ries, Röhr, Ruhrstahl, Schanzlin, Schmotzer, Schneider, Stihl, Sulzer, Taunus, Titus, Trabant, Unitrak, Ursus, Wanner, Weingold, Welger, Wesseler, Winkelsträter, Wotrak.
Mit einer Fülle neuartiger Konzeptionen, allerdings auch mit unausgereiften Konstruktionen, versuchten Klein- und Kleinstfirmen, den Traktor zu einem universellen und technisch modernen Fahrzeug zu entwickeln. Besonders stark wurde dabei die Entwicklung von Kleinschleppern vorangetrieben.
Der Notzeit entsprechend versuchten einige neu gegründete Firmen wie Kiefel, Motor Pool Wiesbaden und Norddeutsche Traktorenwerke (Wille), amerikanische Militärfahrzeuge mit gleichgroßen Rädern, Allradantrieb und

einem deutschen Ein- oder Zweizylinder-Dieselmotor zu landwirtschaftlichen Nutzfahrzeugen umzurüsten. Die Währungsreform und der damit einsetzende Aufschwung der Wirtschaft beendeten diese Experimente.

Technischer Standard der durchschnittlich 20 bis 25 PS starken Schlepper wurde nun die hydraulische Kraftheberanlage; einzelne Firmen, voran MAN und Eicher, versahen ihre Fahrzeuge auch schon mit einem Allradantrieb. Gutbrod entwickelte 1946, ähnlich dem Primus-**„Packesel“**, den Typ **„Farmax“**. Seit Mitte der 50er Jahre hat sich diese Firma auf die Herstellung leichter Traktoren spezialisiert. 1974 übernahm Gutbrod die Firma Bungartz und Peschke, so daß sich nun ihr Programm auch auf Weinbergschlepper und kommunale Traktoren erstreckt. Die Landmaschinenfabrik Bautz produzierte von 1948 bis 1963 ein leichtes *„Ackerdiesel“*-Programm. Der Werkzeugmaschinenhersteller Allgaier fertigte von 1946 bis 1949 einen Schleppertyp mit einem *Einzylinder-Kaelble-Dieselmotor*, der eine Verdampfungskühlung besaß. Im Jahre 1949 übernahm Allgaier den von der Firma Porsche während des Krieges entwickelten Leichtschlepper mit einem luftgekühlten Dieselmotor. Aus Kapazitätsgründen gab Allgaier im Jahre 1956 die Traktorenfertigung an den vom Mannesmann-Konzern gegründeten Porsche-Dieselmotorenbau in Friedrichshafen ab. Bis 1964 wurde der weiterentwikkelte Porsche-Schlepper mit einer Motorenbaureihe mit ein, zwei, drei und vier Zylindern nach dem Baukastenprinzip gefertigt. Hohe Bodenfreiheit und eine anpassungsfähige Strömungskupplung waren die weiteren Attribute der formschön gestalteten Porsche-Schlepper.
Stihl, eine renommierte Kettensägenfabrik, entwickelte einen leichten Kleinschlepper mit einem eigenen Zweitakt-Dieselmotor. Das Fahrzeug war in Wespentaillenbauart ausgeführt, so daß zwischen den Achsen Bodenbearbeitungsgeräte angebaut werden konnten.
Dolmar, ebenfalls ein Kettensägenhersteller, fertigte einen kleinrädrigen Forstwirtschaftsschlepper, der durch den aufsteckbaren Kettensägenmotor angetrieben wurde; in der Praxis zeigte sich jedoch, daß der Motor zum Fahrzeugantrieb und zum Rücken der Stämme zu schwach war. Ein ähnlich untermotorisiertes Fahrzeug vom Typ **„Dieselzwerg“** fertigte Kühner und Berger von 1949 bis 1952.
Für kleine Bauernhöfe entwickelte Walter HOFMANN ähnlich dem *„Auto-Union-Scheuch-Schlepper“* ein Schleppgerät mit einer starren Vorderachse und einem hinteren Stützrad; ein Horex-Zweitaktmotor trieb das Fahrzeug an, das von einer eigens dafür gegründeten Firma sowie in Lizenz von verschiedenen Firmen in den 50er Jahren gefertigt wurde. Das ähnlich konstruierte Buchholz-Fahrzeug besaß eine Zügellenkung für den hinterherlaufenden Landwirt.

Die schwäbische Dieselschlepperfabrik Hermann Lanz **(Hela)** entwickelte neben ihren leichten Traktoren einen Spezial-Kulturschlepper vom Typ „*Varimot*“, der sein Vorbild in einer Zugmaschine der Detroit Tractor Company hatte. Vier gleich große Räder wurden in dem kompakten Fahrzeug über Ketten angetrieben und durch Feststellbremsen, später zusätzlich durch einen leichten Radeinschlag gelenkt.
Die Landmaschinenfabriken Claas und Schmotzer boten für kurze Zeit ihre „Allzweck-Nutzfahrzeuge“ vom Typ „*Huckepack*“ bzw. „*Kombi*“ an. Hierbei handelte es sich um motorisierte Fahrgestelle, auf die normalerweise spezielle Erntemaschinen, aber auch Pritschen aufmontiert werden konnten.
Als ein Universalfahrzeug für die Landwirtschaft war ähnlich der „*Grams-Lastkraftbodenfräse*“ die „*Ruhrstahl-Landmaschine*“ konstruiert. Dieser Spezialgeräteträger mit einem in der Fahrzeugmitte stark gekröpften Rahmen besaß Schnellverschlüsse für verschiedene anmontierbare Geräte. Angetrieben wurde das Fahrzeug durch einen Zweizylinder-Henschel-Dieselmotor.
Für kleine landwirtschaftliche Betriebe wurde die Konzeption des mit einer vorderen Pritsche ausgestatteten Geräteträgers, wie ihn die Firma Primus mit dem Typ „Packesel“ gefertigt hatte, im Jahre 1946 von der Firma Gutbrod und ab 1951 von der Firma Lanz mit dem Typ **„Alldog“** wieder aufgegriffen. Auch die Firmen Creussen, Eicher, Fahr, Fendt, Güldner, Hassia (Typ „Unifront“), Ritscher, Ruhrstahl und Wesseler entwickelten Geräteträger. Während der zunächst vielbeachtete Lanz „Alldog“ mit einem Einzylinder-Doppelkolbenmotor (im Zweitaktverfahren) des Motorradherstellers Triumph vorgestellt und anschließend mit einem unausgereiften, eigenen Zweitakt-Dieselmotor im Mitteldruckverfahren ausgerüstet wurde und damit den einst guten Markenruf der Lanz-Produkte beeinträchtigte, gelang es dem Marktoberdorfer Unternehmen Fendt inzwischen eine Monopolstellung für Frontlader- bzw. Geräteträger-Traktoren in Europa zu erzielen.
Eine einzigartige technische Lösung eines Universalfahrzeugs für Landwirtschaft und Industrie stellt der noch heute in der Grundkonzeption gebaute **„Unimog“** der Daimler-Benz AG dar. 1948 wurde dieses Fahrzeug aufgrund alliierter Restriktionen für Daimler-Benz im Allradfahrzeugbau von den DB-Ingenieuren FRIEDRICH, RÖSSLER, und DIETRICH bei der Firma Boehringer in Göppingen entwickelt und zunächst auch gefertigt. 1951 wurde die Produktion in das Gaggenauer Mercedes-Werk verlegt. Eine kleine Ladepritsche, Zapfwellen vorne und hinten, Allradantrieb auf vier gleich große Räder zur vollen Ausnutzung der Gesamtmasse zur Bodenadhäsion, Portalachse zur Erzielung einer hohen Bodenfreiheit, Motoraggregat zwischen Fahrer- und Beifahrersitz sowie die Möglichkeit, das Fahrzeug im Kriechgang oder in ungewöhnlich hoher Straßengeschwindigkeit zu fahren, sind die besonderen

Merkmale dieses auf dem Weltmarkt einzigartigen „**Uni**versal-**Mo**tor-**G**eräts".
Eine schwere land- und forstwirtschaftliche Zugmaschine vom Typ **„MB-trac"** ergänzt seit 1973 das Schlepperprogramm der Daimler-Benz AG. Die technischen Charakteristika dieser Fahrzeuge sind die gleichgroßen Räder, der Allradantrieb sowie die Front- und Heck-Zapfwellen bzw. Hydraulikanlagen.
Der Firma Fahr mit dem *„Farmobil"* (für Farm-Mobil), der Firma Eicher mit dem *„Eicher-Express"*, einem Nachbau des verkürzten Tempo „Matadors", oder der Firma Kramer mit einem aus dem Zugmaschinenprogramm entwikkeiten Allradschlepper mit Ladepritsche von Typ „KA" gelang es nicht, die Position der Unimog-Typen zu erschüttern. Deutz versucht seit 1972 seinen unkonventionell gestalteten **„Intrac"** als Gegenstück zum „MB-trac" zu vertreiben; Fendt hatte mit einem Lkw-ähnlichen, geländegängigen Modell vom Typ *„Agrobil S"* einen neuen Weg eingeschlagen, ohne rechten Erfolg zu haben, und gab daher 1984 die Fertigung an die Firma Rhein-Bayern Fahrzeuge GmbH ab.
Mit dem Bau von allradgetriebenen Fahrzeugen mit zum Teil gleichgroßen Rädern haben sich neben den großen Schlepperproduzenten nach dem Krieg die Firmen BTG, Deuliwag, Holder (sogar mit Knicklenkung), Kiefel (Typ Pionier), Krieger, Ruhrstahl, Wille (Typ Stier) und Erkelenz bzw. Großhessische Truck Company (Typ Ursus) beschäftigt, um bei den im Grunde untermotorisierten Fahrzeugen eine größere Zugkraft zu erreichen. Dabei dienten bei den Firmen bzw. Typen BTG, Ursus, Kiefel, Wille sowie bei dem erwähnten „Buchholz-Schleppgerät" ausgemusterte US-Jeep-Fahrzeuge mit ihrem Allradantrieb als Fahrgestellgrundlage.
Heute werden mit Allradantrieb versehene Traktoren in großen Serien von den verbliebenen Firmen John Deere, Deutz-Fahr (KHD), Eicher, Fendt und Schlüter hergestellt, wobei aufgeladene Motoren von teilweise über 250 PS Leistung zum Einbau kommen. Hinzu kommen noch die kleinen Spezialtraktoren von Hieble (Typ Bergmeister), Holder, Krieger und Schanzlin.
Nach der Währungsreform oder zumeist zwischen 1955 und 1960, als die Fertigungskapazitäten der großen Hersteller wieder ausgeschöpft werden konnten, schied ein Großteil der nach dem Krieg neu entstandenen Firmen aus. Allgaier gab – wie erwähnt – die Produktion an den Mannesmann-Konzern ab. Deuliwag stellte 1952, Bungartz 1961, Bautz 1963, Porsche-Diesel und Martin im Jahre 1964 die Produktion ein.
Die Sättigung des Landmaschinenmarktes und der harte Konkurrenzdruck brachten in den 60er und 70er Jahren auch das Ende traditionsreicher und einst bedeutender Marken. Die Maschinenfabrik Augsburg-Nürnberg (MAN) gab 1964 die unrentabel gewordene Produktion auf; MAN hatte Anfang der

50er Jahre die erste serienmäßige Traktorenbaureihe mit Allradantrieb auf den Markt gebracht. Mit der Lieferung von Motoren für die großen Modelle von Fendt und Schlüter ist die MAN inzwischen wieder mit der Schlepperindustrie verbunden. Fahr wurde nach der Produktion von 100 000 Schleppern im Jahre 1968 von KHD übernommen und fertigt heute auf dem Gelände des ehemaligen Landmaschinenherstellers Ködel und Böhm in Lauingen/Donau das Mähdrescherprogramm und in Gottmadingen alle übrigen Erntemaschinen der KHD, die heute unter dem Markennamen *„Deutz-Fahr"* vertrieben werden. Güldner gab im Jahre 1969 die Produktion auf. Die zu den Pionieren im motorisierten Landmaschinenbau zählende Firma Hanomag folgte 1971, nachdem die Produktionszahlen u. a. durch ein mißglücktes Experiment mit Zweitaktdieselmotoren immer rapider zurückgegangen waren. Ebenso zog sich die Firma Hermann Lanz (Hela) nach der Fertigung von 35 000 leichten Traktoren aus dem Schleppermarkt zurück; mit dem aus dem „Varimot"-Typ entwickelten Kompaktlader „Zetcat" ist diese Firma nunmehr auf dem Baumaschinensektor tätig. Im Zuge der Absatzkrise auf dem Landmaschinenmarkt beschränkte sich die Firma Kramer mit der Aufgabe des Zugmaschinen- und Traktorenprogramms auf einen Spezialschlepper vom Typ „Zweiwege-Trac 1014" für die Land-, Bau- und Forstwirtschaft.
Die große Landmaschinenfabrik Heinrich Lanz AG kam Ende der 50er Jahre in wirtschaftliche Schwierigkeiten. Der Verlust wichtiger Absatzmärkte nach dem Krieg sowie die hohen Investitionen zum Wiederaufbau des nahezu total zerstörten Werkes zehrten an der Finanzkraft der einst größten Landmaschinenfabrik Europas. Darüber hinaus hatte die Lanz AG durch den geradezu missionarisch verteidigten Glühkopfmotor den Anschluß an die moderne Dieselmotorenentwicklung verpaßt. 1952 stellte die Firma von Glühkopf- auf Mitteldruck-Dieselmotoren im traditionellen Zweitaktverfahren um, da der hohe Betriebsstoffverbrauch nicht mehr zu vertreten war. Die neue Motorenreihe kam jedoch unausgereift auf den Markt; auch konnte es der Lanz-Einzylindermotor nicht mit der Laufkultur der mehrzylindrigen Dieselmotoren der Konkurrenten aufnehmen. Die US-Firma John Deere aus Illinois, weltgrößter Anbieter von Traktoren, übernahm 1960 die Mehrheit der Lanz-Aktien. Seit 1967 werden die inzwischen wieder erfolgreichen Erzeugnisse des Mannheimer Werkes unter dem Markennamen *„John Deere"* vertrieben. Im Jahre 1984 konnte die Auslieferung des 750 000. Modells seit Beginn der Mannheimer Traktorenfertigung erreicht werden, wobei zur Zeit ein Angebot von 23 verschiedenen Grundmodellen zur Auswahl steht. Mit einer Produktion von 37 823 Fahrzeugen im Jahre 1984 für das In- und Ausland betrachtet sich diese Firma inzwischen wieder als größter Hersteller landwirtschaftlicher Zugmaschinen in der Bundesrepublik sowie als größte Produktionsstätte des John Deere-Konzerns außerhalb der USA.

Die Gebr. Eicher Traktoren- und Landmaschinen-Werke in Landau/Isar mit einstigen Werken in Forstern bei München und in Dingolfing entwickelten nach dem Kriege das wohl breiteste Traktorenprogramm in Deutschland. Neben allradgetriebenen Schmalspur- und Plantagenschleppern sowie Geräteträgern stehen Standardschlepper mit Zwei- und Vierradantrieb der Typenreihe „*Economy*" von 45 bis 145 PS im Programm dieses bayerischen Unternehmens. Der stärkste Typ, „*Wotan*", erhielt schon im Jahre 1957 als erster deutscher Schlepper einen Sechszylinder-Turboladermotor. Finanzielle Schwierigkeiten führten 1970 zur zeitweiligen Übernahme durch die kanadische Massey-Ferguson-Gesellschaft (MF). Da das Parallelprogramm der Eicher- und MF-Motoren und Traktoren eine Konkurrenz im eigenen Haus geschaffen hatte, trennte sich Massey-Ferguson nach großen Verlusten für Eicher wieder von dieser Firma. Im Jahre 1982 wurde Eicher an die indische Firma Eicher-Goodearth Ltd. in Neu-Delhi verkauft, die schon seit Jahren die Eicher-Typen, vor allem den einstigen 28-PS-Bauernschlepper, dort in Lizenz fertigen läßt. Aber auch dieses Engagement scheiterte. Nach einem Konkursantrag im Jahre 1984 ist zu Beginn des Jahres 1985 die Eicher GmbH als Auffanggesellschaft von den Händlern der Eicher-Erzeugnisse (Traktoren und „Isaria"-Landmaschinen) gegründet worden, um diese Marke auf dem Markt zu halten, wobei der Schwerpunkt auf mittlere Schlepper von 45 PS Leistung gelegt werden soll, die im Programm der anderen Unternehmer nahezu verschwunden sind.
Schlüter, eine renommierte kleine Motoren- und Traktorenfabrik, bietet seine großen „Compact-, Super-Compact-" und „Super-Trac"-Typen mit aufgeladenen Sechs- und Achtzylinder-Motoren bis 320 PS Leistung und einer aufwendigen Ausstattung an. Hinzugekommen ist im Jahre 1985 ein Prototyp mit der Bezeichnung „V 12 Turbo", der einen 500 PS starken MAN-Motor besitzt und damit der stärkste deutsche Traktor ist.
Auch an dem US-Hersteller International Harvester (IHC) ist die Branchenkrise der vergangenen Jahre nicht ohne Spuren vorbeigegangen. Nach finanziellen Schwierigkeiten der Muttergesellschaft mit ihrer Zugmaschinen-, Lastwagen- und Traktorenproduktion in den USA und dem völlig überschuldeten IHC-Traktorenwerk in Frankreich ist die Firma 1985 vom US-Konzern *Case* übernommen worden.
Daimler-Benz hingegen hat den Absatz der schweren, unkonventionell gestalteten MB-trac-Ackerschlepper erfolgreich steigern können. Daneben halten die stets verbesserten Unimog-Modelle einen schon seit Jahrzehnten anhaltenden, soliden Marktanteil; über 250 000 Exemplare sind seit Beginn der 50er Jahre für Land- und Forstwirtschaft sowie für andere Einsatzzwecke gefertigt worden.
Auch dem KHD-Werk gelang es, die Traktorenproduktion gewinnbringend

trotz weltweitem Rückgang des Schleppergeschäftes mit einem breiten Programm von mittleren und schweren Typen unter der Markenbezeichnung (seit 1981) *„Deutz-Fahr"* auszubauen. Bezogen auf die Zulassungszahlen im Jahre 1984 hielt KHD mit seinen luftgekühlten Schleppern die Spitzenstellung auf dem deutschen Traktorenmarkt. Zur Ausweitung der Produktion erwarb KHD 1985 die US-Schlepperfirma Allis-Chalmers, um mit dem Filialnetz dieser Marke den US-Markt in verstärktem Maße zu erobern. Eine weitere Stärke des Deutzer Unternehmens liegt noch in der Ausrüstung fremder Fabrikate im In- und Ausland mit luftgekühlten KHD- sowie wassergekühlten Motoren der inzwischen erworbenen Motoren-Werke Mannheim (MWM).
Das Allgäuer Familienunternehmen Fendt in Marktoberdorf hat sich nach Schwierigkeiten in der Branchenkrise der 60er Jahre zielstrebig zum größten Anbieter von Standardschleppern der mittleren und großen Klasse in der Bundesrepublik entwickelt, nachdem es zu Beginn der 80er Jahre gelungen war, die Firma IHC auf den dritten Platz zu verdrängen. Eine weitere starke Stellung besitzt Fendt auf dem Gebiete der Spezialschlepper für Obst-, Wein- und Hopfenanbau. Fahrzeuge mit Allradantrieb, mit luft- und wassergekühlten Motoren von 35 bis 252 PS Leistung, teilweise mit Turboaufladung, sowie mit hydraulischen Getrieben gehören zum „Farmer-, Favorit- und Geräteträger-"Typenprogramm dieses im Preis, aber auch in der Qualität seiner Erzeugnisse anspruchsvollen Anbieters.
Schließlich sind noch einige kleinere Firmen zu nennen. Der traditionelle Kleinschlepperhersteller Holder fertigt seit 1951 allradgetriebene Grünland- und Forstschlepper. Seit Beginn der 80er Jahre baut Holder einen kompakten Schlepper vom Typ „A 60 Turbo" mit gleich großen Rädern, einer Knicklenkung und einem 60-PS-Turboladermotor eigener Fertigung. Hinzu kommt noch die hier nicht behandelte Fertigung von Ein-Achs-Schleppern. Die Firma Holder ist hierin der führende Anbieter; während des Krieges wurde ein derartiges Modell sogar mit einer Holzgasanlage ausgerüstet.
In Tamm/Württ. stellt die Firma Hermann Schneider spezielle, hochgesetzte Geräteträger für Baumschulen und andere Kulturen her. Daneben werden leichte Geräteträger in konventioneller Bauweise gefertigt.
Seit 1948 ist der Landmaschinen- und Fahrzeugbau Krieger KG mit Schmalspurschleppern mit Allrad- und Hinterachsenantrieb für die besondere Verwendung in Weinbergen auf dem Markt vertreten. Die Kapazität liegt z. Zt. bei etwa 300 montierten Fahrzeugen pro Jahr.
Ebenfalls in dieser Größenordnung liegt das erst 1979 gegründete Spezialtraktorenwerk Alois Hieble u. Co. mit seinen Typen „Bergmeister" für die Kommunalwirtschaft, den Wein-, Hopfen- und Obstbau.
Weitere Unternehmen im Fertigungsbereich von Weinberg-, Kommunal- und

Spezialschleppern sind die Firmen Agria, Blank, Dexheimer, Gutbrod, Hako, Platten, Schanzlin und Welte.
Technischer Stand des Schleppers der Mitte der 80er Jahre ist die Ausrüstung mit einer Maschine von durchschnittlich 75 PS, einem synchronisierten Getriebe mit einem Schnellgang, der eine Straßengeschwindigkeit bis zu 40 km/h ermöglicht, eine leistungsstarke Hydraulik und schließlich eine teilweise klimatisierte Fahrerkabine.
Der Marktanteil der nach den mehrfachen Krisenzeiten verbliebenen Traktorenfirmen verteilt sich im Jahre 1986 folgendermaßen: Fendt 18,4 %, Deutz-Fahr (KHD) 17,3 %, IHC 15,5%, John Deere 9,9 %, Daimler-Benz 7,8 %, Eicher 1,9 %, Holder 1,2 % und Schlüter 0,9 %. Die restlichen Prozentpunkte werden von Produzenten kleiner Schlepper für spezielle Einsatzzwecke sowie von ausländischen Anbietern gehalten.

Neben den Radschleppern ist die Fertigung von Gleiskettenfahrzeugen ein weiteres Gebiet dieses Maschinenbaubereichs.
Um die Leistung des Motors günstiger auf den Boden zu übertragen und um eine größere Bodenadhäsion zu erzielen, entstanden nach amerikanischen Vorbildern kurz vor dem Ersten Weltkrieg erste Kettenschleppermodelle.
Den ersten Raupenschlepper-Prototyp fertigte im Jahre 1912 die Maschinenfabrik Wegelin und Hübner in Halle für die eigens hierfür gegründete Firma Deutsche Zugmaschinen GmbH unter dem Markennamen „*Orion*". Als Vorbild diente der in Ungarn montierte amerikanische Holt-Caterpillar-Kettenschlepper. Zu einer Serienproduktion kam es jedoch wegen der Anfälligkeit der Kette nicht. Eine lebhafte Raupenschlepperentwicklung hat es dann in Deutschland erst während des Ersten Weltkrieges gegeben, als die deutsche Heeresverwaltung die Vorteile der wenigen, im deutschen und österreichischen Heer vorhandenen amerikanischen Schlepper zu schätzen gelernt hatte. Die Firmen Büssing, Dinos, Hanomag und Podeus entwickelten verschiedene Prototypen als Geschützschlepper, die jedoch erst nach dem Krieg fertig und anschließend unter der unverfänglichen Bezeichnung „Landwirtschaftliche Zugmaschine" (LZM) verkauft wurden. Ein Verbot der Interalliierten Kontrollkommission untersagte von 1919 bis 1923 die Fertigung von Kettenschleppern. Insgeheim konstruierten die o. a. Firmen jedoch weiter. Die Firma Hanomag trat sofort nach der Aufhebung des Verbots mit einer von E. WENDELER und B. DOHRN, den Konstrukteuren des Hanomag-Radschleppers, entworfenen 25-PS-Raupe auf den Markt. Zwischen dem hinteren Antriebs- und dem vorderen Leitrad befanden sich zum Anpressen und Abstützen der Ketten auf den Boden einzelne Laufrollen in einem federnden Führungskasten.
Hanomag rüstete seine Raupen ab 1931 mit einem eigenen Dieselmotor

aus. Die Hanomag-Raupen wurden in großen Serien gefertigt und vor allem exportiert. Als Planierraupen erhielten sie ein durch einen Flaschenzug betätigtes Räumschild. (Der Einsatz der Raupen für landwirtschaftliche Zugaufgaben trat in den 30er Jahren mit den Autobahnbauarbeiten und dem Einsatz der Raupen zur Planierarbeit immer mehr zurück). Im Gegensatz zur inzwischen aufgegebenen Lokomotiv-, Pkw-, Traktoren- und Lkw-Fertigung haben sich die Hanomag-Raupen, seit Ende der 70er Jahre mit Dieselmotoren der Traktorenfabrik Schlüter ausgerüstet, bis heute auf dem Mark behauptet. Von 1971 bis 1974 wurden die Hanomag-Erzeugnisse mit der Bezeichnung „MF-Hanomag" vertrieben, als der kanadische Traktorenproduzent Massey-Ferguson Besitzer des Werkes war. Kurze Zeit erhielten die Raupenschlepper den Zusatz „IBH" im Hanomag-Schriftzug; seit 1984 werden sie nach dem abgewendeten Konkurs wieder als „Hanomag"-Erzeugnisse angeboten.
Für die Anfangszeit des Raupenschlepperbaus in den 20er Jahren sind noch die nur für kurze Zeit gefertigten Raupen der Marken Benz, Daimler (LAS-Raupe), Dürkopp (Marke Comfräsch), Pöhl und Orion zu nennen. Allein größere Beachtung erfuhr der *Dürkopp-Vollraupenschlepper* mit angebautem Fräser-Schleppflug, der zur Urbarmachung sumpfigen Geländes bestimmt war und von der Comfräsch AG gefertigt wurde, an der die Dürkopp-Werke finanziell beteiligt waren.
Podeus folgte ebenfalls heimlich mit einem 45-PS-Kettenschlepper, der unter der Markenbezeichnung „*Raupenschlepper*" vertrieben wurde und den Kettenschleppern für Industrie und Landwirtschaft den charakteristischen Namen gegeben hat. Für eine dauerhafte Produktion waren die Finanzmittel dieser kleinen Lastwagen- und Maschinenfabrik zu gering, so daß die Podeus-Raupenschlepperfertigung im Jahre 1925 aufgegeben wurde.
Rein für landwirtschaftliche Zwecke entwickelte die Tragpflugfabrik Stock ab 1918 aus dem Triebkopf ihres Motorpfluges eine Kleinraupe, deren Ketten über die vorderen Antriebs- und die kleinen hinteren Leiträder liefen. Mit Lenkhebeln wurde das Fahrzeug von dem hinterherlaufenden Raupenführer gesteuert. Ritscher, später unter der Bezeichnung „Moorburger Trecker-Werke", spezialisierte sich ebenfalls auf kleine Raupen. Für andere Marken, so z. B. für Lanz und die Schwäbischen Hüttenwerke (SHW), entwickelte diese Firma Aufsteckraupen, die einen Radschlepper in ein Kettenfahrzeug verwandeln konnten. Nach dem Zweiten Weltkrieg brachte das Werk noch eine Zeitlang spezielle Weinbergschlepper heraus.
Neben den Marktführer Hanomag traten im Jahre 1927 als bedeutender Konkurrent die Linke-Hofmann-Werke (LHW) in Breslau. Die von dem ehemaligen Hanomag-Konstrukteur STUMPF entwickelte Raupe war rah-

menlos gebaut, wobei die Blockkonstruktion von Motor, Getriebe und Antriebsachse den tragenden Teil der Raupe bildete. 1935 trennten sich die Linke-Hofmann-Werke von der Raupenschlepperfertigung und gaben diese an die dem Junkers-Konzern gehörende Fahrzeug- und Motorenwerke GmbH *(FAMO)* ab. Ein leichterTyp mit der Bezeichnung **„Boxer"** und ein schwerer mit der Bezeichnung **„Rübezahl"** wurden bei FAMO in Breslau bis 1944 gefertigt. Die Raupenschlepper erhielten während des Krieges eine Anthrazit-Generatoranlage, die für den Lkw-Antrieb als zu reaktionsträge galt, aber für die geringen Geschwindigkeiten der Raupen ausreichte. Die Verlegung der Produktionsanlagen nach Schönebeck an der Elbe sollte vor Kriegsende erfolgen. Nach dem Krieg wurden im Osten und Westen FAMO-Raupen weitergebaut: FAMO ließ als Rechtsnachfolger der Konstruktionsidee bei der Waggonfabrik Rathgeber in München die Raupen für den aufnahmefähigen westdeutschen „Trümmermarkt" weiterbauen. Im ehemaligen Brennabor-Werk in Brandenburg und später im Schlepperwerk Schönebeck wurde das leichte Modell ebenfalls montiert.
Die Linke-Hofmann-Werke in Salzgitter brachten ab 1951 wieder eine leichte Raupe auf den Markt, die ähnlich dem einstigen NSU-Kettenkrad ein Schachtellaufwerk mit Gummipolstern besaß. Gegenüber den inzwischen weiterentwickelten Schleppertypen der führenden Marke Hanomag konnte sich dieses Modell vom Typ „Robot" nicht behaupten, so daß die Produktion rasch wieder eingestellt wurde.
Lanz stellte ab 1934, nachdem schon seit 1928 Bulldog-Typen mit Ritscher-Ansteckraupen ausgerüstet werden konnten, bis Kriegsende schwere Glühkopf-Raupen her. Seit der Übernahme des Lanz-Werkes durch die amerikanische John-Deere AG werden ab 1960 in Mannheim erneut Raupenfahrzeuge unter der Bezeichnung „John-Deere" gefertigt.
Kaelble, auch unter der Markenbezeichnung *„Kaelble-Gmeinder"* des gleichnamigen Familienunternehmens, fertigt seit 1939 Kettenschlepper. Die noch heute andauernde Produktion von durchweg schweren Fahrzeugen wurde 1956 mit einem 270-PS-Modell gekrönt, das seinerzeit als stärkster Raupentyp in Europa galt.
Der amerikanische Fahrzeugproduzent International Harvester (IHC) montierte ab 1963 seine Modelle in dem neu errichteten Heidelberger Zweigwerk.
Dem großen Bedarf an Raupen zum Planieren und Bewegen von großen Erd- und Schuttmassen kamen nach dem Zweiten Weltkrieg eine Reihe von neuen Firmen mit der Fertigung von Kettenschleppern nach.
Für kurze Zeit bot die Firma Magirus des KHD-Konzerns sogenannte *„Waldschlepper"* aus Restteilen der militärischen „Raupenschlepper-Ost"-Fertigung an, die bei Magirus und bei der Auto-Union während des Krieges gelaufen war. Klöckner-Humboldt-Deutz griff den Raupenschlepperbau

von 1953 bis 1974 auf. Luftgekühlte Motoren von 60 bis 210 PS Leistung standen für verschiedene Modelle, darunter auch eine Unterwasser-Raupe, zur Verfügung. Mit der Krise in der deutschen Bauwirtschaft in den 70er Jahren stellte KHD die Produktion nach über 15 000 Einheiten ein.
Für kurze Zeit nahm in den 50er Jahren auch der Lkw-Produzent Faun die Fertigung von Kettenschleppern mit der Lizenzproduktion der französischen „Mommendey"-Raupe vom Typ „FK 80" auf.
Nicht viel länger baute der Kranhersteller Liebherr in Deutschland schwere Raupen. 1978, nach einem Produktionsjahr, wurde die Fertigung der Raupenfahrzeuge in das Tiroler Zweigwerk verlegt.
Mit der Ausstattung der Raupen mit hydraulisch betätigten Planierschilden, Greifern, Schaufeln, Aufreißern oder Krananlagen zur Rohrverlegung hat sich der Einsatz von der Zugfunktion in der Land- und Forstwirtschaft vollkommen auf den Bereich des Straßen- und Bausektors verlagert.
Gegenüber der starken (rein-)amerikanischen, italienischen und japanischen Konkurrenz haben sich die deutschen Hersteller John-Deere, Hanomag, IHC und Kaelble bis heute mit großen Raupentypen halten können.
Für spezielle Zwecke in der Landwirtschaft, vor allem im Einsatz in Weinbergen und anderen Kulturen, wurden nach dem Krieg Leichtraupentypen mit Metall- und Gummiraupenbändern entwickelt. Von den Firmen Blank, Hüttenwerk Michelstadt, Hummel, Krapp und Schmiedag wurden bzw. werden diese Raupentypen gebaut. Bekanntestes Unternehmen wurde dabei die Firma Blank in Dirmstein, die nach dem gemeinsamen Bau der „Unirag"-Raupe mit dem Hüttenwerk Michelstadt weiterhin erfolgreich Kleinraupen fertigt.
Unter den kleinen Produzenten ist noch die Firma Mulag zu nennen, die seit 1978 Mähraupen mit der Möglichkeit zur Funkfernsteuerung herstellt. Hauptabnehmer dieses auch für andere Zwecke verwendbaren Fahrzeugtyps war die Sowjetunion.

Ein Blick soll an dieser Stelle noch auf den Traktoren- und Raupenschlepperbau in der ehemaligen DDR geworfen werden.
Auf dem Gebiet der DDR befanden sich nach Kriegsende nur wenige Traktorenfabriken. Demontagen und das Fehlen von Spezialteilen aus den Westzonen ließen zunächst kaum eine nennenswerte Produktion aufkommen. Bis zur Errichtung der Berliner Blockade und der darauf einsetzenden Gegenblockade wurden Traktoren und Dieselmotoren für landwirtschaftliche Maschinen vor allem von den Kölner Deutz-Werken bezogen. Mit der Festlegung der künftigen DDR-Landwirtschaftspolitik auf eine schrittweise Kollektivierung wurde der Traktorenproduktion ab 1948/49 schon frühzeitig ein hoher politischer Wert beigemessen. Für die Errichtung der

Maschinen-Ausleihstationen (MAS) nach sowjetischem Vorbild sollten daher wenige Einheitstypen in hohen Stückzahlen hergestellt werden. Damit konnten ökonomische Maschinenausstattung und Reparaturmöglichkeiten gewährleistet werden, und gleichzeitig sollte der überalterte und aus den mannigfaltigen, hauptsächlich westdeutschen Marken bestehende Traktorenbestand durch die Einheitstypen ersetzt werden, zumal eine wirtschaftliche Ersatzteilversorgung kaum noch zu gewährleisten war.

In dem Traktoren-Schwerpunktprogramm des Ministeriums für Maschinenbau in den Jahren 1948/49 wurden ein 40-PS-Typ (*Pionier*), ein 25- bis 28-PS-Typ *(Aktivist)* sowie ein Geräteträger vom Typ „*Maulwurf*" festgelegt. Für die Produktion dieser Typenreihe waren Werke in Nordhausen, Schönebeck und Brandenburg vorgesehen. Die Horch-Werke sollten dagegen zugunsten des verstärkten Lkw-Baus von der Traktorenfertigung entlastet werden.

Von 1946 bis 1951 fertigten die ehemaligen Horch-Werke in Zwickau den Vierzylinder-Diesel-Typ „Pionier", der vor und während des Krieges von den Breslauer FAMO-Werken hergestellt wurde. Ende 1944 erfolgte die Verlagerung des FAMO-Maschinenparks nach Schönebeck an der Elbe. Vermutlich sind Anfang 1945 von den über 150 Transportzügen dieses Werkes einige mit den Fertigungswerkzeugen des „Pioniers" in Sachsen liegengeblieben, so daß zunächst in den Horch-Werken die Produktion dieses Traktorentyps aufgenommen wurde.

Nach Demontage und Neueinrichtung bildete das ehemalige Panzermotorenwerk Montana der Maschinenbau-Anstalt (MBA) in Nordhausen mit dem ehemaligen Normag-Werk das VEB Schlepperwerk Nordhausen. Hier wurde 1951 bis in die Mitte der 50er Jahre der von den Horch-Werken übernommene „Pionier" weitergebaut. Ein leichter Typ nach der vorhandenen Vorkriegskonstruktion von MBA stand in den 50er Jahren hier unter der Bezeichnung „*Brockenhexe*" im Programm. Der 22-PS-Motor wurde von den Kölner Deutz-Werken bezogen.

Aus dem ehemaligen Normag-Programm wurde der Vorkriegstyp „*Faktor*" mit der Bezeichnung „Aktivist" zunächst mit dem 22-PS-Deutz-, später mit einem 28-PS-Motor der Karl-Marx-Werke (vorm. Orenstein und Koppel) in Babelsberg weitergebaut. Ähnlich dem Schicksal der FAMO-Produkte wurde dieser Schleppertyp von der in Zorge im Südharz neugegründeten Firma Normag-Zorge als Typ „*NG 23*" in beiden Teilen Deutschlands gefertigt. Nach den leichten Übergangstypen der „*Favorit*"-, später „*Famulus*"-Reihe aus den 60er Jahren, wurden große Traktoren der Typenreihe „ZT" für die maschinelle Ausstattung der Landwirtschaftlichen Produktionsgenossenschaften (LPG) gefertigt. Hinzuweisen ist hier noch auf die ungewöhnliche Konstruktion von Tandemschleppern in Nordhausen, die ab 1959 erschienen.

Das ehemalige FAMO-Werk in Schönebeck wurde Anfang der 50er Jahre großzügig ausgebaut und stellte nach anfänglicher Teileproduktion ab 1951 den „Pionier“ und den Geräteträger „Maulwurf“ her. Während die Fertigung des „Maulwurfs“ bis zum Ende anhielt, ist die Standardschlepper-Produktion auf den „ZT“-Schlepper umgestellt worden. Neben diesen Fahrzeugen montierte das Schönebecker Werk noch Raupenschlepper der Typenreihe „KS“, wobei das ehemalige FAMO-Modell Ausgangspunkt der Raupenschlepperentwicklung gewesen ist.
Nach der Wiedereinrichtung des demontierten Brennabor-Werkes in Brandenburg wurde dort ein von den Ingenieuren VOLLMER und ISENDAHL während des Krieges entwickelter Traktor mit Generator-Gasantrieb auf der Basis des Nordhäuser „Aktivist“ von 1949 bis 1952 gefertigt. Ein Zweizylinder-Gegenkolbenmotor mit 25 PS Leistung trieb dieses auch als „Allesfresser-Aktivist“ oder *„S 25 Solidarität“* bezeichnete Modell an. Seit dem Auslaufen der wegen des zu kurzen Radstandes als wenig geglückt geltenden „Aktivist“-Baureihe und der auch hier gefertigten Kettenschlepper der Typenreihe „KS“ wurden in Brandenburg Dieselmotoren und Getriebe gebaut.
Schließlich sind noch vier kleine Projekte zu erwähnen. In den 50er und 60er Jahren fertigte der VEB Schädlingsbekämpfungsbetrieb Halle den leichten *„Scheuch-Schlepper“* als Typ *„ES 19“* der ehemaligen Auto-Union. Er bildete die Grundlage für den erwähnten Geräteträger. Das Lenkgetriebewerk Triptis montierte in den 50er Jahren ein Einheits-Raupenschleppermodell, das vorwiegend als Reparationslieferung in die Sowjetunion ging. In Neustrelitz/Mecklenburg produzierte Anfang der 50er Jahre die Firma Friedrich Rogge Traktoren in kleinsten Stückzahlen. Schließlich erschien auf der Leipziger Messe im Jahre 1957 der Industrieschlepper *„Raubautz“* der Firma Manhardt in Wutha mit einem Dieselmotor und zwei eng aneinanderstehenden Vorderrädern.
Ab 1978 wurden Traktorenentwicklung und Produktion durch den Leitbetrieb „VEB Kombinat Fortschritt Landmaschinen“ (früheres Mähdrescherwerk Klinger) in Neustadt/Sachsen koordiniert. Seit diesem Zeitpunkt trugen die Traktoren und Landmaschinen der DDR-Produktion den Markennamen *„Fortschritt“* zusätzlich zur Typenbezeichnung.

A

Abega-Motorpflug, A. Behrend, Gardelegen

1. 1919–1920 **Abega-Motorpflug, A. Behrend,** Gardelegen
2. 1920–1921 **Mitteldeutsche Motorpflug AG,** Magedeburg-Sudenburg, Fichtestr. 29a

Der von A. Behrend entwickelte Seilmotorpflug „Abega“ arbeitete im Zweimaschinensystem, wobei ein Kippflug zwischen den Motorwagen hin und her bewegt wurde. Ein großvolumiger, extrem langsam laufender Einzylindermotor mit 40, maximal 45 PS bei 320 U/min trieb die Seiltrommel an und gab dem 8,5 t schweren Fahrzeug eine Höchstgeschwindigkeit von 7 km/h. Auch mit zwei Motoren für den Antrieb der Seilwinde und des Fahrzeugs wurde der „Abega“ hergestellt.

Technische Daten der Abega-Schlepper

Typ	SP	Z	PS	K	B × H	Hubr.	D	Gew.	Mot.
Abega	1919	1	40/45	W	260 × 380	8066	320	8500	

45-PS-Abega-Seilmotorpflug

Abele-Jeep Typ ACO

Abele u. Co., 1949

Dieses württembergische Unternehmen rüstete gebrauchte US-Jeeps, unter Beibehaltung des Originalmotors, zu landwirtschaftlichen Schleppern um. Ein seitlicher Mähbalken war an das Fahrzeug mit der Markenbezeichnung „ACO" angebracht.

Agria-Werke GmbH Möckmühl/Württ., Bittelbronner Str. 44, 1954–heute

In den verbliebenen Werkstätten einer demontierten Zahnradfabrik nahm die 1937 gegründete Maschinenfabrik Möckmühl, später Agria-Werke, kurz nach dem Krieg den Bau von landwirtschaftlichen Bedarfsartikeln, einachsigen Schleppern und für kurze Zeit auch den Bau von Dreirad-Lieferwagen auf.
Unter Verwendung des Einachsschleppermotors und dessen Getriebes wurde 1954 ein leichter Geräteträger vorgestellt. Das 10 PS starke Hirth-Vergaser- oder das 12 PS starke ILO-Diesel-Aggregat wurde umgekehrt an den Vorderwagen gebaut, der aus zwei Längsholmen und einer Achsschenkellenkung bestand. Einen Serienbau haben die Agria-Werke jedoch nicht aufgenommen.

Technische Daten der Agria-Schlepper

Typ	SP	Z	PS	K	B × H	Hubr.	D	Gew.	Mot.
Geräte-träger	1954	1	10	L	90 × 104	660	2200		ILO
4800	1960	1	10	L	90 × 104	660	2000		ILO
4800	1967/68	1	12/16	L	100 × 95	741	3000		Agria
4800 K	1969	1	10	L	85 × 100	560	3000		Hatz
3900	1969	1	16						Weinberg-schlepper
6700	1969	1	16						Allradantrieb/ Allradlenkung
9200	1970	2	40					1000	Allradantrieb/ Allradlenkung
6700	1970	2	22					820	Allrad
4700	1972	1	12	L		490			
5700	1973	4	30	W	70 × 72	1100	3000	640	Renault
5700	1973	1	16	L	100 × 95	741	3000	560	Ruggerini
6700	1975	2	25	L	90 × 85	1081	3000	820	Ruggerini
4800 K	1979	1	16	L	100 × 95	741	3000	695	Ruggerini
5900	1980	4	22	W	58 × 80	845	3000	685	Renault
6900 D	1983	2	26	W				510	Diesel
6900-1	1983	4	26	W					Vergaser
6900-2	1983	4	35	W					Vergaser
8700	1971	2	25	L				1430	auch 28 PS
9900	1973	4	43	W				1000	

10-PS-Agria-Geräteträger

10-PS-Agria 4800 K (1)

25-PS-Agria 6700 (1)

Dauerhaften Erfolg hat die Firma dagegen mit dem in der Mitte der 50er Jahre aufgenommenen Vierrad-Kleinschlepperbau für die Obstbau- und Kommunalwirtschaft. Motoren von Fichtel & Sachs, Sturmey-Archer, Hirth, Rotax, MAG, ILO, Brix & Stratton, Renault und neuerdings von Kobota und Ruggerini kommen in Diesel- oder Vergaserausführung zum Einbau.
Haupttyp war lange der „Agria 4800“ mit einem Sechsganggetriebe, Zapfwelle, Hydraulik und der Möglichkeit zur Spurweitenverstellung. Der hier verwendete ILO-10-PS-Viertakt-Dieselmotor war weit überhängend eingebaut.
1968 erhielt der Kleinschlepper eine neue Verkleidung. Die Motorleistung wurde von 12 auf 16 PS angehoben. Ein speziell für den Weinberg entwickelter Kleinschlepper vom Typ „3900 Weinberg-trac“ mit 16 PS und Allradantrieb war mit einem Seilwindensystem ausgerüstet, so daß sich der

Schlepper am Hang mit Hilfe des Seiles hocharbeiten konnte. Der Fahrersitz war quer zur Fahrtrichtung eingebaut.
Gleichzeitig kam der Allradschlepper Typ „6700“ mit Allradlenkung und Allradbremsanlage sowie mit gleichgroßen Rädern hinzu. Ab 1970 erhielt dieser Typ mit einem Zweizylinder-40-PS-Motor die Bezeichnung „9200“. Auch der Standardtyp „4800“ wurde überarbeitet. Als „Agria 6700“ konnte er nun mit einem 22-PS-Zweizylindermotor auch in Allradausführung geliefert werden. Eine weitere Modellvariante war der 1973 erschienene Typ „5700“ mit einem 30-PS-Vergaser- oder einem 16-PS-Dieselmotor.
Der „4800 K“ wird seit 1979 mit einem 16-PS-Einzylinder- oder mit einem 23-PS-Zweizylinder-Dieselmotor hergestellt. Neu hinzugekommen ist der wassergekühlte Kompaktschlepper vom Typ „6900“ mit einem Zweizylinder-26-PS-Diesel- oder mit einem Vierzylinder-26-PS- bzw. 35-PS-Vergasermotor.
Neben den Kleinschleppern hat das Unternehmen in den frühen 70er Jahren ein Vielzweckfahrzeug vom Typ „8700“ für die Land- und Bauwirtschaft hergestellt. Ein luftgekühlter Zweizylindermotor mit 25 oder 28 PS trieb das mit Zapfwellenanschluß ausgerüstete Fahrzeug an. 1973 folgte noch der Typ „9900“ mit einem wassergekühlten Vierzylinder-43-PS-Motor. Das Fahrzeug besitzt Allradantrieb und Allradlenkung.

Allgaier-Werkzeugbau GmbH, Abt. Schlepperbau, Uhingen/Württ., Ulmer Str. 45

1. 1946–1953 **Allgaier-Werkzeugbau GmbH, Abt. Schlepperbau**
2. 1953–1956 **Allgaier-Maschinenbau GmbH**

Die 1906 gegründete und vornehmlich im Werkzeugbau für die Automobilindustrie tätige Firma nahm 1946 im Werk Uhingen und später, nach Erwerb eines Teils der Dornier-Flugzeugwerft, im Werk Friedrichshafen den Bau von Schleppern auf. Grundmodell war der Straßen- und Ackerschlepper „R 18“, der einen liegenden Einzylinder-Dieselmotor von Kaelble besaß. (Das „R“ sollte dabei auf die robuste Bauart des Motors hinweisen). Konstrukteur des mit einer Verdampfungskühlung ausgerüsteten Motors war der Kaelble-Ingenieur Paul Strohäcker. Motor und Getriebe ruhten auf einem Plattformrahmen. Drei Keilriemen dienten der Kraftübertragung; anstelle eines elektrischen Anlassers mußte eine Andrehkurbel benutzt werden.
1949 kamen der Ackerschleppertyp „R 22“ mit Einzylinder-, 1950 der „A 30“ und der „A 40/44“ mit Zweizylinder-Reihenmotoren ins Programm. Die Fahrzeuge erhielten eine normale Wasserkühlung und eine Motorverkleidung. Letzte reine Allgaier-Entwicklungen waren der „A 24“ mit wiederum liegendem Einzylindermotor und Kondensationskühlung sowie der „A 12“

22-PS-Allgaier R 22 (2)

und der „A 16“ mit jeweils stehenden Einzylindermotoren und Wasserkühlung. Die Fahrzeuge waren nunmehr in Blockbauart mit vorderer Pendelachse ausgeführt. Über eine Fliehkraftkupplung konnte bei einer Drehzahl von 400 bis 500 U/min der Riemenscheibenantrieb eingeschaltet werden.
1949 erwarb Allgaier die Fertigungslizenz für den von Prof. Ferdinand Porsche während des Krieges entwickelten, luftgekühlten *Volksschlepper* (→ Porsche GmbH). Damit brachte Allgaier ein noch heute vielbeachtetes Schlepperprogramm mit schnellaufenden Ein-, Zwei-, Drei- und Vierzylindermotoren mit Leistungen bis zu 44 PS auf den Markt.
Erstes Baumuster war der „AP 17“ mit einem Einzylinder-17-PS-Dieselmotor. Durch die technische Ausstattung sowie die vom VW-Käfer her populäre Radialluftkühlung mit einer Ölreinigungsschleuder und durch den niedrigen Verkaufspreis sorgte der „Allgaier-Porsche“ überall für Aufmerksamkeit. Die vordere Pendelachse war mit beiderseitigen Teleskopfedern ausgestattet; die hintere Portalachse ermöglichte eine große Bodenfreiheit. Eine geschickte Gestaltung der Haubenform erhöhte das Interesse an diesem modern konzipierten Leichtbauschlepper. Auch in Versionen mit geringer Spurweite und mit einer Verkleidung für den Wein- und Obstbau konnte der „AP 17“ geliefert werden.
Nachdem 1952 die wassergekühlten Allgaier-Typen aus dem Programm

18-PS-Allgaier AP 17 Schmalspur

12-PS-Allgaier A 12

Technische Daten der Allgaier-Schlepper

Typ	SP	Z	PS	K	B × H	Hubr.	D	Gew.	Mot.
R 18	1947	1	18	V	125 × 150	1840	1500	1500	
R 22	1949	1	22	V	125 × 150	1840	1500	1500	ab 1950 Typ A 22
AP 17	1950	2	18	L	90 × 108	1374	2000	950	
A 30	1950	2	35	W	125 × 150	3679	1500	2000	
A 40	1950	2	40	W	125 × 150	3080	1500	2000	
A 12	1951	1	12	W	105 × 125	1089	1800	950	
A 40 z	1951	2	44	W	130 × 150	3980	1500	2000	
A 111	1952	1	12	L	95 × 116	822	2200	900	
A 16	1952	1	16	W	110 × 125	1188	1950	980	
A 24	1952	1	24	W	130 × 150	1990	1500	1400	
A 312	1952	2	25	L	100 × 108	1696	2000	1324	Vergaser
A 133	1952	3	33	L	95 × 116	2466	2000	1600	
AP 22	1953	2	22	L	95 × 108	1531	2000	1270	
A 144	1953	4	44	L	95 × 116	3288	2000	2400	
AP 16	1954	2	16	L	90 × 108	1374	2000	1160	
A 122	1955	2	22	L	95 × 116	1644	2000	900	

genommen worden waren, kamen die Baumuster „A 111" und „A 111 v" (verlängert), „AP 16, AP 22, A 133 und A 114" in die Fertigung. Auf den renommierten Namen des Lizenzgebers wies der auf der Haube angebrachte Schriftsatz *Allgaier-Porsche* oder *Allgaier System Porsche* hin.
Ein Sondertyp war der 1952 erschienene Schlepper „A 312", der als Plantagenschlepper einen luftgekühlten Zweizylinder-Vergasermotor mit 25 PS besaß und für den Export nach Brasilien gebaut wurde.
1954 folgte noch im normalen Programm der 18 PS starke Dieselschlepper „AP 18", der den „AP 16" ablöste.
Bei dem Grundmodell „A 111" saß der 12 PS starke Motor zur optimalen Achsbelastung über der Vorderachse, das Getriebe belastete die Hinterachse. Ein Zwischengehäuse, das in verschiedenen Längen lieferbar war, verband beide Fahrzeughälften und ermöglichte dem auch als Tragschlepper bezeichneten Modell eine große Bauchfreiheit für anbaubare Zwischenachsgeräte. Hinzu kamen ein Getriebe mit vier Vorwärts- und vier Rückwärtsgängen, eine Normzapfwelle mit zwei Geschwindigkeiten, höhenverstellbare Anhängerkupplung, Kraftheber, Zweipunktaufhängung und Lenkbremsen.
Durch das Baukastensystem konnte die PS-Zahl mittels Hinzufügen weiterer Zylinder entsprechend gesteigert werden. Eine rationelle Produktion der luftgekühlten Reihenmotoren war dadurch ebenfalls gegeben; über 70.

Allgaier A 111 mit geöffneter Haube (1)

44-PS-Allgaier A 114 (1)

später sogar 87 Prozent der beweglichen Motorteile waren einheitlich. Ab dem Zweizylinder-Typ „A 22" gelangte als weitere Besonderheit eine Föttinger-Strömungskupplung der Firma Voith zum Einbau, die zusätzlich zur normalen Kupplung dem Schlepper sehr gute Anfahreigenschaften bzw. Fahreigenschaften bei auftretender Belastung ermöglichte.
Die große Nachfrage nach den „Allgaier-Porsche"-Schleppern konnte schließlich durch die beschränkten Produktionsmittel der Firma nicht auf die Dauer befriedigt werden; ein finanzielles Wagnis zur Produktionserweiterung wollte Allgaier nicht eingehen. Darüber hinaus waren die vielen Aufträge aus der wieder aufblühenden Kraftfahrzeugindustrie ein starker Anreiz für die Firma, sich wieder ganz dem traditionellen Kfz-Werkzeugbau zu widmen. Von 1954 bis 1956 wurde die Schlepperfertigung nach und nach an die 1954 gegründete → Porsche-Diesel-Motorenbau GmbH abgegeben. Der Marktanteil der Firma Allgaier lag stets bei 4 Prozent. Insgesamt wurden ca. 35 000 Schlepper, darunter über 10 000 eigene Allgaier-Schlepper, gefertigt.

Kleinmotorenfabrik Adolf Altmann, Berlin N, Acherstr. 68, 1896

Adolf Altmann (1850 bis 1905) stellte ca. 1896 in seiner Motorenfabrik eine Zugmaschine mit eigenem Einzylinder-Petroleummotor mit 12 bis 18 PS und einer Verdunstungskühlung her. Der Antrieb erfolgte über Ketten. Um das Differential zu sparen, mußte bei Kurvenfahrt ein Antriebsrad ausgekuppelt werden. Das Fahrzeug erhielt erstmalig die lateinisch-französische Bezeichnung „Trakteur".
Die Firma Altmann ging 1898 in die Marienfelder Motor-Fahrzeug- und Motorenfabrik AG über. Adolf Altmann wurde deren Generaldirektor. Nach dem Ausscheiden in Marienfelde gründete er 1902 die Kraftfahrzeug-Werke Brandenburg a. d. Havel, Dampfwagenbau System Altmann. Bei einer Versuchsvorführung kam Altmann 1905 durch eine Explosion ums Leben.

Anker-Universal-Motorpflug-Fabrik GmbH, Speyer, 1920–1932

Bei der bekannten *Anker-Steinbaukasten- und Maschinenfabrik Richter u. Co.* in Rudolstadt/Thüringen ließ diese Firma einige Prototypen von Tragpflügen und Schleppern unter den Marken „Anker" oder „Arlt-Anker" herstellen. Auch die *Firma Friedrich W. Müller* in München ließ 1920 ihre dreischarige Konstruktion eines Tragpfluges mit der Bezeichnung „Gnom" hier fertigen. Das 80 PS starke Fahrzeug entsprach jedoch in Zuverlässigkeit und

Leistungsfähigkeit nicht den Werbesprüchen des Konstrukteurs und des Herstellers.

Ansbacher Eisengießerei und Maschinenfabrik und Motorenbau Carl Bachmann, Ansbach/Bayern, 1918–1925

Der „Bachmann-Trecker" wurde ursprünglich als Artilleriezugmaschine entwickelt und besaß in seiner ersten Ausführung einen für das 3,7 t schwere Fahrzeug zu schwachen 20-PS-Motor. Die zweite Version hatte dann einen Vierzylinder-Bayern-Motor (BMW) mit 30/36 PS, der über einen Ritzelantrieb das Fahrzeug , auch „Bachmann'scher Kraftschlepper" genannt, bis zu 7 km/h schnell werden ließ.

Nach der Einstellung des Schlepperbaus entwickelte das Unternehmen mit den Firmen Münchener Motorenfabrik Gebr. Baumann GmbH, → Motoren-Werke Mannheim AG und → Süddeutsche Bremsen AG den „Colo"-Dieselmotor, der über die neu gegründete Motoren GmbH in München als

18-PS-Altmann-Trakteur

30/32-PS-Bachmann-Schlepper

Technische Daten der Bachmann-/Ansbach-Schlepper

Typ	SP	Z	PS	K	B × H	Hubr.	D	Gew.	Mot.
Trecker	1918	4	20	W				3700	
Trecker		4	30/32	W	115 × 180	7474	700/ 800		Bayern-Motor
Trecker	1920	4	30/36	W	120 × 180	8138	700/ 800		Bayern-Motor

Einheitsdieselmotor vertrieben werden sollte. Zum Einbau in Schlepper kam er aber nur in geringer Stückzahl und zwar in die Fahrzeuge der → Motorenfabrik Darmstadt AG, der Motoren-Werke Mannheim AG und der Süddeutschen Bremsen AG.

Apollo Werke AG, Apolda, Sulzaerstr. 3/5, 1927–1928

Eine 50 PS starke Zugmaschine für Straßentransportzwecke vom Typ „T 27" fertigte diese thüringische Automobilfabrik (früher Ruppe u. Sohn) kurz vor der Produktionseinstellung der Apollo Automobile im Jahre 1928. Ein Vierzylindermotor mit einem Hubraum von 7,5 Litern kam in das voluminöse

50-PS-Apollo-Schlepper

Fahrzeug mit Zwillingsbereifung, durchgehenden Trittbrettern und einem verkleideten Fahrersitz. Gegenüber anderen Fabrikaten konnte sich der Apollo-Schlepper nicht durchsetzen.

Atlas-Maschinenbau-GmbH, Berlin, 1920

Kurzzeitige Herstellung eines Radschleppers

Auto-Union AG, Chemnitz, 1941–1942

Das Erfurter Ingenieurbüro Erwin SCHEUCH entwickelte zu Beginn des Krieges in Zusammenarbeit mit der Auto-Union, Abt. DKW-Motoren, einen Einachsschlepper, der mit einem Stützrad und Fahrersitz als Motorzugkarren oder als Motorvorderwagen zu einem Drei- oder Vierradfahrzeug ergänzt werden konnte. Bei einachsigem Einsatz konnte die Achsschenkellenkung arretiert werden. Als Antrieb dienten DKW-Bindemähermotoren im Zweitaktsystem von 300 ccm und 6 PS oder 450 ccm und 8,5 PS; auch mit einem doppelmotorigen Typ wurde experimentiert, wobei bei Leerfahrten mit einem, bei schwerem Transport- und Ackerbetrieb mit zwei Motoren gefahren werden sollte. Nach dem Krieg wurde dieses Modell Anfang der 50er Jahre vom VEB DUZ Schädlingsbekämpfungsgeräte Halle weitergebaut. Die ersten Versionen des DDR-Geräteträgers „Maulwurf" gehen auf den Scheuch-Schlepper zurück. In der Bundesrepublik diente dieser erweiterungsfähige Einachschlepper als Vorbild für die „*Unitrak*"-Typen.

Technische Daten der Apollo-Schlepper

Typ	SP	Z	PS	K	B × H	Hubr.	D	Gew.	Mot.
T 27	1927	4	50	W	115 × 180	7474	1000		BMW

Technische Daten der Auto-Union-Schlepper

Typ	SP	Z	PS	K	B × H	Hubr.	D	Gew.	Mot.
Scheuch	1941	1	6	L	74 × 68	300	2600		
Scheuch	1941	1	8,5	L	88 × 76	462	3000		

Autowerke Salzgitter (AWS), Salzgitter, 1950

Die Autowerke Salzgitter gingen aus der Firma Niedersächsisches Auto- und Motoren-Instandsetzungswerk (NAW) hervor, die seit 1948 vor allem US-Jeeps für zivile Zwecke umbaute. Auch einfachste Schlepper auf Fahrgestellen dieses Militärfahrzeugs wurden in geringer Stückzahl angefertigt.

10-PS-Auto-Union Typ Scheuch

B

Josef Bautz GmbH, Landmaschinenfabrik, Saulgau/Württ., J.- Bautz-Str. 6, 1948–1963

Die *Erntemaschinenfabrik Bautz*, um die Jahrhundertwende zur Fertigung von Heuwendern gegründet, brachte 1948 einen leichten Schlepper in Blockbauart mit der Bezeichnung „Bautz 11" heraus. Ein 11 PS starker MWM-Motor kam zum Einbau. Ein Jahr später folgte der von → Zanker übernommene Zweitakt-Dieselschlepper „M 1", der mit seinem 14-PS-Motor als Bautz-Typ „AW/AS 120" weitergebaut wurde. Der Zweitakt-Motor wurde jedoch schon im gleichen Jahr gegen den Viertakt-Dieselmotor ausgetauscht, der auch in die kleinere Type eingebaut wurde.
1950 löste ein neuentwickeltes 14-PS-Modell der Baureihe „AS 140" die beiden leichten Traktoren ab. Hervorzuheben ist, daß Bautz hier für einen Leichtschlepper einen für diese Klasse ungewöhnlichen zweizylindrigen Motor einsetzte.
In den 50er Jahren baute die Firma das Ackerschlepper-Programm in den Leistungsklassen von 12 bis 25 PS aus, wobei luft- und wassergekühlte

12-PS-Bautz AW/AS 120

12-PS-Bautz AS 120

12-PS-Bautz (2)

Technische Daten der Bautz-Schlepper

Typ	SP	Z	PS	K	B × H	Hubr.	D	Gew.	Mot.
Bautz 11	1948	1	11	W	95 × 150	1062	1500		MWM
AW/AS 120	1949	1	12	W	100 × 130	1020	1500	1185	Zanker, 2-Takt
AS 140	1950	2	14	W	100 × 150	1178	1850	975	MWM
AW/AS 122	1952	1	12	L	98 × 120	905	2000	980	MWM
AS 170	1953	2	16	L	85 × 115	1300	1800	1310	Güldner
AL 170	1953	2	16	L	85 × 115	1300	2000	1310	Güldner
AS 220	1953	2	22	W	95 × 115	1620	1800	1390	Güldner
AS 120	1954	1	12	W	85 × 110	1250	1800	940	MWM
AL 180	1954	2	17	W	85 × 110	1250	2000	1245	MWM
AL 240	1954	2	24	L	98 × 120	1810	2000	1390	MWM
AW 240	1954	2	24	W	95 × 120	1700	2000	1420	MWM
AL 122	1957	1	12	L	105 × 120	1004	2000	985	MWM, Allrad
AL 120	1957	2	14	W	85 × 110	1250	1850	995	MWM
AW 151	1957	2	15	W	100 × 150	1178	1900		MWM
AL 180	1957	2	18	L	90 × 110	1400	2000	1225	MWM
AW 180	1957	2	18	W	85 × 110	1250	2000	1270	MWM
300 S/T	1959	2	20	L	90 × 110	1400	2100	1270	MWM, Lenkradschaltung
200	1960	2	15	L	80 × 100	1004	2300		MWM, Lenkradschaltung
350 AL	1960	2	25	L	98 × 120	1810	2200		MWM, Lenkradschaltung

MWM- und Güldner-Motoren zum Einbau kamen. Portalachsen vorne und hinten gaben den Bautz-Leichtschleppern eine guten Bodenfreiheit.
Mit Allradantrieb konnte 1958 der Typ „AL 122“ geliefert werden. 1959 wurde die Blockbauart durch die Tragschlepperbauart abgelöst, die zu größerer Bauchfreiheit für den Zwischenachseinbau führte. Hinzu kamen schlanke Motorhauben und teilweise eine vom Automobilbau übernommene Lenkradschaltung.
Zur Ergänzung des eigenen Programms in höheren PS-Klassen vertrieb Bautz die englischen Nuffield-Traktoren. Im Jahre 1962 ging das Erntemaschinen- und Schlepperwerk eine Partnerschaft mit → Hanomag ein, wobei Bautz ein Mähdrescherprogramm für die Hanomag-Schlepper bereitstellte. Die Fertigung der leichten ein- und zweizylindrigen Ackerschlepper ließ Bautz zugunsten der Mähdrescher auslaufen. Nachdem das Werk durch die Absatzkrise auf dem Landmaschinenmarkt in den 60er Jahren in Schwierigkeiten geraten war, wurde es von dem Mähdrescher-Hersteller Claas übernommen und ist heute ein Teilbetrieb der Claas-Werke.

24-PS-Bautz AW 240 ▲

▼ 20-PS-Bautz 300 ST

Bayerische Kleinmotorpflug GmbH u. Co., München, 1920

In technischen Details unbekannt gebliebener, differentialloser Motorpflug der Marke *„Autarra"*. Die Triebräder waren hier im Gegensatz zur üblichen Tragpflugkonstruktion hinter dem Pflugrahmen angebracht. 1924 ist das Unternehmen erloschen.

Bayerische Landmaschinen- und Kraftfahrzeug GmbH, Wolfratshausen-Gartenberg und München, Infanteriestr. 17, 1948–1954

Der von dem Ingenieur Kurt SCHRÖTER speziell für die bergreiche Landwirtschaft entwickelte Traktor „GS 15 **Alpenland**" besaß eine gleichsinnige Vierradlenkung, wobei der Lenkmechanismus der Vorder- und Hinterräder so konstruiert war, daß der Lenkeinschlag der Hinterräder stets ein Drittel des Lenkeinschlags der Vorderräder betrug. Mit einer starren Verbindung konnte der Anhänger angekuppelt werden. Durch den vom Motor mechanisch angetriebenen Kraftheber ließ sich der Winkel zwischen Anhänger-

15-PS-Alpenland GS 15

Technische Daten der Alpenland-Schlepper

Typ	SP	Z	PS	K	B × H	Hubr.	D	Gew.	Mot.
GS 15	1948	1	15	W	100 × 150	1178	1500	1090	MWM
K 25	1950	2	25	W	100 × 150	2355	1500	1450	MWM
K 40	1954	3	40	W	100 × 150	3534	1500	2100	MWM

kupplung und Schlepper verändern, wobei das Vorderteil und damit die Vorderachse des Schleppers angehoben wurde. Der belastete Anhänger erhöhte dadurch das Gewicht auf der Antriebsachse, so daß die Zugleistung bei Transportarbeiten im Bergland erhöht werden konnte. Gelenkt wurde in diesem Zustand durch die leicht einschlagbaren Treibräder sowie durch Lenkbremsen. Ein 15-PS-Einzylinder-MWM-Motor kam in diesen mit Teilen des Jeeps und des Dodge-Kommandowagens zusammengebauten Schlepper.
1950 und 1954 kamen noch die allradgetriebenen Typen „K 25" und „K 40" mit Zwei- und Dreizylinder-MWM-Motoren hinzu. Einige Exemplare des „K 25" wurden auch mit der gleichsinnigen Vierradlenkung ausgestattet.
Kurt Schröter (1905–1973) ist vor dem Krieg als Konstrukteur der Thümag-Kipp-Ackerwagen bekannt geworden, die eine Lenk-Schenkelachse sowie einen Leichtmetallaufbau besaßen.
Das Unternehmen Bayerische Landmaschinen- und Kraftfahrzeug GmbH ist 1959 erloschen.

Bayerische Traktoren- und Fahrzeugbau GmbH, München , Berg-am-Laim-Str.; München-Freimann, Ingolstädter Str. 139; Nürnberg-Ziegelstein, Äußere Bayreuther Str. 310

1. 1950–1955 **Bayerische Transportfahrzeuge Company GmbH**
2. 1955–1961 **Bayerische Traktoren- und Fahrzeugbau GmbH**

Der US-Jeep diente diesem Hersteller als Grundlage zur Behelfsschlepperfertigung. Das Allradfahrzeug mit seinem 6-Ganggetriebe erhielt einen 11-PS-Deutz-Einzylindermotor und wurde als Typ „BTC-Bavaria" bezeichnet. Ab 1951 konnte auch ein 12,5 PS starker Hatz- oder ein 14 PS starker MWM-Einzylindermotor eingebaut werden. Das 1155 kg schwere Modell konnte mit einem Zweischarpflug, einer hinteren Riemenscheibe und einem Mähbalken, der durch ein Doppelkeilriemensystem angetrieben wurde, ausgestattet werden. Auf eine Karosserierung wurde anfänglich verzichtet. Ab 1953

11-PS-BTG Bavaria

wurde ein neu entwickeltes Allrad-Fahrzeug mit luftgekühlten Zweizylinder-Güldner-Motoren mit 17 oder 24 PS produziert. Die Typenbezeichnung lautete nun „BTG 4/17“ bzw. „BTG 4/25“. Auch mit einem wassergekühlten 32-PS-Dreizylinder-Perkins-Motor konnte der Schlepper als Typ „BTG 4/32“ geliefert werden.
1958 erhielt der neue Typ „D 40 Allrad“ einen 35-PS-Dreizylinder-Deutz-Motor. Wahlweise konnte das Fahrzeug auch nur mit Heckantrieb ausgestattet werden. Die letzte Bauserie des inzwischen 1,9 t schweren Allradmodells erhielt einen auf 39 PS gesteigerten Motor.

Technische Daten der BTC/BTG-Schlepper

Typ	SP	Z	PS	K	B × H	Hubr.	D	Gew.	Mot.
Bavaria	1949	1	11	V	100 × 140	1099	1150	1155	Deutz
Bavaria		1	14	W	100 × 150	1178	1500		MWM
S 12 E	1951	1	12,5	W	100 × 130	1020	1500	1080	Hatz
4/17	1953	1	17	L	85 × 115	1300	2000		Güldner
4/25	1953	2	24	L	95 × 130	1840	2000	1680	Güldner
4/32	1953	3	32	W	89 × 127	2369	2000	1730	Perkins
D 40 Allrad	1958	3	35	L	95 × 120	2550	2100	1780	Deutz
HZ D 40 Allrad	1960	3	39	L	95 × 120	2550	2300	1900	Deutz

12-PS-BTG S 12 E

32-PS-BTG 4/32

Beemann, 1924

Mehr für Gärtnereibetriebe geeigneter Kleinschlepper mit Anbaupflug eines unbekannt gebliebenen Herstellers.

Martin Beilhack Maschinenfabrik und Hammerwerk GmbH, Rosenheim, 1937–1939

Die heutige Schneeräumgerätefabrik entwickelte vor dem Krieg einen Kleinschlepper für die süddeutsche Grünlandwirtschaft. Der Beilhack-„Brummer" besaß einen liegenden Hatz- oder Deutz-Motor von 16 PS mit einer Verdampferkühlung und einem Hilfsanlaßventil. Ein Kastenrahmen nahm den unverkleideten Motor und das Vierganggetriebe auf. Die Vorderräder waren mit geteilten Pendelachsen einzeln gefedert. Mähbalken, Zapfwelle und Riemenscheibe gehörten zur Ausstattung. Die Riemenscheibe war durch den ungewöhnlichen Längseinbau des Motors quer zur Fahrtrichtung angebracht. Durch die fehlende Berücksichtigung im Schell-Programm mußte Beilhack die Produktion wieder einstellen.

Technische Daten der Beilhack-Schlepper

Typ	SP	Z	PS	K	B × H	Hubr.	D	Gew.	Mot.
Brummer	1937	1	16	V	120 × 160	1808	850	1530	Deutz
Brummer	1937	1	16	V	120 × 150	1695	1100	1500	Hatz

Benz u. Cie. siehe Daimler-Benz AG

Bischoff-Werke KG, vorm. Pfingstmann-Werke, Recklinghausen-Süd, Hellbachstr. 101, 1951–1954

Die auf Bergbau-Fahrzeuge spezialisierte Firma versuchte am Aufschwung der deutschen Traktorenindustrie nach dem Kriege teilzunehmen. Zu dem 1951 erschienenen Ackerschlepper vom Typ „AS 15" mit einem 15-PS-MWM-Einzylindermotor kamen ein Jahr später die Typen „AS 28" und „AS 40 WD" mit Zweizylinder- und Dreizylinder-MWM-Motoren hinzu. Mit Henschel Zwei- und Vierzylindermotoren erschienen die Modelle „AS 20" und „AS 45 WB". Die Fahrzeuge waren in Blockbauart mit vorderer Portalachse ausgeführt. Eine Zapfwelle war vorhanden.

15-PS-Bischoff AS 15

15-PS-Bischoff AS 15 WA

Technische Daten der Bischoff-Schlepper

Typ	SP	Z	PS	K	B × H	Hubr.	D	Gew.	Mot.
AS 15	1951	1	15	W	100 × 150	1178	1500	1515	MWM
AS 20	1951	2	20	W	90 × 125	1590	1800	1335	Henschel
AS 28	1952	2	28	W	100 × 150	2356	1500	1750	MWM
AS 40 WD	1952	3	40	W	100 × 150	3534	1500	2197	MWM
AS 45 WB	1952	4	45	W	90 × 125	3180	2000	1850	Henschel

Biwag, Bayerische Industrie-Werke AG, München, Maximiliansplatz 12b, 1919–1924

Eine Motorgelenkpflugtype der Marke „Biwag" mit einem oder zwei Antriebsrädern fertigte diese Münchener Firma nach den Konstruktionsplänen des Diplomlandwirts und Zivilingenieurs Max EICKEMEYER, der mit seinem Vertriebsunternehmen in Berlin, Augsburger Str. 69, den Verkauf übernahm. Ein Vierzylinder-35/40-PS-Motor trieb das 2,8 t schwere Fahrzeug an.

Technische Daten der Biwag-Schlepper

Typ	SP	Z	PS	K	B × H	Hubr.	D	Gew.	Mot.
Biwag	1919	4	35/40	W	120 × 140	6330	800	2800	

C. W. Julius Blancke u. Co., Merseburg, 1915

Prototyp eines halbstarren Motorpfluges mit einem Benzolmotor.

Blank KG, Dirmstein/Pfalz, Am Affenstein

1. 1950–1959 **Karl Blank u. Söhne KG**
2. 1959–heute **Karl Blank KG**

Nach mehrjähriger Entwicklungsarbeit wurde 1950 von der Schädlingsbekämpfungsfirma Blank (gegr. 1921) eine Kleinraupe als Ersatz für pferdebespannte Weinbergspritzen geschaffen. Die damaligen Reihenbreiten im Weinberg vom 1,10 bis 1,25 m erforderten eine leistungsstarke Maschine,

die auch unter Schlechtwetterbedingungen in den schmalen Zeilen fahren konnte. Aufgrund der ungünstigen Erfahrungen mit Einachsschleppern lag für die Firma der Gedanke nahe, einen Raupenantrieb zu wählen. Im Jahre 1951 kam dann die *„Unirag"-Raupe* (Universalraupengerät) bei verschiedenen Vorführungen an die Öffentlichkeit. Als Antriebsmotor wurde der 8-, später 10-PS-Kleindiesel von Fichtel & Sachs überhängend an der Stirnseite eingebaut. Ein Kleinwagengetriebe mit drei Vor- und einem Rückwärtsgang diente zur Kraftübertragung. Über zwei große Räder, zwei untere und eine obere Stützrolle wurde die vorne angetriebene und mit Lenkbremsen gesteuerte Schmalspurkette geführt. Die Fahrzeugbreite des 850 kg schweren Kettenschleppers betrug nur 62,5 oder 77 cm. Riemenscheibe, Seilwinde (auf Wunsch) und eine Zapfwelle waren vorhanden.
400 „Unirag"-Raupen wurden ab 1952 für den Feld-, Wein-, Obstbau, für die Forstwirtschaft und für das Baugewerbe gefertigt. Lizenzen für den Nachbau erwarben die Firma Michelstädter Hüttenwerk, die südfranzösische Firma Ant. Blanc et Fils Agde. in Herault sowie die französische Firma Staub. Insgesamt wurden bis 1957 ca. 2000 Kleinraupen dieses Typs gebaut, wovon ein großer Teil in südfranzösischen Weinbergen zum Einsatz kam.
Nachfolgendes Modell war die mit einer abgerundeten Haube versehene 14-PS-Raupe im Jahre 1956. Der 14-PS-Hatz-, ab 1962 ein 20 oder 30 PS starker MWM-Motor, war ebenfalls weit überhängend angebaut und gab seine Kraft über ein Portalgetriebe an die Raupenbänder ab. Gesteuert wurde mit einer Differential-Bremslenkung mit doppelten Scheibenbremsen.

8/10-PS-Blank Unirag (1)

14-PS-Blank-Raupe (1)

Die noch heute gefertigte „V"-Baureihe mit zunächst abgerundeter, inzwischen mit kantiger Verkleidung erschien 1961. Die freihängenden Motoren mit 30, 45 und 50 PS sind mit dem Getriebe verblockt und in einem verstärkten Rahmen eingebaut. Das breite Raupenband wird durch drei, bzw. beim 50 PS-Typ durch vier, fünf oder sechs Rollen in einem Kastenlaufwerk auf den Boden gedrückt. Die Typen „V 228, V 230" und „V 232" besitzen luftgekühlte Zweizylinder-MWM-Motoren mit 30 PS. Der „V 345"-Raupentyp ist mit einem 45-PS-Dreizylinder-MWM-Motor ausgerüstet. Der 1970 hinzugekommene Typ „V 355" wird von einem 50 PS starken MWM- oder Deutz-Dreizylindermotor angetrieben. Die 30- und 45-PS-Raupen werden durch ein Doppelscheibenbremssystem, die 50-PS-Raupe durch ein Lenkkupplungsgetriebe mit Bandbremsen gesteuert.
Neben den Raupen gehören seit 1966 auch vorwiegend allradgetriebene Kleinschlepper der Marke „Mustang" zum Fertigungsprogramm von Blank. Die Schmalspurschlepper „Mustang I" und „Mustang II" erhielten 30 und 42 PS starke MWM-Motoren; der Vorderradantrieb ließ sich abschalten. Der Typ „Mustang P" wurde mit einem 42 PS starken Perkins-Motor versehen. Ab 1972 wurde für kurze Zeit ein 22-PS-Kleinschlepper mit einem überhängenden italienischen Slanzi-Motor montiert, der mit und ohne Allradantrieb geliefert werden konnte. 1975 erschien der noch heute gebaute „Mustang 355" mit einem Dreizylinder-55-PS-MWM-Motor. Eine Lenkhydraulik sowie

Technische Daten der Blank-Schlepper

Typ	SP	Z	PS	K	B × H	Hubr.	D	Gew.	Mot.
Unirag	1951	1	8/10	L	85 × 100	570	2500	850	F & S-2-Takt-Diesel
Blank-Raupe	1956	1	14	L	90 × 105	668	2600	1120	Hatz
dto.	1960	2	20	L	80 × 100	1004	3000	1250	MWM
dto.	1960	2	30	L	95 × 105	1488	2800	1310	MWM
V 228	1961	2	30	L	95 × 105	1488	2800	1395	MWM
V 230	1961	2	30	L	95 × 105	1488	2800	1395	MWM
V 232	1961	2	30	L	95 × 105	1488	2800	1395	MWM
V 345	1967	3	45	L	95 × 105	2231	2400	1750	MWM
V 355	1970	3	50	L	100 × 120	2826	2400	1850	MWM
V 355	1970	3	51	L	100 × 120	2826	2300	1850	Deutz
V 228	1975	2	28	L	95 × 95	2019	2800	1430	Lombardini
Mustang I	1960	2	30	L	95 × 105	1488	2800	1150	MWM
Mustang P	1968	4	42	W	79 × 89	1760	3000	1395	Perkins
Mustang II	1969	3	42	L	95 × 105	2232	2400	1390	MWM
22-PS-Allr.	1972	2	22	L	82 × 88	930	3000	650	SLANZI
Mustang 355	1975	3	55	L	100 × 120	2826	2400	1750	MWM

eine Frontanbauschiene gehören zu den Besonderheiten des in Blockbauart und mit einer verstärkten Rahmenkonstruktion ausgeführten Schmalspurschleppers.

30-PS-Blank Mustang I (1)

22-PS-Blank Typ (1)

Gebr. Boehringer GmbH, Werkzeugmaschinenfabrik, Göppingen, 1948–1950

Da es der Daimler-Benz AG in der frühen Nachkriegszeit durch alliierte Bestimmungen untersagt war, allradgetriebene Fahrzeuge zu bauen, richteten 1947 der DB-Ingenieur Albert FRIEDRICH, einst Leiter der Flugmotoren-Entwicklungsabteilung, und die Ingenieure RÖSSLER und DIETRICH in der Gold- und Silberwarenfabrik Erhard und Söhne in Schwäbisch-Gmünd ein Konstruktionsbüro zur Entwicklung eines Lastkraftwagens mit kurzem Radstand und Allradantrieb ein.
Nachdem schon während der Kriegszeit Überlegungen zu einem „Lkw-kurz" angestellt worden waren, entwarfen die drei DB-Ingenieure ein „*Universal-Motorgerät*", kurz **„Unimog"** genannt.
Das in Rahmenbauweise konstruierte Fahrzeug besaß einen extrem kurzen Radstand, Allradantrieb mit abschaltbarem Vorderradantrieb, Differentialsperren, gleichgroße Räder, Portalachsen für eine große Bodenfreiheit, ein vorn liegendes, mit Segeltuch überdachtes Fahrerhaus, Zapfwellenanschluß sowie eine Riemenscheibe. Über der hinteren Achse befand sich eine Ladepritsche für Geräte und Lasten.
Mit einer Druckluftanlage ließ sich der hintere Kraftheber betätigen. Durch ein Dreigang-Spezialgetriebe mit Geländeuntersetzung konnte der „Unimog" mit Geschwindigkeiten von 1 bis 50 km/h gefahren werden, so daß der Schlepper sowohl für Kulturarbeiten als auch für den schnellen

Straßentransport eingesetzt werden konnte. Durch den über der Vorderachse angebrachten Sitz hatte der Fahrer eine optimale Sicht nach vorne. Die Zapfwelle an der Front- und an der Heckseite ermöglichte den Anbau von Bodenbearbeitungsgeräten, die vom Fahrer allein überwacht werden konnten, so daß der „Unimog" sich als landwirtschaftliches Nutzfahrzeug im sogenannten Einmannbetrieb auszeichnete.
Zum Antrieb wurde hier der auch später im Pkw eingebaute 1,7- Liter-Dieselmotor mit einer auf 25 PS gedrosselten Leistung eingesetzt.
Erstmals war mit dem „Unimog" ein serienreifes Fahrzeug geschaffen worden, das als Kleinlastwagen, als Schlepper und als Geräteträger eingesetzt werden konnte bzw. in seinen noch heute gebauten Versionen eingesetzt wird.
Für die Fertigung dieses Fahrzeugs konnte die Werkzeugmaschinenfabrik Gebr. Boehringer in Göppingen gewonnen werden, die, um der drohenden Demontage des Betriebes zu entgehen, dieses „zivile" Produkt in ihren Hallen nun baute und 1948 auf der DLG-Ausstellung in Frankfurt/Main als „*Boehringer-Unimog*" vorstellte.
Von 1949 bis 1950 montierte Boehringer 600 „Unimog"-Fahrzeuge, später auch „Ur-Unimogs" genannt, die als Markenzeichen einen stilisierten Ochsenkopf mit einem Nasenring auf der Motorhaube trugen.
Nachdem die alliierten Bestimmungen gelockert worden waren, übernahm

25-PS-Boehringer-Unimog (1)

Technische Daten der Boehringer-Schlepper

Typ	SP	Z	PS	K	B × H	Hubr.	D	Gew.	Mot.
Unimog	1948	4	25	W	73 × 100	1697	2350	1680	Daimler-Benz

das Gaggenauer Schwerlastwagenwerk der → Daimler-Benz AG die weitere Fertigung des für die Land-, Forst-, Bau- und Kommunalwirtschaft interessanten Fahrzeugs. Auch die „Unimog-Entwicklungs-GmbH" verlegte ihren Sitz von Göppingen nach Gaggenau.

Carl F. W. Borgward GmbH, Automobil- u. Motorenwerke, Bremen-Osterholz-Scharmbeck, Bremer Str. 28–30, 1953–1955

Mit einem gedrosselten 1,8-Liter-Dieselmotor der Borgward-Limousine wurden drei Schlepper-Prototypen gefertigt. Die Motorhaube wurde vom 3-t-Lkw übernommen. Ein Serienbau unterblieb jedoch.

Technische Daten der Borgward-Schlepper

Typ	SP	Z	PS	K	B × H	Hubr.	D	Gew.	Mot.
Borgward	1953	4	42	W	78 × 92	1758	3700		

Borsig Ergomobil *Borsig Eisernes Pferd* ▶

Technische Daten der Borsig-Schlepper

Typ	SP	Z	PS	K	B × H	Hubr.	D	Gew.	Mot.
Ergomobil	1921			W					
Eisernes Pferd	1925		25/30	W				2000	
dto.			40	W	115 × 180	7474	800		Bayern-Motor
dto.			40	W					Stock-Motor

A. Borsig, Berlin-Tegel, Chausseestr. 13, 1921–1927

Die Borsig-Lokomotiv- und Schwermaschinenfabrik übernahm 1921 die „Ergomobil"-Konstruktion der Maschinenfabrik Kuers und baute die Schlepper in größerer Stückzahl weiter.
Eine von der Landmaschinenfabrik und Eisengießerei Wilhelm LIPPITZ und Willi KUHL in Jauer/Schlesien entwickelte Tragpflugkonstruktion ersetzte 1925 die plumpen und überalterten „Ergomobile". Es handelte sich bei dem Typ „Eisernes Pferd" um einen 2 t schweren Schlepper mit 25/30 PS Leistung, der mit schweren Treibstoffsorten auskam. Auch ein 40-PS-Vierzylinder-Bayern-Motor (BMW) und schließlich ein gleichstarker Stock-Motor wurden in das Fahrzeug eingebaut. Eine abenteuerlich anmutende Zügellenkung mit Einwirkung auf den Motor und das Differential der 1,5 m hohen Räder war für den auf einer kleinen Plattform stehenden oder nebenher gehenden Bediener vorgesehen. Nur wenige Borsig-Schlepper, die auch zum Vorspann geeignet waren, scheinen gebaut worden zu sein.

Technische Daten der Buchholz-Schlepper

Typ	SP	Z	PS	K	B × H	Hubr.	D	Gew.	Mot.
	1949	1	6,5	L	71 × 70	277	3000	670	F & S

Fritz Buchholz, Liebenau b. Hannover, 1949–1950

Eine außergewöhnliche Ausführung eines einfachen Schleppgerätes war das zügelgelenkte Dreiradfahrzeug von Fritz BUCHHOLZ. Der Landwirt lief hinter dem 670 kg schweren Schlepper her und führte es über ein 2,5 m langes Stangensystem. Das Anfahren und Halten war durch ruckartiges Anziehen der Zügel möglich. Die Vorderachse und das Einganggetriebe waren dem US-Jeep entnommen. Das Hinterrad wurde über ein Hebelsystem mit den Vorderrädern mitgelenkt. Als Antrieb diente ein 6,5-PS-Einzylindermotor von Fichtel & Sachs.

Automobilwerke H. Büssing AG, Braunschweig, Elmstr. 40

1. 1919–1924 **Automobilwerk H. Büssing AG,** Braunschweig, Elmstr. 40
2. 1930–1936 **Büssing NAG, Vereinigte Nutzkraftwagenwerke AG,** Braunschweig, Heinrich-Büssing-Str. 40; Werk Elbing

Nur wenige Exemplare einer gut durchkonstruierten, 5 t schweren „*Landwirtschaftlichen Zugmaschine (LZM)*“ mit Gleisketten baute die Lastwagenfabrik Büssing. Ihren Ursprung hatte die „LZM“ in einer Kriegskonstruktion, die nach dem Krieg für landwirtschaftliche Zwecke etwas umgeändert wurde. Die unverfängliche Bezeichnung „LZM“ mußte gewählt werden, da eine Auflage der Siegermächte den Bau von Kettenfahrzeugen untersagte.

Technische Daten der Büssing-Schlepper

Typ	SP	Z	PS	K	B × H	Hubr.	D	Gew.	Mot.
LZM	1919	4	55	W					Raupe
LZM	1924	4	55	W	132 × 160	8753	860	5000	Raupe
DZ 1	1930	4	52	W	110 × 130	4950	3000	4942	Radschlepper

55-PS-Büssing Last-Zug-Maschine

Ein gedrosselter Vierzylinder-Lkw-Motor mit 55 PS war mit dem Getriebe auf Gummilagern am Fahrzeugrahmen aufgehängt. Das verkleidete Laufrollenwerk war mit sechs Rollen unten in einer Leitschiene angeordnet; zwei obere Rollen, die durch Spiralfedern nach oben gedrückt wurden, spannten die Kette. Beim zweiten Baumuster im Jahre 1924 wurde die Kette direkt über vier große Räder geführt. Auch mit einer Version, bei der je zwei paarweise Rollen in Kästen und drei obere Rollen vorhanden waren, wurde experimentiert. Das Zweiganggetriebe ermöglichte Geschwindigkeiten von 3,25 und 6,5 km/h. Mit Hebeln wurde die Lenkkupplung betätigt. Der Führerstand befand sich zunächst am Fahrzeugheck, bei der späteren Version dagegen in der Fahrzeugmitte. Eine Riemenscheibe war bei den Büssing-Raupenschleppern vorhanden.

Büssing Last-Zug-Maschine Typ II

Büssing-NAG-Schlepper mit Imbert-Holzvergaser

Nachdem die Büssing-NAG-Werke die Automobil- und Schlepperfabrik → Karl Franz Komnick im Jahre 1930 übernommen hatten, wurde der Komnick „Großkraftschlepper PT" bis 1936 weitergebaut. Ein Büssing-Dieselmotor mit 52 PS kam in den nun als Typ „DZ 1" bezeichneten Straßenschlepper, der inzwischen auch Luftbereifung und Kotflügel erhalten hatte.

Bungartz u. Co Maschinenfabrik GmbH, München 8, Neumarkter Str. 17–161

1. 1934–1965 **Bungartz u. Co. Maschinenfabrik GmbH,** München 8, Neumarkter Str. 17–161
2. 1965–1974 **Bungartz u. Peschke GmbH u. Co. KG,** Hornbach/Pfalz, Industriegelände

Bungartz hatte in der Vorkriegszeit nach der Übernahme des Fräsenbaus von → Siemens Erfahrungen im Bau einachsiger Bodenbearbeitungsgeräte gesammelt, die mit einem Anhänger zu leichten Lastenschleppern umgebaut werden konnten. Haupttyp war die Fräse „F 90" mit einem luftgekühlten DKW-Motor, die mit Lenkholmen gesteuert wurde.
1954 stellte die Firma einen 815 kg schweren Vierradschlepper vom Typ „T 3" mit einem eigenen Einzylinder-10-PS-Vergasermotor in Blockbauweise für Sonderkulturen her. Auch der 12/14 PS starke Stihl-Motor konnte eingebaut werden. Konstruktive Besonderheit des Fahrzeugs war die Ausführung der Lenkung; die Vorderräder ließen sich bis zu 90 Grad einschlagen, so daß der Kleinschlepper nahezu auf der Stelle wenden konnte.

Ab 1957 wurde der Schlepper mit einem luftgekühlten Hatz-12-PS-Dieselmotor ausgestattet. Ein Jahr später folgte ein 13 PS starkes Allradmodell mit der Bezeichnung „T 5“. Im Jahre 1960 wurde das Programm durch einen 20 oder 30 PS starken zweizylindrigen Schlepper mit Allradantrieb vom Typ „T 6“ erweitert. Die Motoren stammten jetzt von MWM. Schließlich folgte in dieser Baureihe noch der „T 7“, der von einem VW-Käfer-Motor oder dem MWM-Motor angetrieben wurde.
Im Jahre 1965 vereinigte der Firmeninhaber Dr. Eberhard BUNGARTZ seine Firma mit dem Unternehmen Peschke in Hornbach/Pfalz, wohin die Fabrikation verlagert wurde. Bis zur Übernahme des Unternehmens durch den Kleinschlepperhersteller → Gutbrod wurden in Hornbach der Weinberg- und Kommunalschlepper „Kommutrac“ mit Fahrerhaus, Ladepritsche, Allradantrieb und einem Dreizylinder-Deutz-Motor und der von der Fa. → Dexheimer übernommene Weinbergschlepper „T 8“ gebaut.

12-PS-Bungartz T 5

20-PS-Bungartz T 6

Technische Daten der Bungartz-Schlepper

Typ	SP	Z	PS	K	B × H	Hubr.	D	Gew.	Mot.
F 90	1938	1	3,5	L	60 × 68	192	3000	148	DKW
H 4	1954	1	5	L	65 × 58	192	3000	120	F & S
T 3	1954	1	10,8	L	75 × 102	450	3000	920	Bungartz-Vergaser
T 3	1954	1	14	L	90 × 120	763	1900		Stihl
T 5	1957	1	12	L	90 × 105	668	2600	815	Hatz
T 5	1958	1	13	L	90 × 105	668	2800	825	Hatz
T 6	1960	2	20	L	80 × 100	1004	2800	950	MWM
T 6	1960	2	30	L	105 × 120	2077	2200		MWM
T 7	1963	4	34	L	77 × 64	1191	3000	990	VW-Vergaser
T 7	1963	2	20	L	80 × 100	1004	3000		MWM
Kommutrac	1965	4	28	L	77 × 64	1192	3000		VW
Kommutrac	1965	3	35/38	L	95 × 120	2550	2150		Deutz
T 8	1969	4	30	W	79 × 89	1760	2300	1070	Perkins
T 8	1969	2	30	L	100 × 120	1600	2300	1550	Deutz
T 8	1969	3	30	L	108 × 110	3021	2200	1600	Hatz
Kommutrac	1969	4	40	L	85 × 69	1584	2900	1220	VW

C

Cerva Motorpflug Wesselmann-Bohrer-Cie. AG, Gera-Zwötzen, 1920–1931

Die „Cerva"-Gelenkpflüge besaßen nur ein vorderes Lenkrad. Der Motor ruhte auf einem gepreßten Stahlblechrahmen zwischen den Achsen. Eine Hebevorrichtung bewegte den gelenkig angebrachten dreischarigen Pflug. Auch mit einem hinteren Kranaufbau konnten die weit verbreiteten Fahrzeuge geliefert werden. Zum Antrieb dienten Kämper-Vierzylinder-Benzolmotoren mit 32 PS, ab 1925 mit 40/45 PS, die über eine Kardanwelle ihre Kraft an die Hinterachse der 3,6 bis 3,8 t schweren Fahrzeuge abgaben.

Technische Daten der Cerva-Schlepper

Typ	SP	Z	PS	K	B × H	Hubr.	D	Gew.	Mot.
Cerva	1920	4	32	W	110 × 160	6079	800	3600	Kämper
Cerva	1925	4	40/45	W	110 × 160	6079	900	3780	Kämper

40/45-PS-Cerva-Gelenkpflug

Cerva-Dreiradschlepper mit Krananlage

Gebr. Claas oHG, Maschinenfabrik, Harsewinkel, Münsterstr. 33, 1956–1958

Das Allzweckfahrzeug „Huckepack“ besaß ein aus Rundholmen zusammengesetztes Fahrgestell, das als Geräteträger, Pritschenfahrzeug oder als Fahrgestell für einen Claas-Mähdrescher benutzt werden konnte. Ein querliegender Hatz-Einzylindermotor mit 13 PS war neben dem Fahrer im Heck angebracht. Die letzte Bauserie erhielt einen luftgekühlten MWM-Boxermotor mit 14/15 PS. Eine Zapfwelle und eine Dreipunkthydraulik waren vorhanden.

Technische Daten der Claas-Schlepper

Typ	SP	Z	PS	K	B × H	Hubr.	D	Gew.	Mot.
D 15	1956	1	13	W	105 × 130	1125	1500		Hatz
D 15	1958	2	14/15	L	75 × 90	794	3000		MWM (Boxer)

13/14-PS-Claas Typ Huckepack (1)

Claas-Werbung

D

Daimler-Benz AG, Stuttgart-Untertürkheim

1. 1919–1926 **Benz u. Cie. Rheinische Automobil- und Motorenfabrik AG,** Mannheim; **Abt. Benzwerke Gaggenau**
2. 1926–1935 **Daimler-Benz AG,** Stuttgart-Untertürkheim
3. 1950–heute **Daimler-Benz AG,** Stuttgart-Untertürkheim

Der 1919 vorgestellte, 4 t schwere „Benz-Traktor" war mit einem 40-PS-Benzolmotor ausgestattet und konnte Geschwindigkeiten bis zu 6,6 km/h erreichen. Daneben baute Benz u. Cie. nach dem Krieg nicht mehr zur Ablieferung gekommene Heereszugmaschinen zu Seilpflügen um, die sich durch den schnellaufenden Motor jedoch nicht bewährten.
Mit der *Motorenfabrik München-Sendling* gründete das Unternehmen im Herbst 1919 die *Benz-Sendling Motorpflüge GmbH*, die ein Gemeinschaftsmodell entwickelte, für das Benz u. Cie. die Motoren lieferte. Bei dem für beide Firmen grundlegend neuen und gut durchkonstruierten Schlepper war ein 1,4 m großes Hinterrad eingebaut, um das aufwendige Differential zu ersparen. Die Zweizylinder-25-PS-Benzolmaschine ermöglichte über einen

40-PS-Benz Landtraktor (1)

25-PS-Benz-Sendling-Schlepper (1)

Rollenkettenantrieb dem 2 t schweren Modell Geschwindigkeiten von 3–3,7 km/h.
Diesem Typ folgte 1922 mit gleichem dreirädrigen Fahrgestell der Dieselschlepper „S 7", der mit dem „Motorpferd" der → Motoren-Werke Mannheim den Platz als erstes serienmäßiges, kompressorloses Dieselfahrzeug der Welt einnimmt.
Der Zweizylinder-Vorkammer-Dieselmotor leistete 30/32 PS bei 800 U/min. Mit einer Handanlaßvorrichtung unter Einschaltung einer automatisch gesteuerten Dekompressionsanlage sowie einer Zündpatrone wurde der Motor in Gang gesetzt. Das 2,6 t schwere Fahrzeug kam mit dem sparsamen Selbstzündermotor auf Geschwindigkeiten von 3–4 km/h.
Das Dreiradfahrzeug, das zwar mit einer Riemenscheibe ausgerüstet, aber mit seinen Elastikrädern nur für den Straßenzug geeignet war, wurde 1925 durch den Benz-Sendling-Vierradschlepper vom Typ „BK" abgelöst. Dieses auch als „Universalmaschine" bezeichnete Fahrzeug besaß ebenfalls einen Zweizylindermotor mit nun 32/35 PS. Seilwinde und Riemenscheibe waren bei diesem auch für den Ackerbetrieb geeigneten Schlepper vorhanden. Das Fahrgestell stammte von der Firma → Komnick AG in Elbing/Westpreußen, die auf dem gleichen Halbrahmen-Chassis ihren „Großkraftschlepper PT" montierte. Die Bezeichnung „BK" sollte dabei auf die Zusammenarbeit der Benz-Sendling Motorpflüge GmbH mit der Komnick AG hinweisen.
Die Fertigung der Benz-Sendling-Schlepper erfolgte zunächst bei der Automobil- und Aviatik AG in Leipzig-Heiterblick, einer Tochterfirma von Benz u. Cie., unter der Leitung der Benz-Aufsichtsräte Georg Wiß und Walter Nallinger.

30/32-PS-Dieselschlepper S 7 von beiden Seiten aus gesehen (1)

Vorteilhaft für den Absatz der Schlepper sollte sich die Einrichtung der Benz-Sendling Motorpflüge GmbH als Verkaufsorganisation in Berlin, Unter den Linden 57/58, auswirken, die im Jahre 1924 nach Berlin-Charlottenburg, Salzufer 2–5, verlegt wurde.
Ab 1923 übernahmen die Firmen Rheinmetall AG in Düsseldorf und die Komnick AG die Montage der Benz-Sendling-Schlepper. Nachfolger des „BK"-Schleppers war das in rahmenloser Bauart ausgeführte Modell „OE" von 1928, das nun im Mannheimer Werk der inzwischen gebildeten Daimler-Benz AG gefertigt wurde. Hier trieb ein liegender Vorkammer-Einzylinder-Dieselmotor mit einem Hubvolumen von 3,4 Litern über eine Kardanwelle

das Fahrzeug an. Charakteristisch war die unverkleidete Motorkonstruktion mit dem großen, aufgesetzten Wassertank für die Verdampfungs-Kühlanlage. Die Vorderachse war mit Stoßdämpfern versehen. Riemenscheibe, Zapfwelle, Seiltrommel, doppelter Fahrersitz und ein Wetterschutz waren Teile der Standard- bzw. der Zusatzausrüstung. Mit Elastikrädern wog der Schlepper 3,2 t, mit Eisenrädern 2,56 t.
Nachdem die Zulassungszahlen des „OE" in der Mitte der 30er Jahre auf 0,2 Prozent der Gesamtzulassungen an Schleppern gesunken waren, ließ Daimler-Benz die Fertigung auslaufen; die wenig erfolgreich operierende Benz-Sendling Motorpflüge GmbH war schon im Jahre 1930 aufgelöst worden.
Erneut entwickelte die Daimler-Benz AG nach dem Krieg ein für landwirtschaftliche als auch für verschiedene andere Zwecke verwendbares Fahrzeug, das unter der Bezeichnung „Unimog" (Universal-Motorgerät) eines der erfolgreichsten Daimler-Benz-Nutzfahrzeuge bis zum heutigen Zeitpunkt wurde.
Da alliierte Bestimmungen dem Werk den Bau von allradgetriebenen Fahrzeugen zunächst untersagten, ließ Daimler-Benz dieses Modell bei der Firma → Boehringer in Göppingen entwickeln und auch in 600 Exemplaren fertigen. Nach der Lockerung der Allrad-Restriktionen übernahm das DB-Schwerlastwagenwerk in Gaggenau den Bau dieses Vielzweckfahrzeuges. Ab 1953 konnte der „Unimog" auch mit einem Ganzstahlfahrerhaus geliefert werden. Im Jahre 1956 wurde die Reifengröße zur besseren Bodenadhäsion

Benz-Sendling Typ BK mit Elastikbereifung

geändert; die Motorisierung wurde nun auf 30 PS angehoben. Eine zweite, schwerere „Unimog“-Baureihe mit den Typen „U 1000“ und „U 1500“ ist seit dem Jahre 1973 hinzugekommen.
Inzwischen sind in verschiedenen Baureihen, mit Diesel- und Vergasermotoren, unterschiedlichen Radständen und Leistungen bis zu 150 PS etwa 220 000 „Unimogs“ für die Land-, Forst- und Kommunalwirtschaft, für die Industrie sowie für das Militär gebaut worden.
In ähnlicher Grundkonzeption brachte das Gaggenauer Werk im Jahre 1973 den schweren und leistungsstarken „MB-trac“ für landwirtschaftliche und industrielle Arbeitseinsätze heraus. Die Fahrerkabine befindet sich hier in der Mitte des Fahrzeugs, so daß der Bediener gleich gute Sicht nach allen Seiten hat. Mit einer drehbaren Bedieneinrichtung läßt sich der „MB-trac“ auch als Zweirichtungsschlepper einsetzen. Bisher sind sieben Grundtypen mit Leistungen von 65 bis 150 PS entwickelt worden. Bis zum Jahre 1980 konnten schon 10 000 Exemplare ausgeliefert werden.
Angesichts der schwierigen Absatzmöglichkeiten auf dem Landmaschinenmarkt ist die Daimler-Benz AG im Jahre 1986 mit der → Klöckner-Humboldt-Deutz AG, die einen ähnlichen Schlepper herstellt, eine Entwicklungs- und Vertriebsgemeinschaft für ein Nachfolgemodell eingegangen.
Der Marktanteil der Daimler-Benz AG liegt seit Jahren mit den Modellen „Unimog“ und „MB-trac“ bei 7 bis 8 Prozent.

32/35-PS-Vierradschlepper BK (1)

26-PS-Daimler-Benz Typ OE (1)

25-PS-DB-Unimog, Heckansicht

Technische Daten der Daimler-Benz-Schlepper

Typ	SP	Z	PS	K	B × H	Hubr.	D	Gew.	Mot.
Benz-Traktor	1919	4	80	W	150 × 180	12717	600/700	5000	
dto.	1919	4	40	W	120 × 180	8138	800	4000	
Benz-Sendling	1919	2	25	W	135 × 180	5150	800	2000	Dreirad-Fahrzeug
Pflug-Schl.	1919	4	40	W	120 × 160	7833	800		ab 1924 45 PS
BS S 7	1922	2	30/32		135 × 200	5722	800	2600	Dreirad, kompressorlos
BS BK	1925	2	32/35	Th	135 × 200	5722	800	2800/3200	Vierrad
OE	1928	1	24	Th	135 × 240	3433	800	2200	
OE	1928	1	24/26	Th	135 × 240	3433	800	3200	
OE	1929	1	26	Th/W	150 × 240	4239	800	2560	
Unimog	1950	4	25	W	73,5 × 100	1697	2350	1680	Diesel
dto. S 404	1956	6	85	W	73 × 80	2195	4850	2900	Vergaser
dto. A 30	1956	4	30	W	75 × 100	1765	2500	1825	
dto. 406	1959	6	65	W	90 × 120	4580	2500	3100	
dto. 406	1963	6	65/70	W	95 × 128	5440	2250	2800	
dto. 421	1966	4	40	W	84 × 87	1909	3000	2450	
dto. 54/403	1966	4	54	W	97 × 128	3780	2250	3100	
dto. 34/411	1967	4	34	W	75 × 100	1767	2750	2000	
dto. 70/406	1967	6	70	W	95 × 128	5440	2550	3250	
dto. 45/403	1968	4	45	W	92,4 × 97	2600	3000		
dto. 45/421	1969	4	45	W	87 × 92	2179	3000	2700	
dto. 52/421	1969	4	52	W	91 × 92	2404	3000	2850	
dto. 66L/403	1969	4	66	W	97 × 128	3780	2550	3550	
dto. 406	1969	6	80	W	97 × 128	5675	2550	3500	
dto. 120/425	1969	6	120	W	97 × 128	5675	2600	5400	
dto. 600	1973	4	52	W	91 × 92	2404	3000	2890	
dto. 800		4	75	W	97 × 128	3780	2600	3520	
dto. 900		6	84	W	97 × 128	5675	2550	3620	
dto. 1000	1973	6	95	W	97 × 128	5675	2600	4510	
dto. 1500	1973	6	150	W	97 × 128	5675	2600	5940	Turbo
dto. 1700	1975	6	168	W	97 × 128	5675			Turbo
MB-trac 700	1973	4	65	W	97 × 128	3780	2400	3595	
dto. 800	1975	4	75	W	97 × 128	3780	2600	3950	
dto. 1000	1982	6	95	W	97 × 128	5675	2400	4320	
dto. 1100	1976	6	110	W	97 × 128	5675	2600	6020	
dto. 1300	1976	6	125	W	97 × 128	5675	2600	6020	Turbo
dto. 1500	1980	6	150	W	97 × 128	5675	2600	6400	Turbo
dto. 900	1981	4	85	W	97 × 128	3780	2400	4080	

30-PS-DB-Unimog A 30

52-PS-DB-Unimog U 600 (1)

95-PS-DB-MB-trac 1000 (1)

Daimler-Motoren-Gesellschaft AG (DMG), Stuttgart-Untertürkheim; Werk Berlin-Marienfelde, 1914–1926

Der von der Firma → Wiß übernommene Schlepper wurde mit einigen Verbesserungen für kurze Zeit als „Motorpflug, System Daimler" weitergebaut. Motoren mit 40, 60 und 80 PS kamen zum Einbau. Um die Kippsicherheit zu erhöhen, liefen die beiden pendelnd aufgehängten Vorderräder in einer breiten Spur von 2015 mm. Der Zwischenachseinbau des Pflugrahmens wurde aufgegeben, so daß der Schlepper als reines Zugfahrzeug eingesetzt werden konnte.
Zu Beginn des Ersten Weltkriegs wurden Versuche angestellt, diesen Schlepper auch auf Gleisketten fahren zu lassen, bis das Werk mit der Produktion von Motoren für die Heeres-Lkws und für Flugzeuge ausgelastet war und dieses Projekt aufgeben mußte.
1920 befaßte sich die DMG wieder mit dem Bau von Ackerschleppern. Der Daimler-Pflugschlepper „Typ I" besaß zwei schmale, eng aneinanderliegende Hinterräder und eine vordere Pendelachse in einem Stahlblechrahmen. Ein Vierzylinder-25- oder 45-PS-Motor kam zum Einbau. Der Antrieb erfolgte zunächst über eine Schnecke, später über Ritzel. Bei einem Gewicht von 3,5 t konnte das Fahrzeug in der starken Version 7,2 km/h erreichen. Seilwinde und Riemenscheibe waren hier wie bei dem nachfolgenden Modell vorhanden.

Technische Daten der Daimler-Schlepper

Typ	SP	Z	PS	K	B × H	Hubr.	D	Gew.	Mot.
Motorpflug System Daimler	1914	4	60	W	150 × 180	12717	700	6682	ehem. Wiß-Schlepper (auch 40 oder 80 PS)
Pflug-Schlepper (Typ I)	1920	4	45 oder 25	W W	120 × 160	7833	880	3500	
Typ II	1924	4	45	W	120 × 160	7833	880	4000	
Zugkraft-wagen		4	100	W	100 × 170	5338	1200		Allradantrieb

Im Jahre 1924 löste der dreirädrige „Typ II“ das Vorgängerfahrzeug ab. Das 1,56 m hohe und 36 cm breite Hinterrad war nach rechts versetzt und lief somit in der Spur des rechten Vorderrades. 4 t wog der bis zu 5 km/h schnelle Schlepper mit einem 45-PS-Spezialpflugmotor. Ein Pflugrahmensystem konnte hier wieder zwischen den Achsen eingebaut werden.
Günstig für den Absatz der DMG-Fahrzeuge wirkte sich die Einrichtung einer eigenen Verkaufsorganisation mit Sitz in Berlin aus.

60-PS-Motorpflug System Daimler

45-PS-Daimler Pflugschlepper Typ I (1)

Nach dem Zusammenschluß der DMG und der Benz AG zur → Daimler-Benz AG wurde der Marienfelder Traktorenbau eingestellt. Die von der Benz AG übernommene Benz-Sendling Motorpflug GmbH führte das Schlepperprogramm der Daimler-Benz AG weiter.

Josef Dechentreiter Maschinenfabrik GmbH, Bäumenheim, 1968

Das einst unter dem Namen *Lely Dechentreiter* bekannte deutsch-holländische Landmaschinenwerk, das hauptsächlich Dreschmaschinen und Ladewagen herstellte, versuchte wegen des Rückgangs des Dreschmaschinengeschäftes andere landwirtschaftliche Maschinen ins Programm zu nehmen. Neben dem 1960 vorgestellten „Trac 7" stellte das Unternehmen 1968 Prototypen des 90-PS-Schleppers vom Typ „LD 90" mit einem Sechszylinder-MWM-Motor vor. Technische Besonderheit war der hydrostatische Antrieb des Fahrzeugs; die Lenkung erfolgte ungewöhnlicherweise über ein Hebelwerk, unterstützt durch eine Servo-Anlage.
Im Jahre 1971 ging das Werk in den Besitz der → X. Fendt u. Co. Maschinen- und Schlepperfabrik über. Das noch 1970 vorgestellte Universalfahrzeug „Super Trac 70" mit einer Frontanbaumöglichkeit diente als Grundlage für den Fendt „Agrobil S".

Technische Daten der Dechentreiter-Schlepper

Typ	SP	Z	PS	K	B × H	Hubr.	D	Gew.	Mot.
LD 90	1968	6	98	L	95 × 120	5100	2560		MWM
Universalfz. Trac 7	1960	4	25/30	W	79 × 89	1753	2000/ 2200		Perkins

John Deere Werk AG, siehe Heinrich Lanz AG

Deuliewag, Deutsche Lieferwagen GmbH, Berlin-Tegel, Chausseestr. 45

1. 1936–1945 **Deuliewag, Deutsche Lieferwagen GmbH,** Berlin-Tegel
2. 1948–1951 **Deuliewag Maschinen u. Apparatebau GmbH,** Lübeck-Siems
3. 1952 **Deuliewag Traktoren- und Maschinen-GmbH,** Hamburg-Altona, Große Bergstr. 258, u. Hamburg 36, Alsterufer 16

Die Deuliewag wurde 1929 als ein *Zweigbetrieb der Borsig-Werke* in deren Firmengelände im Norden Berlins gegründet. Zweck der Firma sollte die Herstellung von Lieferwagen sein. Zwar entstanden keine derartigen Fahrzeuge, dafür aber Straßen- und Ackerschlepper in verschiedenen Größen. Der seit 1936 produzierte Schlepper „DA 32" war in Traktorenbauart ausgeführt, aber mit seiner hinteren Zwillingsbereifung hauptsächlich für den Straßenbetrieb vorgesehen. Durch seine robuste Bauart sowie durch eine serienmäßige Seilwinde und durch angebaute Bodenstützen konnte der Schlepper auch gut in der Holz- und Forstwirtschaft eingesetzt werden. Für den Ackerbetrieb konnten auf Wunsch auch eine Zapfwelle und eine Riemenscheibe mitgeliefert werden. Ein 30-PS-Güldner-Dieselmotor trieb das in Blockbauart mit vorderer Pendelachse ausgeführte Fahrzeug an.
Für den reinen Ackerbetrieb stellte Deuliewag einen leichten Schlepper nach gleichen Bauprinzipien mit einem 20-PS-Güldner-Motor her. Mähbalken, Riemenscheibe und Zapfwelle konnten auch hier angebracht werden.
Während des Krieges ersetzte ein in Baugemeinschaft mit → Güldner entwickelter Gasschlepper mit Einheitsgenerator und Einheitsmotor von 25 PS die 20- und 30-PS-Typen. Auffallend war der recht lange Radstand von 2,2 Metern, und den Generator zu integrieren. Riemenscheibe, Zapfwelle

30-PS-Deuligwag DA 32

28/30-PS-Deuliwag D 30

und auf Wunsch ein Mähbalken und eine Seilwinde gehörten zur Fahrzeugausstattung.
Nach der Zerstörung des Berliner Werkes verlegte das Unternehmen im Jahre 1948 seinen Sitz nach Lübeck und später nach Hamburg. Das Nachkriegsprogramm bestand neben Straßenzugmaschinen auch wieder aus Ackerschleppern. Die Typen „D 24“ und „D 30“ wurden mit 22/24-PS-Deutz- und 28/30-PS-Güldner-Motoren versehen. Eine Besonderheit dieser Modelle war der pneumatisch angetriebene Kraftheber.
1949 folgten ein leichter Schlepper vom Typ „D 15“ und ein stärkerer Schlepper mit der Bezeichnung „D 35“. MWM-Motoren mit 15 und 36/38 PS kamen diesmal zum Einbau.
Eine interessante Neuschöpfung der Deuliewag war der als Allradschlepper konzipierte „Record D 22 V“, der 1950 vorgestellt wurde. Vier gleich große Räder, ein weit nach vorne verlagerter Henschel-22-PS-Motor, Pendelvorderachse, hydraulischer Kraftheber, veränderbare Spurweite und eine Tragvorrichtung für Geräte waren die technischen Attribute dieses Fahrzeugs. Das in rahmenloser Blockbauart ausgeführte Modell scheint jedoch nur in

14/15-PS-Deuliwag D 15

22-PS-Deuliwag Record 22 V

der einfacheren Hinterachs-Antriebsausführung in ganz geringer Stückzahl gefertigt worden zu sein.
Die bis 1960 bestehende Firma gab schon 1952 die Acker- und Straßenschlepperfertigung auf.

Technische Daten der Deuliewag-Schlepper

Typ	SP	Z	PS	K	B × H	Hubr.	D	Gew.	Mot.
DA 18	1938	1	16/18	W	105 × 150	1298	1500	1500	Güldner
DA 32	1938	2	28/30	W	105 × 150	2570	1500	3100	Güldner
DA 20	1940	1	20	W	115 × 150	1547	1500		Deuliewag-Güldner-Einheitstyp
AZ 25	1941	2	25	W	150 × 130	4592	1550		Güldner-Gasmotor
D 24	1949	2	22/24	W	100 × 150	2355	1500	1850	MWM
D 240	1949	2	25	W	100 × 140	2200	1600	1700	Deutz
D 30	1949	2	28/30	W	105 × 150	2596	1500/1800	1500	Güldner
D 25 V	1949	2	25	W	100 × 150	2125	1450	1950	MWM
D 15	1949	1	15	W	100 × 150	1178	1500	1250	MWM
D 35	1949	3	36/38	W	100 × 150	3533	1500	2250	MWM
Record 22 V	1950	2	22	W	90 × 125	1590	1800	1500	Henschel, Allrad
Record 22 V	1950	2	27	W	100 × 150	2125	1500		MWM

Johann Demmler, Wertingen, Schmiedgasse 4, 1948–1951

Kurzzeitiger Produzent zweier leichter Schlepper mit Zapfwelle und Riemenscheibe. Ein Einzylinder-14-PS- und ein Zweizylinder-22-PS-Motor von MWM kamen zum Einbau.

Technische Daten der Demmler-Schlepper

Typ	SP	Z	PS	K	B × H	Hubr.	D	Gew.	Mot.
D 15	1948	1	14	W	100 × 150	1178	1500	1230	MWM
D 22	1948	2	22	W	95 × 150	2125	1500	1470	MWM

Deumo-Motoren-Werke, Gößnitz, Sachsen-Anhalt, 1918

Einen kleinen Tragpflug mit einem eigenen 18-PS-Motor stellte dieses Unternehmen vor.

Technische Daten der Deumo-Schlepper

Typ	SP	Z	PS	K	B × H	Hubr.	D	Gew.	Mot.
Deumo	1918	4	18	W	80 × 130	2612	1200		

Deutsche Industrie-Werke AG, Berlin-Spandau, 1924

Ein von dem bekannten Schlepperkonstrukteur Josef Brey entworfener Kleinschlepper wurde hier für kurze Zeit montiert.

Deutsche Landwirtschafts-Bedarfs-Gesellschaft Mielenz u. Gomann, Berlin NW 7, Unter den Linden 44, 1918–1920

Der „Miego“-Schleppflug mit einem 35-PS-Motor wurde nur in wenigen Exemplaren gefertigt.

Deutsche Landwirtschafts-Industrie mbH, Magdeburg-Ovenstedt, 1911 und 1920

Nach dem unbekannt gebliebenen Prototyp eines Tragpfluges der Bezeichnung „DLI“ im Jahre 1911 nahm diese Firma 1920 den Motorpflugbau erneut auf. Der *„DLI“-Kippflug* besaß in der großen Ausführung einen fünf bis sechsscharigen Pflug an beiden Fahrzeugenden, der je nach Fahrtrichtung gesenkt oder gehoben wurde. Ein 60-PS-Motor trieb die 2,2 m großen Antriebsräder an. Die kleine Version besaß drei bis vier Schare und einen 45-PS-Motor. Durch das hohe Eigengewicht wühlten sich die Maschinen zu sehr im Boden ein, so daß der Bau rasch wieder eingestellt wurde.

Deutsche Motorpflug- und Lokomotivfabrik GmbH, Berlin-Charlottenburg, Kurfürstenstr. 16, 1918

Bau eines schweren 80-PS-Schleppers mit 2,6 m großen Antriebsrädern, der einen Geschwindigkeitsbereich von 3,4 – 15 km/ h hatte. 1924 ist das Unternehmen erloschen.

Deutsche Zugmaschinen GmbH, Halle/Saale, Riebeckstr. 4, 1912–1924

1912 stellte diese Firma ein erstes Versuchsmuster eines Raupenschleppers mit schräggestellten Spießen auf den Ketten vor, an dem noch bis 1915 experimentiert wurde. Die Fertigung erfolgte bei der Firma Wagner und Co. in Köthen.

Technische Daten der Deutsche Zugmaschinen-Schlepper

Typ	SP	Z	PS	K	B × H	Hubr.	D	Gew.	Mot.
Delma Orion	1912	4	64	W				7400	Schwiderski
dto.	1912	4	68	W	150 × 180	12717	700	8300	Daimler
KO	1921	4	32	W	126 × 180	8973	650		
GO	1921	4	80	W	170 × 220	19964	650		

32-PS-Orion-Raupe, Typ Klein-Orion

Von 1913 bis 1920 standen Tragpflüge der Marke *„Delma-Orion“* im Programm. Der 7,4-t-Typ war mit einer 64-PS-Maschine der Leipziger Motorenfabrik Schwiderski ausgestattet. Der 8,3-t-Typ erhielt einen 68-PS-Motor der Daimler-Motoren-Gesellschaft.
1921 griff das Unternehmen die Raupenschlepperfertigung wieder auf und konstruierte das Modell „KO“ (Klein-Orion) mit einem Vierzylinder-32-PS-Motor sowie das Modell „GO“ (Groß-Orion) mit einem 80-PS-Motor. Die Fertigung dieser Typen erfolgte bei der in Halle ansässigen Maschinenfabrik Wegelin und Hübner.

Deutsches Landwerk GmbH, Reutlingen; ab 1950 Nürnberg, Bucher Str. 115, 1949–1954

Die Firma baute den von → Walter HOFMANN entwickelten *„Unitrak“-Schlepper* für die Garten- und Forstwirtschaft nach. 1969 wurde die Landmaschinenfabrik aufgelöst.

Maschinenfabrik Dexheimer u. Co. KG, Wallertheim, Bahnhofstr. 23

1. 1965–1969 **G. Dexheimer, Landmaschinen,** Wallertheim
2. 1969–heute **Maschinenfabrik Dexheimer u. Co. KG**

1885 gründete Georg Dexheimer in Wallertheim/Rheinhessen eine Landmaschinenhandlung, die sich auch bald der Eigenfertigung von Weinpressen und anderen landwirtschaftlichen Geräten zuwandte. Nachdem das Unternehmen jahrelang Fahr- und IHC-Schlepper vertrieben hatte, nahm es die Entwicklung und Fertigung von speziellen Weinbergschleppern auf. Der 1965 vorgestellte Allrad-Schlepper „AL 222“ war mit einem *Farny und Weidmann (Farymann)*-Zweizylinder-V-Motor ausgestattet. Vorne und hinten waren Differentialsperren angebracht. Durch diese sowie durch die entsprechende Bereifung eignete sich der Schlepper auch für den Einsatz in Steillagen.
Aus Kapazitätsgründen wurde eine Fertigungslizenz an die → Fa. Bungartz vergeben, die den „Dexheimer“ ebenfalls fertigte. 1969 wurde ein Spezialschlepper in Rahmenbauweise mit vier hydrostatisch angetriebenen Radnabenmotoren vorgestellt. Die Lenkhydraulik ermöglichte ein Drehen auf der Stelle.
In den 70er Jahren weitete das Unternehmen das Programm mit 32- und 45-PS-Fahrzeugen mit Hinterrad- und Allradantrieb aus. Luftgekühlte MWM-Motoren kommen seit 1970 zum Einbau. Seit 1980 werden Schlepper mit 35, 42, 50 und 65 PS gefertigt, wobei letzterer eine Turboaufladung erhalten hat. Ein wassergekühlter 60-PS-Schlepper vom Typ „Dexheimer 360“ ist 1986 hinzugekommen.

Technische Daten der Dexheimer-Schlepper

Typ	SP	Z	PS	K	B × H	Hubr.	D	Gew.	Mot.
AL 222	1965	2	20/22	L	90 × 95	1276	2500	1020	Farymann
AL 223	1965	2	30	L	90 × 105	1548	2500	1120	Farymann
AL 480	1969	4	80	L	105 × 120	4160	2800		MWM
AL 232	1970	2	32	L	95 × 105	1487	1500		MWM
AL 345	1970	3	45	L	95 × 105	2330	2800	1665	MWM
AL 222	1978	2	22	L	96 × 105	1488	2500	1280	MWM
AL 240	1980	2	35	L	100 × 120	1884	2300	1390	MWM
AL 342	1980	3	42	L	100 × 120	2826	2300	1580	MWM
AL 345	1980	3	50	L	100 × 120	2826	2300	1590	MWM
AL 370	1980	3	65	L	100 × 120	2826	2300	1800	MWM, Turbo
AL 360	1986	3	60	W	105 × 120	3120	2800		MWM

Dinos Automobilwerke AG, Berlin-Hohenschönhausen, Goeckestr.

1. 1918–1920 **Loebwerke AG,** Berlin-Charlottenburg, Fritschestr. 27/28
2. 1920–1922 **Dinos Automobilwerke AG,** Berlin-Hohenschönhausen, Goeckestr.

Der Kettenschlepper „Z 20" der Loeb-, später Dinos-Automobilfabrik ging auf eine Konstruktion von Josef VOLLMER (Deutsche Automobil-Konstruktions-GmbH) zurück. Der unter dem Namen „Dinos" bekannt gewordene Typ besaß einen hochtourigen, eigenen Zweizylinder-25-PS-, später 32-PS-Motor aus der Lkw-Baureihe. Die letzte Bauserie erhielt dann einen Vierzylinder-35-PS-Motor. Die Lenkung erfolgte über die Abbremsung des rechten oder linken Differentials.
Der 2,6 t schwere Schlepper mit seinem verkleideten Laufrollenwerk wurde hauptsächlich in der Forstwirtschaft eingesetzt.

25-PS-Dinos Z 20

Technische Daten der Dinos-Schlepper

Typ	SP	Z	PS	K	B × H	Hubr.	D	Gew.	Mot.
Z 20	1918	2	25	W	130 × 155	4112	900	2600	
Z 20	1920	2	32	W	130 × 155	4112	1200	2600	
Z 20	1922	4	35	W	95 × 145	4109	900	3060	

Dolmar Maschinenfabrik, Hamburg-Bahrenfeld, 1949–1952

Einen dreirädrigen Behelfsschlepper nach einer Idee von Dipl.-Ing. LIPP entwickelte diese bekannte Kettensägenfabrik. Ein abnehmbarer 250-ccm-Vergasermotor mit 8 PS von Dolmar konnte auf den speziell für Forstzwecke gebauten Kleinschlepper aufgesetzt und andererseits für die Motorsäge verwendet werden. Zum Transport und zum Rücken von Baumstämmen sollte das Fahrzeug geeignet sein; es erhielt daher auch die Bezeichnung „Dolmar-Rückeschlepper". Die Fertigung der Fahrzeuge übernahm die Firma Otto Häcker in Niederramstadt. Heute stellt das Unternehmen die „Sachs-Dolmar"-Motorsägen her.

8-PS-Dolmar-Rückeschlepper

Technische Daten der Dolmar-Schlepper

Typ	SP	Z	PS	K	B × H	Hubr.	D	Gew.	Mot.
Rücke-schlepper	1949	1	8	L	68 × 68	250	1440	400	Stihl-Dolmar

Dreyer, 1964

Einen 13 und einen 20 PS starken Weinbergschlepper mit Lombardini-Motoren stellte dieses Unternehmen her.

Technische Daten der Dreyer-Schlepper

Typ	SP	Z	PS	K	B × H	Hubr.	D	Gew.	Mot.
TP 1000	1964	1	13	L	90 × 95	638	3000		Lombardini
TP 2000		2	20	L	95 × 95	1346	3000		Lombardini

Dürkopp-Werke AG, Bielefeld, Moltkestr. 2, 1924–1931

Der *„Comfräsch"-Raupenschlepper* wurde speziell für die Urbarmachung sumpfigen Geländes von den Dürkopp-Werken in zwei Prototypen entwikkelt und von der Firma Comfräsch in Berlin unter der Leitung von Dir. Walter GÖLDNER hergestellt. Die Dürkopp-Werke und die Vergaserfabrik Pierburg AG waren an diesem Unternehmen beteiligt. Das in Blockbauart mit einem Hilfsrahmen konstruierte Fahrzeug war mit einem Vierzylindermotor mit 50 PS Leistung versehen, der aus der Dürkopp-Lkw-Baureihe des 3,5-

Technische Daten der Comfräsch-Schlepper

Typ	SP	Z	PS	K	B × H	Hubr.	D	Gew.	Mot.
Comfräsch	1924	4	50	W	120 × 150	6782	1000	2800	

50-PS-Comfräsch-Raupe (1)

Tonners stammte. Die Kette lief über große vordere Antriebsräder. Eine mit seitlichen Stützrädern in der Höhe einstellbare Bodenfräse war an das Fahrzeug angebaut. Auch unter der Bezeichnung „Comfräsch-Göldner" wurde die Raupe vertrieben.

Eberhard-Motorpflug als Motormäher

E

Heinrich Eberhard, Ebersbach a. d. Fils/Württ., 1924

Der 18-PS-Motorpflug dieser Landmaschinenfabrik war mit zwei Treibrädern und einem hinteren Stützrad konstruiert. In der Grundausführung konnte das Fahrzeug als leichte Zugmaschine eingesetzt werden. Der Fahrer steuerte über eine Zügellenkung mit einer Einwirkung auf das Differential den Schlepper. Durch eine ansteckbare Achse mit einem weiteren Stützrad konnte das Fahrzeug hinten angehoben werden, so daß unter der Verlängerung ein zweischariger Pflug angebracht werden konnte. Die Zügel wurden für diesen Zweck an den hinteren Sitz verlagert.

Gebr. Eicher Traktoren- u. Landmaschinen-Werke GmbH, Forstern b. München, Hauptstr. 2; ab 1972 Landau/Isar, Wiesenweg 22

1. 1936–1948 **Josef Eicher, Traktorenfabrik,** Forstern b. München, Hauptstr. 2
2. 1948–1982 **Gebr. Eicher Traktoren- u. Landmaschinen-Werke GmbH,** Forstern b. München, Hauptstr. 2; ab 1972 Landau/Isar, Wiesenweg 22
3. 1982–1985 **Eicher Traktoren- u. Landmaschinen-Werke GmbH**
4. 1985–heute **Eicher GmbH**

Im väterlichen Landmaschinen-Reparatur- und Handelsbetrieb in Forstern bei München konstruierten die beiden Brüder Joseph Eicher (1906–1984) und Albert Eicher (geb. 1907) im Jahre 1936 einen Ackerschlepper mit einem 20-PS-Zweizylindermotor. Riemenscheibe, Zapfwelle und eine Seilwinde gehörten zur Fahrzeugausstattung. Der Schlepper wurde auf verschiedenen Ausstellungen erfolgreich vorgeführt, so daß in Einzelmontage bis 1941 1000 Stück gebaut werden konnten. 16 km/h waren diese Schlepper schnell.
Im Schell-Programm wurde die junge Schlepperfirma berücksichtigt. Mit den → Firmen Fahr, Güldner, Hermann Lanz und Kramer fertigte der Betrieb ab 1942 in geringen Stückzahlen den Einheits-Holzgasschlepper. Der Generator war in geschlossener Bauweise mit dem 25-PS-Deutz-Einheitsmotor als tragendes Element verbunden. Neben Riemenscheibe, Zapfwelle, Spurweitenverstellung und einer Lenkbremse konnten eine Seilwinde und ein Mähbalken angebracht werden.

25-PS-Eicher mit Holzvergaser

Da das Werk während der Kriegszeit Teile für luftgekühlte Flugzeugmotoren hergestellt hatte, sah Joseph Eicher frühzeitig in dem luftgekühlten Dieselmotor die Möglichkeit, einen einfachen, unempfindlichen und preiswerten Schlepperantrieb herzustellen, den er bis 1948 zur Serienfertigung bringen konnte.
1948 wurde der erste luftgekühlte Eicher-Schlepper vom Typ „ED 16“ mit einem Einzylinder-Dieselmotor vorgestellt. Eine Radialluftkühlung kam zum Einbau in den nach dem Kurbelkammer-Prinzip arbeitenden Motor. Eine Zündhilfe war zum Starten nicht nötig.
Nachdem die Motorleistung auf 19 PS mit dem „ED 16/III“ gesteigert worden war, folgte 1953 der erste Eicher-Zweizylindermotor. Die technische Besonderheit des mehrzylindrigen Eicher-Motors war und ist die Einzelkühlung der Zylinder durch Radialluftgebläse, die durch Luftleitbleche die Frischluft an die Kühlrippen der Zylinderaußenhaut und an den Zylinderkopf leiten. Äußerlich ist dieses System an den freiliegenden, trommelartigen Kühlluftkanälen zu erkennen.
Neben den eigenen Motoren versah Eicher in den frühen 50er Jahren die Schlepper mit Motoren von Deutz, MWM-Südbremse und Hatz. Der 22-PS-Typ mit dem Hatz-Zweizylinder-Motor erhielt versuchsweise einen elektrischen Kraftheber.
Auch mit einem Allradantrieb konnten der 22- und 40-PS-Schlepper versehen werden.

22-PS-Eicher AZ

42-PS-Eicher LD 40/1 Allrad

Eicher LD 40/1 Hochradausführung

19-PS-Eicher ED 16/III

Als kleinster Eicher-Schlepper erschien 1954 der „EKL 11" mit einem Deutz-Einzylindermotor. Vordere Pendel- und hintere Portalachsen gehörten zu dieser Schlepperkonstruktion; die anderen Schlepper waren mit vorderen und hinteren Portalachsen und Lenkbremsen versehen.
In den Jahren 1951/52 hat das Unternehmen in den Räumlichkeiten der ehemaligen Famag, Fahrzeug- und Maschinenbau GmbH, in Dingolfing ein Zweigwerk mit Blechpressen, Gießerei- und Schreinereianlagen eingerichtet. Neben Ackerwagen (Typ „Rekordlader"), Kompressoren, zerlegbaren Garagen und Eicher-„Federstahlpflügen" wurden dort im Fließbandsystem die Eicher-Geräteträger „Muli" und „Kombi" gefertigt. Zunächst kamen 11-PS-Deutz- und 13-PS-Hatz-Einzylindermotoren zum Einbau. Die Vorderachse konnte an dem zweiholmigen Fahrgestell an fünf verschiedenen Stellen angebracht werden, so daß der Geräteträger für unterschiedlichste Zwecke eingesetzt oder auch zum normalen Schlepper verkürzt werden konnte. Ab 1954 kamen Ein-, ab 1959 Zwei- und ab 1965 Dreizylinder-Eicher-Motoren zum Einbau.

42-PS-Eicher LD 40/1

15-PS-Eicher Kombi

Auch im Werk Forstern wurde im Jahre 1956 eine moderne Taktstraße in Betrieb genommen; inzwischen hatte der 30 000. Eicher-Schlepper die Werkshallen verlassen. Etwa 1200 Mitarbeiter fertigten die graublau lackierten Schlepper und die anderen Eicher-Erzeignisse.
Ein neu entworfener Allradschlepper vom Typ „ED 215/16" kam im Jahre 1958 hinzu. Gleichzeitig stellte Eicher den „Farm-Express" vor. Hier handelte es sich um ein Transport- und Zugfahrzeug mit dem Fahrerhaus des Tempo-„Matador". Mit unterschiedlich großen Traktorrädern, einem Hinterachsantrieb und dem Dreizylinder-Eicher-Motor wurde der „Farm-Express" ausgerüstet. Der Verkaufserfolg mit diesem neuartigen landwirtschaftlichen Fahrzeug blieb jedoch bescheiden.
Das Traktorenprogramm war inzwischen auf Schlepper mit 11, 16, 19, 22, 30, 40 45 und 60 PS mit ausschließlich eigenen Motoren angewachsen. Eigene Hydraulikanlagen wurden in die Schlepper eingebaut. Eine Attraktion der Eicher-Landmaschinenausstellungen ist seit diesen Jahren der im überdimensionalen Kreis unermüdlich automatisch fahrende Schlepper „EKL 16".
Im Jahre 1958/59 überarbeitete Eicher die Motoren. Vom Langhub- ging die Firma zum Kurzhubprinzip über. Gleichzeitig wurden die Drehzahlen der

15/16-PS-Eicher 16/II

25-PS-Eicher 25 1–2

26-PS-Eicher ED 26 Allrad

45/50-PS-Eicher ED 45/50

Motoren erhöht. Neben den neuen Motoren kamen stufenlos reversierbare Getriebe zum Einbau.
Mit der neuen Motorengeneration stellte das Unternehmen die Eicher-„Raubtierreihe" mit den Typen „Leopard, Panther, Tiger, Königstiger" und „Mammut" vor. Wenig später war der spezielle Schmalspurschlepper „Puma" mit einem Zweizylinder-28-PS-Motor hinzugekommen. Mit der immer weiter verbesserten „Puma"-Reihe gelang es dem Unternehmen, als erster deutscher Serienfertiger Erfolge im Weinberg- und Obstbau-Schleppermarkt zu erzielen.
Einen technisch interessanten Prototyp eines Motorpfluges nach dem System der ehemaligen Kippflüge brachte Eicher im Jahre 1964 mit dem „Agrirobot" heraus. Auf einem übergroßen Einachsfahrgestell war ein 40-PS-Motor montiert. Vorne und hinten befanden sich am Fahrzeug Pflugkörper mit Stützrädern und Tastarmen. Das vollautomatisch arbeitende Gerät besaß Hydraulikanlagen, Magnetventile und eine umfangreiche Sicherheitseinrichtung für das exakte Spureinhalten und für das Abschalten der Maschine bei Störungen.
Am Furchenende, wo eine Querfurche gezogen sein mußte, fiel der in Arbeitsrichtung vorn liegende, auf- und abschwenkbar angebrachte Tastarm in die Vertiefung und löste einen Kontakt aus, so daß das Fahrzeug die umgekehrte Richtung einschlug. Am anderen Furchenende wiederholte sich

Eicher EKL 11 und ED 60

45-PS-Eicher Mammut

28-PS-Eicher Puma

dieser Vorgang. Eine Serienfertigung des ungewöhnlichen „Agrirobots“ wurde nicht aufgenommen. Sechs Exemplare wurden für die Versuchszwecke gefertigt.
Im gleichen Jahr nahm das experimentierfreudige und wagemutige Unternehmen auch die Fertigung des eigens entwickelten Schnellastwagen auf, der später für die Klöckner-Humboldt-Deutz AG unter dem Magirus-Emblem weitergebaut wurde.

25-PS-Eicher Tiger (1)

Eicher Geräteträger, 30 PS, 1962 (1)

1968 erwarb Eicher in Dingolfing die einstige zur Hans Glas GmbH gehörende „Isaria“-Drillmaschinen GmbH. In den Produktionsbereich dieses Werkteils fiel neben dem Landmaschinenbau die Fertigung von Fahrzeugaufbauten wie Fernmelde-, Feuerwehr- und Stabswagen sowie Anhängern für die Bundeswehr. Das Werk „Isaria“-Drillmaschinen GmbH ist noch heute im Besitz der Fa. Eicher und fertigt weiterhin Landmaschinen wie Präzisionsdrill- und Beizdrillmaschinen.
Nachdem im Jahre 1961 eine neue Schleppergeneration mit abgerundeten Hauben mit Leistungen von 28, 35, 45, 52, 62, 80 und 95 PS herausgebracht worden war, wobei die 45- und 52-PS-Schlepper auch mit einem Allradantrieb ausgerüstet werden konnten, geriet das Unternehmen im Jahre 1970 durch den zurückgehenden Schleppermarkt und durch Probleme in der Beschaffung der Getriebe in Schwierigkeiten. Um dem Unternehmen mit nun 1000 Mitarbeitern eine weitere Chance zu geben, ging Eicher mit der kanadischen *Massey-Ferguson* eine finanzielle Kooperation und einen Produktionsverbund ein. Die Werke Forstern und Dingolfing wurden 1972/73 in einem neu errichteten Werk in Landau/Isar zusammengefaßt. Krauss-Maffei erwarb das alte Werk in Forstern.
Ab 1974 mußten mit Ausnahme des 100-PS-Schleppers „Wotan“ wassergekühlte Perkins-Motoren eingebaut werden. Äußerlich erhielten die Schlepper eine kantigere Gestaltung; Exportfahrzeuge wurden mit Massey-Ferguson-Abzeichen und einer anderen Farbgebung versehen. Die unrentable Geräteträgerproduktion wurde stillgelegt. Erstmals kamen Abgasturbolader in die Vier- und Sechszylinder-Modelle.

Da die Zusammenarbeit mit Massey-Ferguson, abgesehen von der im MF-Programm fehlenden Schmalspurschlepper-Fertigung, einen empfindlichen Produktionsrückgang brachte, wurde 1982 die Zusammenarbeit mit Massey-Ferguson beendet. Die Gebrüder Eicher schieden aus dem Eicher-Vorstand aus, und die indische Tochterfirma *Eicher Goodearth Ltd.,* die in Indien seit Jahren die Eicher-Traktoren gefertigt hatte, übernahm für wenige Jahre das Unternehmen.

Mit neuen, zeitgemäßen Formen, integrierten Kabinen und einer neuen Motorenreihe wurden die 35 bis 145 PS starken „Economy"-Typen vorgestellt. Eine Turboaufladung erhielten die Schlepper ab einer Leistung von 66 PS. Auch die während der Massey-Ferguson-Zeit aufgegebenen Raubtier-Namen wurden wieder eingeführt.

Die indische Firma trennte sich bald wieder von den Eicher-Traktoren- und Landmaschinen-Werken, und 77 Eicher-Händler gründeten 1984/85 eine Auffanggesellschaft, die das Eicher-Traktorenprogramm mit inzwischen 200 Mitarbeitern fortführt. Schmalspur-, Kompakt- und Plantagenschlepper mit 35 und 42 PS sowie mittlere und große Standardschlepper mit 38 bis 145 PS werden seitdem gebaut. Insgesamt 39 verschiedene Typen bietet zur Zeit das seit 50 Jahren bestehende Unternehmen an.

Hatte der Marktanteil 1957 fast 9 Prozent, 1968 noch 6 und 1980 3,6 Prozent betragen, ist er in den letzten Jahren unter die Zwei-Prozent-Marke abgesunken.

Etwa 120 000 Eicher-Traktoren, vornehmlich mit der Einzel-Radialluftkühlung, sind seit dem Produktionsbeginn im Jahre 1937 hergestellt worden.

Eicher Farm-Express

Technische Daten der Eicher-Schlepper

Typ	SP	Z	PS	K	B × H	Hubr.	D	Gew.	Mot.
Eicher	1937	2	20	W	100 × 130	2041	1500	1800	Deutz
T 22	1938	2	22	W	100 × 140	2198	1500	1900	Deutz
Eicher	1942	2	25	W	150 × 130	4592	1550		Deutz, Generator
ED 16	1948	1	16	L	110 × 150	1425	1500	1450	Eicher
ED 22	1949	2	22/24	W	110 × 140	2660	1500	1780	Deutz
ED 30	1949	2	25	W	110 × 150	2850	1500	1950	MWM-Südbremse
AZ	1950	2	22	W	100 × 130	2041	1300	1850	Hatz
L 28	1950	2	30	L	110 × 140	2260	1600	1960	Deutz
L 40/1	1950	3	42	L	110 × 140	3990	1500	2340	Deutz, auch Allr.
ED 16/III	1950	1	19	L	110 × 150	1425	1500	1520	Eicher
25/1–3	1952	2	25	L	110 × 150	2660	1500	1910	Deutz
ED 16/II	1953	1	16	L	110 × 150	1425	1500	1350	Eicher
L 22	1953	2	22	L	90 × 120	1526	1600	1560	Deutz
EKL 11	1954	1	11	L	90 × 120	763	1500	1250	Deutz
ED 50	1954	3	50	L	110 × 150	4275	1450	3250	Eicher
ELD 60 S	1954	4	60	L	110 × 140	5320	1650	3330	Deutz
ED 22	1955	1	22	L	115 × 150	1557	1650	1560	Eicher, auch Allrad

54-PS-Eicher Agrirobot

40-PS-Eicher Kombi GT

66-PS-Eicher 3066 (1)

Technische Daten der Eicher-Schlepper

Typ	SP	Z	PS	K	B × H	Hubr.	D	Gew.	Mot.
ED 30	1955	2	30	L	110 × 150	2850	1500		Eicher
ED 60	1955	3	60	L	110 × 150	4275	1500	3320	Eicher
ED 13 a	1956	1	13	L	105 × 150	1298	1500	1110	Eicher
ED 26	1956	2	26	L	110 × 150	2850	1500	1810	Eicher
ED 40	1956	2	40	L	115 × 150	3114	1500	2420	Eicher, auch Allrad
ED 33	1956	2	33	L	110 × 150	2851	1500	1843	Eicher
ED 45	1956	3	45	L	110 × 150	4275	1500		Eicher
LH 12	1957	1	12/13	L	90 × 105	668	2500	770	Hatz
ED 215/16	1958	2	42	L	110 × 150	2850	1600	2430	Eicher, Allrad
Leopard	1958	1	15	L	100 × 125	981	2000	939	Eicher, Allrad
EM 295	1959	2	19	L	95 × 120	1700	2000	1330	Eicher (Panther)
EM 200	1959	2	25	L	100 × 125	1962	2000	1430	Eicher (Tiger)
Puma	1959	2	28	L	100 × 125	1962	2100	985	Eicher, Schmalspur
EM 30	1959	3	35	L	100 × 125	2994	2000	1800	Eicher (Königstiger)
ED 310	1959	3	45	L	100 × 150	4275	1500	2240	Eicher (Mammut)
Tiger	1962	2	28	L	100 × 125	1962	2100	1650	Eicher
Puma II	1962	3	38	L	100 × 125	2943	2100	1600	Eicher, Schmalspur
Königstiger	1962	3	40	L	100 × 125	2943	2200	1850	Eicher, auch Allrad
Mammut II	1962	4	55	L	100 × 125	3927	1900	2675	Eicher
Agrirobot	1964	4	54	L	100 × 125	3927	1900		Eicher, Kippflug
Tiger	1968	2	28	L	100 × 125	1962	2100	1650	Eicher
Tiger II	1968	3	35	L	100 × 125	2944	2000	1735	Eicher
Königstiger	1968	3	45	L	100 × 125	2944	2000	2460	Eicher
Königstiger II	1968	4	52	L	100 × 125	3927	2000	2235	Eicher, auch Allrad
Mammut	1968	4	62	L	100 × 125	3927	2000	2950	Eicher
Wotan I	1968	6	80	L	100 × 125	5890	2000	3550	Eicher
Wotan II	1968	6	95	L	100 × 125	5890	2000	3760	Eicher
Tiger	1974	3	35	W	89 × 127	2360	2000	1290	Perkins
Königstiger	1974	3	45	W	91 × 127	2460	2400	2130	Perkins
Mammut I	1974	4	55	W	91 × 127	3302	2000	2400	Perkins
Mammut II	1974	4	65	W	91 × 127	3302	2400	3000	Perkins
Büffel	1974	4	72	W	101 × 127	4067	2000	3100	Perkins
Wotan	1974	6	100	L	100 × 125	5890	2000	4365	Eicher
535 Puma	1982	2	35	L	100 × 125	1962	2100	1440	Eicher, Schmalspur

48-PS-Eicher Schmalspur 648 V (1)

Technische Daten der Eicher-Schlepper

Typ	SP	Z	PS	K	B × H	Hubr.	D	Gew.	Mot.
542 Puma	1982	3	42	L	100 × 125	2945	2000	1900	Eicher, Schmalspur
3048	1982	3	48	L	100 × 125	2945	2150	2895	Eicher
3056	1982	3	56	L	100 × 125	2945	2100	3140	Eicher
3066	1982	3	66	L	100 × 125	2945	2100	3230	Eicher, Turbo
3072	1982	4	72	L	100 × 125	3927	2100	3915	Mammut
3075	1982	4	75	L	100 × 125	3927	2150	3990	Eicher
3080	1982	4	80	L	100 × 125	3927	2100	4070	Eicher, Turbo
3088	1982	4	88	L	100 × 125	3927	2050	4260	Eicher, Turbo
3108	1982	6	108	L	100 × 125	5890	2300	5400	Wotan E
3125	1982	6	125	L	100 × 125	5890	2300	5630	Eicher, Turbo
3145	1982	6	145	L	100 × 125	5890	2300	5740	Eicher, Turbo
Kombi	1952	1	15	L	110 × 150	1425	1450		
Muli	1953	1	11	L	90 × 120	763	1500		Deutz

Technische Daten der Eicher-Schlepper

Typ	SP	Z	PS	K	B × H	Hubr.	D	Gew.	Mot.
G 13	1954	1	13	L	90 × 105	668	2600	930	Hatz
Muli	1954	1	14	L	110 × 150	1425	1400		Eicher
Kombi	1955	1	19	L	110 × 150	1425	1500	1356	Eicher
Kombi	1955	1	22	L	110 × 150	1425	1650	1350	Eicher
G 16	1958	1	16	L	110 × 150	1425	2000	1200	auch G 160 Eicher
G 200	1959	2	20	L	95 × 120	1700	2000	1300	Eicher
G 280	1959	2	22	L	100 × 125	1963	2000	1650	Eicher
G 280	1960	2	28	L	100 × 125	1963	2200	1760	Eicher
G 250	1961	2	25	L	100 × 125	1963	2000		Eicher (Unisuper)
G 250	1961	2	30	L	105 × 120	2008	2200		MWM
G 400	1967	2	30	L	100 × 125	1963	2200		Eicher (Unisuper)
G 400	1967	3	40	L	100 × 125	2943	2200		Eicher
Farmex-preß	1962	4	54	L	100 × 125	3927	1900		Eicher

125-PS-Eicher 3125 Turbo (1)

Hermann Eicker, Essen, Rüttenscheiderstr. 315, 1951–1955

In technischen Details unbekannt gebliebene Schlepperkonstruktion.

Fahrzeugbau Christian Ensinger, Michelstadt, 1948–1950

In Kleinstserie wurde ein Zweizylindertyp „AS 20“ mit 20- oder 22/24-PS-MWM-Motoren zusammengebaut. Riemenscheibe, Zapfwelle und Mähbalken waren bei dem 1650 kg schweren Fahrzeug vorhanden. 1949 kam noch ein 15-PS-Einzylindertyp „AS 15“ hinzu, der ein Gewicht von 1370 kg hatte. Ein bis zwei Dutzend Fahrzeuge wurden höchstens gebaut. Die Firma → Rotenburger Metallwerke, R. Stierlen KG, übernahm die beiden Schleppertypen für das eigene Produktionsprogramm.

Technische Daten der Ensinger-Schlepper

Typ	SP	Z	PS	K	B × H	Hubr.	D	Gew.	Mot.
AS 20	1948	2	20	W	100 × 150	2355	1500	1650	MWM
AS 22	1948	2	22/24	W	95 × 150	2125	1500	1650	MWM
AS 15	1949	1	14	W	100 × 150	1178	1500	1370	MWM

22/24-PS-Ensinger AS 22

Franz H. Erkelenz Landmaschinenbau, Frankfurt a. Main, Landgraf Wilhelm Str. 17 und Robert-Meyer-Str. 45, 1949–1952

Der „Erkelenz-Patent-Schlepper" besaß vorne eine starre Antriebsachse mit großen Rädern. Der Motor und damit das Hauptgewicht des kompakten Fahrzeugs ruhte direkt über dieser Achse. Mit einer Knicklenkung waren die hinteren Stützräder mit dem Vorderteil verbunden. Durch diese ungewöhnliche Konstruktion konnten 690 kg des 790 kg wiegenden Schleppers auf die Antriebsachse verlagert werden, so daß dieser sogenannte Knickschlepper eine gute Zugkraft entwickeln konnte. Ein Aufbäumen der Maschine, wie es bei kleinen Schleppern oft vorkam, war dadurch ausgeschlossen. Ein 12-PS-ILO-Zweitaktmotor mit einem Zylinder und Luftkühlung trieb das Fahrzeug über ein Fünfganggetriebe an. Die Spurweite der Räder ließ sich verstellen. Den „Patent-Schlepper" löste 1952 der Typ „Bambi C 10" ab. Der nur 670 kg schwere Schlepper besaß Allradantrieb und eine Vierradlenkung. Am Motor-Getriebeblock waren die gleich großen Räder an zwei pendelnden Radträ-

12-PS-Erkelenz-Patent-Schlepper

gern befestigt. Eine gleich gute Vor- oder Rückwärtsfahrt war durch den schwenkbaren Sitz, die doppelte Ausführung der Pedale und durch ein Viergang-Wendegetriebe möglich. Ein 10-PS-Dieselmotor (F & S) oder ein 12-PS-MWM-Motor trieb mit einer zentralen Antriebsachse über Rollenketten die vier Räder an.
Bald nach dem Erscheinen des „Bambi"-Schleppers verlegte Franz ERKELENZ die Fertigung in die → Ursus-Werke nach Wiesbaden.

Technische Daten der Erkelenz-Schlepper

Typ	SP	Z	PS	K	B × H	Hubr.	D	Gew.	Mot.
Patent	1949	1	12	W	90 × 80	508	2000	790	ILO
C 10	1952	1	10	W	80 × 100	499	2000	670	F&S
C 10	1952	1	12	L	98 × 120	905	2000		MWM

F

Maschinenfabrik Fahr AG, Gottmadingen, 1937–1964

Johann Georg Fahr richtete 1870 eine mechanische Werkstatt ein, aus der die spätere Landmaschinenfabrik Fahr hervorging. Zunächst wurden Futterschneidemaschinen, Weinpressen, Jauchepumpen und schließlich Mähmaschinen nach amerikanischen Vorbildern gebaut. Nach dem Ersten Weltkrieg kam die Montage von Ernte- und Dreschmaschinen hinzu.
Als ein motorisierter, von Pferden gezogener Grasmäher erfolgreich das Fahr-Programm erweitert hatte, entschloß sich die Landmaschinenfabrik, auch komplette Traktoren zu bauen. Dr. Ing. Wilfried Fahr und Obering. Bernhard Flerlage konstruierten den Typ „F 22" mit dem damals weit verbreiteten Zweizylinder-Deutz-Motor. Das Fahrzeug war in Blockbauart mit hoher Bodenfreiheit sowie mit einer weit einschlagbaren Lenkung ausgeführt. Zapfwelle, Riemenscheibe, Mähbalken, Seilwinde und Differentialbremsen gehörten zur Grundausstattung. Die Räder ließen sich zur Spurverbreiterung umdrehen. Mit Gummibereifung wurde eine Geschwindigkeit von 19 km/h erzielt. Für die schwere Ackerarbeit konnte das Fahrzeug mit Eisenrädern auch als Typ „T 22" geliefert werden.
Während des Krieges baute das Unternehmen den Einheitsschlepper „HG 25" mit Deutz-Einheitsmotor und Einheits-Generator. An den Motorblock war vor der Vorderachse der Holzvergaser angebracht, so daß der zwar plump wirkende Schlepper mit seinem größeren Radstand durch zusätzliche Lenkbremsen eine gute Wende- und Manövriertechnik aufwies.
Nachdem die Demontageschäden leidlich behoben waren, brachte Fahr 1948 ein Schlepperprogramm mit den Modellen „D 15, D 22" und „D 30" in den damaligen Standardklassen von 15/16, 22 und 30 PS heraus. Der Universalschlepper „D 22" bekam wieder den Deutz-Motor; für die beiden anderen Typen wurden die Motoren von → Güldner bezogen. Damit bahnte sich auch die später immer stärker werdende Zusammenarbeit mit Güldner in Hinblick auf die Traktorenfertigung an.
Zu Beginn der 50er Jahre weitete Fahr das Angebot neben Einachsschleppern mit Traktoren der Leistungsstufen von 17, 22, 25, 28, 30, 40 und 60 PS aus; der „D 22 P" löste 1951 nun in völliger Neukonstruktion das Vorkriegsmodell „D 22" ab. Konstruktiv waren die Schlepper mit vorderer Pendel- und hinterer Portalachse ausgestattet. Der Zusatz „H" in der Typenbezeichnung deutete auf eine zusätzlich hochgekröpfte Hinterachse für die Verwendung des Schleppers bei Kulturarbeiten hin. Hydraulische Kraftheber gehörten

22-PS-Fahr F 22/T 22

28-PS-Fahr D 28

22/25-PS-Fahr D 25

schon seit diesen Baujahren zur Standardausführung der Fahr-Schlepper. Für Kleinbetriebe kam 1952 das Modell „D 12“ mit einem 12-PS-Einzylinder-Güldner-Motor hinzu. Für den Zwischenachseinbau von Geräten war dieser Leichtschlepper in der sogenannten Wespentaillenbauart ausgeführt.
Schon 1953 überarbeitete Fahr die stets dunkelrot lackierten Modelle erneut, die jetzt zeitweise den Zusatz „N“ in der Typenbezeichnung erhielten. Äußerlich bekamen alle Schlepper den geschachtelten Kühlergrill. Für den Export, hauptsächlich in die Tropen, wurden an den Schleppern der Modelle „D 22 PH, D 22, D 30 L, D 45 L, D 60 L“ besondere Luftansaugsysteme angebaut. In diesem Zusammenhang ist zu erwähnen, daß die Firma Fahr ein Zweigwerk in Argentinien unterhielt, das Fahr-Schlepper für den südamerikanischen Markt montierte.
Auch ist darauf hinzuweisen, daß ein Schmalspurschlepper vom Typ „D 181“ mit einem luftgekühlten MWM-24-PS-Motor in der Zeit von 1954 bis 1958 gefertigt wurde.
Ab dem Jahre 1956 stellte das Unternehmen gemeinsam mit Güldner die Leichtschlepper „D 66“ und „D 88“ in Wespentaillenbauart her. Mit ihren 11 und 13 PS starken, luftgekühlten Einzylindermotoren lösten sie den 12 PS

55/60-PS-Fahr D 55

30/32-PS-Fahr D 270

starken „D 12" ab. Lediglich in der anderen Farbgebung sowie in der Gestaltung der Haube unterschieden sich die Fahr- von den Güldner-Schleppern.
Nachdem im Jahre 1957 der 50 000. Fahr-Schlepper gefertigt worden war, baute das Unternehmen gemeinsam mit Güldner und → Ritscher einen Geräteträger mit der Bezeichnung „GT 130", der einen Zweizylinder-Güldner-Motor mit 17 PS Leistung erhielt. Anzumerken ist hier, daß die Prototypen eines eigenen Geräteträgers, bei dem der Motor über der Vorderachse angebracht war und sich zwischen dieser und der Hinterachse mit dem Getriebe ein zweiholmiger Rahmen befand, nicht in den Serienbau gegangen waren.
Als Ergebnis weiterer enger Zusammenarbeit übernahm Fahr 1959 die Traktorenkonstruktion der Europa-Baureihe von Güldner. Die Typen „Tessin, Burgund" und „Toledo" unterschieden sich wiederum nur in der äußeren Gestaltung sowie in der Farbgebung. Das Typenbezeichnungsystem änderte Fahr in diesem Zeitraum erneut. Anstelle des „D" (für Diesel) und der PS-Angabe wurden jetzt die Traktoren mit „D" und dem entsprechenden Hubvolumen (unter Weglassung einer Null) bezeichnet. Abgesehen von dem 18-PS-Typ „D 135" und dem mit einem Daimler-Benz-Motor ausgestatteten „D 177" („Toledo"-Typ) kamen Güldner-Motoren mit Luftkühlung zum Einbau.

12-PS-Fahr D 90

24-PS-Fahr D 180

Neben den Ackerschleppern stellte das Unternehmen 1959 auf der Frankfurter Landwirtschaftsausstellung ein leichtes, offenes Vielzweckfahrzeug in selbsttragender Bauweise für die Landwirtschaft vor. Das unter der Bezeichnung „Farmobil" (für Farm-Mobil) vorgeführte Fahrzeug besaß einen großen Laderaum, eine feststehende Frontscheibe sowie einen im Heck angebrachten Zweizylinder-BMW-Boxermotor. Ein Serienbau unterblieb und die Konstruktionsunterlagen wurden an das griechische Fahr-Unternehmen Farco SA in Saloniki abgegeben.
Mit Einsetzen der Absatzkrise im Schlepperhandel gab Fahr im Jahre 1962 die Zusammenarbeit mit Güldner auf. Auch die Fertigung der Traktoren wurde nach einer erreichten Stückzahl von 100 000 Ackerschleppern im Jahre 1964 eingestellt. Die Firma → Deutz hatte inzwischen die Fabrikationsanlagen übernommen und vereinigte dieses Werk mit dem des ehemaligen Dreschmaschinenherstellers Ködel und Böhm zur Zweigniederlassung Fahr der Klöckner-Humboldt-Deutz AG. Seitdem werden die schweren Deutz-Fahr-Mähdrescher dort gefertigt. Unter der Marke Fahr erschienen in den Jahren 1971 bis 1977 selbstfahrende Futtererntemaschinen und große Feldhäcksler. Schließlich ist noch darauf hinzuweisen, daß seit 1983 die Kölner Deutz-Schlepper unter der Bezeichnung „Deutz-Fahr" vertrieben werden.

11-PS-Fahr D 66 W

18-PS-Fahr D 135

17-PS-Fahr GT 130

34-PS-Fahr D 177

Technische Daten der Fahr-Schlepper

Typ	SP	Z	PS	K	B × H	Hubr.	D	Gew.	Mot.
F 22/T 22	1938	2	22	W	100 × 140	2198	1500		Deutz
HG 25	1942	2	25	W	150 × 130	4592	1550		Deutz, Generator
D 15	1948	1	15/16	W	85 × 115	1300	1800	1150	Güldner
D 22	1948	2	22	W	100 × 140	2198	1500		Deutz
D 30	1948	2	30	W	105 × 150	2600	1600		Güldner
D 17	1949	1	17	W	85 × 115	1300	1575	1160	Güldner
D 28	1949	2	28	W	110 × 150	2850	1500		MWM-Südbremse
D 25	1950	2	25	W	100 × 140	2198	1600	1250	Deutz
D 28	1950	2	28	W	100 × 140	2198	1500	1980	Güldner
D 22 P	1951	2	22	W	95 × 115	1629	2000	1680	(D 160) Güldner
D 30 L	1951	2	30/32	L	110 × 140	2660	1650	1960	(D 270) Deutz
D 45 L	1951	3	40/45	L	110 × 140	3990	1600	2820	(D 400) Deutz
D 60	1951	4	55/60	L	110 × 140	5320	1650	3460	(D 540) Deutz
D 12	1952	1	12	W	75 × 100	886	2000	1125	Güldner
D 90	1954	1	12	L	98 × 120	905	2000	1205	MWM
D 17 N	1954	2	17	W	85 × 115	1300	1800	1180	MWM
D 180	1954	2	24	L	98 × 120	1810	2000	1425	(D 181) MWM, Schmalspur
D 88 W	1954/55	1	13/15	L	75 × 100	886	2475		Güldner
D 130	1955	1	17	L	85 × 115	1300	2000	1140	Güldner
D 66 W	1956	1	11	L	90 × 100	636	2500	790	Güldner
D 135	1958	2	18	W	85 × 115	1300	1950	1160	Güldner
D 177	1958	4	34	W	75 × 100	1767	3000	1550	Daimler-Benz
D 131 L	1959	2	20	L	85 × 115	1305	2200	1325	Güldner (Tessin)
D 131 W	1959	2	20	W	85 × 115	1305	2200	1360	Güldner (Tessin)
D 133	1959	3	25	L	80 × 100	1500	2000	1350	Güldner (Burgund)
D 133 A	1959	3	28	L	80 × 100	1500	2200		Güldner (Burgund)
GT 130	1955	1	17	L	85 × 115	1700	1950	1160	Güldner
GT 130	1955	2	24	L	95 × 130	1842	1800		Güldner
Farmobil	1959	2	20	L	74 × 68	582	4500	500	BMW
Farmobil	1963	2	30	L	78 × 73	687	5000		BMW

20-PS-Fahr Farmobil

Fahrzeugfabrik Kannenberg KG (FAKA), Salzgitter-Bad, 1951

Die 1924 in Danzig gegründete Ackerwagenfabrik versuchte 1946 einen Neuanfang in Salzgitter als Kfz-Reparaturbetrieb. Zu Beginn der 50er Jahre stellte die Firma neben Dreirad-Lastenrollern, Omnibusaufbauten auch einen Ackerschleppertyp her.

FAMO Fahrzeug- und Motorenwerke GmbH, vorm. Maschinenbau Linke-Hofmann, Breslau, Grundstr. 12

1. 1935–1944 **FAMO Fahrzeug- und Motorenwerke GmbH, vorm. Maschinenbau Linke-Hofmann,** Breslau, Grundstr. 12
2. 1944–1945 **FAMO und Weltrad AG,** Schönebeck/Elbe
3. 1951–1958 **FAMO-Vertriebsgesellschaft mbH,** München 45, Buhlstr. 5–11 und München 40, Heßstr. 104a

Nachdem die Junkers-Flugzeugwerke in Dessau den Maschinenbaubereich der → Linke-Hofmann-Busch-Werke übernommen hatten, wurde die Raupenproduktion unter der Bezeichnung *FAMO Fahrzeug- und Motorenwerke GmbH* weitergeführt.

40/45-PS-FAMO Typ Boxer

Mit einem 100-PS-Sechszylindermotor kam die Großraupe „Riese“ im Jahre 1940 hinzu, die für Spezialzwecke gedacht war und hauptsächlich in den Export ging. Anfänglich erhielt dieses Modell auch die Bezeichnung „Junkers-Raupe“. Die Laufrollenkästen waren mit dem Motor-Getriebeblock fest verbunden. Dafür konnten die federnd angebrachten Laufrollen, die durch Schwingarme geführten vorderen Leiträder und eine zentral liegende Pufferfeder die Bodenunebenheiten abfangen. Der Motor konnte mit einem elektrischen Anlasser oder mit einem Benzin-Anlaßmotor in Gang gesetzt werden. Seilwinde, Zapfwelle und Riemenscheibe konnten auf Wunsch bei dem 8,5 t schweren Raupenschlepper angebracht werden.
Während des Krieges erhielt der Typ „Boxer“ einen vergrößerten Hubraum, um den Leistungsverlust durch die schwächere Verdichtung mit der Holzvergaseranlage ausgleichen zu können. Auch der Typ „Rübezahl“ wurde mit einer Generatoranlage auf sogenannte „heimische Treibstoffe“ umgestellt; die Verdichtung wurde ebenfalls herabgesetzt. Die an der Stirnseite angebrachten und weit überhängenden Einheitsholzvergaser gaben den FAMO-Raupen ein markantes Aussehen.
Neben den Raupenfahrzeugen begannen die FAMO-Werke sich mit dem Bau eines schweren Universal-Schleppers zu befassen, der den Dieselmotor der „Boxer“-Raupe erhielt. Der in Blockbauart ausgeführte, über 3 t schwere Schlepper besaß vorne eine Pendelachse, die durch ein querliegendes Federblatt gegen den Motorblock abgestützt wurde. Für den Acker-

FAMO-Boxer-Generatorraupe

betrieb wurde der Schlepper mit Eisen- oder Luftreifen ausgerüstet. Eine Benzin-Handanlaßvorrichtung erleichterte das Starten mit der Andrehkurbel. Als Verkehrsschlepper konnte er mit einem geschlossenen Fahrerhaus, einer elektrischen Starteinrichtung und einer Seilwinde versehen werden. Riemenscheibe und Zapfwelle waren bei beiden Versionen vorhanden.
Ab 1942 erhielten die Schlepper die gleiche Generatorgasanlage, die auch in die „Boxer"-Raupe eingebaut wurde.
Nach dem Schell-Plan sollte dieser Schlepper zusammen mit dem 45-PS-Hanomag-Schlepper Ausgangspunkt zur Entwicklung eines 45-PS-Einheitsschleppers werden, was sich dann allerdings zerschlagen hat.
Gegen Ende des Krieges sollte der Maschinenpark der FAMO-Werke nach Schönebeck a. d. Elbe verlagert werden. Ein Teil der liegengebliebenen Transportzüge wurde kurz nach Kriegsende nach Zwickau in die → Horch-Werke weitergeleitet, wo der Radschlepper als Typ „Pionier" weitergebaut wurde. In der Bundesrepublik wurde der Nachbau dieses Schleppers zwar mehrmals angekündigt, aber dann doch nicht ausgeführt.
Nachdem kurz nach Kriegsende die in Krefeld von dem letzten Direktor der FAMO-Werke gegründete *FAMO-Vertriebsgesellschaft* die Ersatzteilversorgung übernommen hatte, konnte ab 1951 der Nachbau der „Boxer"-Raupe durch die Rathgeber AG in München eingerichtet werden. Das gegenüber dem Originalmodell schwerere und im Laufwerk überarbeitete Fahrzeug erhielt wieder einen wassergekühlten Kämper-Motor, der 55 PS leistete. Ab

100-PS-FAMO Typ Riese *Rechts: FAMO-Stahlradschlepper*

1957 konnte wahlweise auch ein luftgekühlter 52-PS-MWM-Motor eingebaut werden. Die leichtere Version „G 36 1" bekam einen luftgekühlten 36-PS-MWM-Motor, die Version „G 36" wurde mit einem wassergekühlten 40-PS-Perkins-Motor versehen.

40/45-PS-FAMO-Ackerschlepper

Die Ankündigung, die „Rübezahl"-Raupe im Jahre 1957 wieder erscheinen zu lassen, wurde nicht mehr in die Tat umgesetzt.
Anzumerken bleibt noch, daß der Raupentyp „Rübezahl" in nahezu unveränderter Form sowie mit dem alten FAMO-Motor versehen für über ein Jahrzehnt auch von dem → VEB IFA Traktorenwerk Brandenburg in der DDR weitergebaut wurde.

Technische Daten der FAMO-Schlepper

Typ	SP	Z	PS	K	B × H	Hubr.	D	Gew.	Mot.
Boxer	1935	4	40/45	W	105 × 145	5019	1200	3500	
Boxer	1942	4	40	W	110 × 145	5500	1250		Generator
Rübezahl	1935	4	60/65	W	125 × 175	8585	1150	4700	
Rübezahl	1942	4	60	W	125 × 175	8585	1000		Generator
Riese	1940	6	100	W	120 × 180	12208	1150	8500	
Boxer	1951	4	52	W	100 × 142	4461	1500	4300	Kämper
Boxer	1957	4	55		105 × 120	4160	1500	4280	MWM
G 36-1	1951	4	36	L	98 × 120	3618	1500	3100	MWM
G 36	1951	4	40	W	108 × 121	4430	1500		Perkins
Rübezahl	1957	4	65	W					Versuchstyp
Radschlepper	1938	4	40/45	W	105 × 145	5019	1200	3220	
dto.	1942	4	40	W	110 × 145	5500	1250	3860	Generator

Faun-Werke, Kommunalfahrzeuge u. Lastkraftwagen Karl Schmidt, Nürnberg, Höfenerstr. 53; Werk Schnaitach, 1949–1952

Neben Lastkraftwagen, Kommunalfahrzeugen und schweren Zugmaschinen befaßten sich die Faun-Werke nach der Währungsreform auch mit der Konstruktion eines Ackerschleppers und zweier Raupentypen. Ein 25-PS-Zweizylindermotor von MWM stand unter der den Lkw-Modellen ähnlichen Motorhaube des Ackerschleppers vom Typ „AS 22". Das Fahrzeug war in einer stabilen Blockkonstruktion mit Riemenscheibe, Mähbalkenantrieb und Zapfwelle ausgeführt.
Der Kettenschlepper vom Typ „K 60", auch unter der Bezeichnung „Uranus", war ein Nachbau der „Mommendey"-Raupe der französischen Firma *La Licorne*. Ein luftgekühlter Vierzylinder-Deutz-Motor mit 60 PS kam zum Einbau. Später wurde die Raupe als Typ „FK 80" mit einem 75/80-PS-Sechszylinder-Deutz-Motor geliefert. Das gekapselte Laufwerk besaß sechs Rollen.
Die Produktion der Faun-Acker- und -Kettenschlepper blieb unbedeutend.

25-PS-Faun AS 22

Technische Daten der Faun-Schlepper

Typ	SP	Z	PS	K	B × H	Hubr.	D	Gew.	Mot.
AS 22	1949	2	25	W	100 × 150	2355	1500	1675	MWM
K 60 Uranus	1949	4	60	L	110 × 140	5320	1600	5000	Deutz
FK 80	1950	6	85	L	110 × 140	7980	1600		Deutz

X. Fendt u. Co., Maschinen- und Schlepperfabrik, Marktoberdorf, Johann-Georg-Fendt-Str. 4

1. 1928–1937 **Xaver Fendt u. Co., Werkzeugmaschinenfabrik,** Marktoberdorf, Jahnstr.
2. 1937–1954 **X. Fendt u. Co., Traktoren- und Werkzeugmaschinenfabrik,** Marktoberdorf, Weitfeldstr.
3. 1954–heute **X. Fendt u. Co., Maschinen- und Schlepperfabrik,** Marktoberdorf, Johann-Georg-Fendt-Str. 4

Hermann FENDT (1911), Mitinhaber des traditionsreichen metallverarbeitenden Handwerks- und Maschinenbaubetriebs Xaver FENDT in Marktoberdorf, hatte frühzeitig die Bedeutung des wirtschaftlichen Kleindieselschleppers für die Allgäuer Grünlandschaft erkannt. Nachdem erste Versuche im Jahre 1928 mit einem 4-PS-Benzin-Grasmäher die Nachteile des Vergasermotors gezeigt hatten, montierte Hermann Fendt 1929 einen 6-PS-Deutz-Dieselmotor mit beiderseitigen Riemenscheiben und einer Verdampferkühlung auf ein eisenbereiftes Kastenfahrgestell mit Pendelvorderachse. Die große Nachfrage und der gute Absatz dieses Fahrzeugs unter der Markenbezeichnung **„Dieselroß"** führten ab 1933 zur handwerklichen Serienproduktion. Die Motorleistung wurde 1932 auf 9, ab 1934 auf 12 PS angehoben. Eine gefederte Vorderachse und Vollgummi-, ab 1934 luftbereifte Räder erhöhten die Fahrzeuggeschwindigkeit auf der Straße.

Das Einzylinder-Dieselroß „F 18" mit einem liegenden 16-PS-Deutz-Motor stellte im Jahre 1937 ein völlig neues technisches Konzept eines Kleindieselschleppers dar. Zu der leicht bedienbaren Anbauvorrichtung für einen einscharigen Pflug kam ein von Hermann Fendt entwickeltes, fahrunabhängig angetriebenes und abnehmbares Mähwerk. Damit wurde das Prinzip der lastschaltbaren Zapfwelle eingeführt.

Das in Blockbauart mit einem Hilfsrahmen konstruierte Modell besaß eine ungefederte vordere Pendelachse sowie die Möglichkeit der Spurweitenänderung.

Fendt Grasmäher (1)

Fendt-Dieselroß (1)

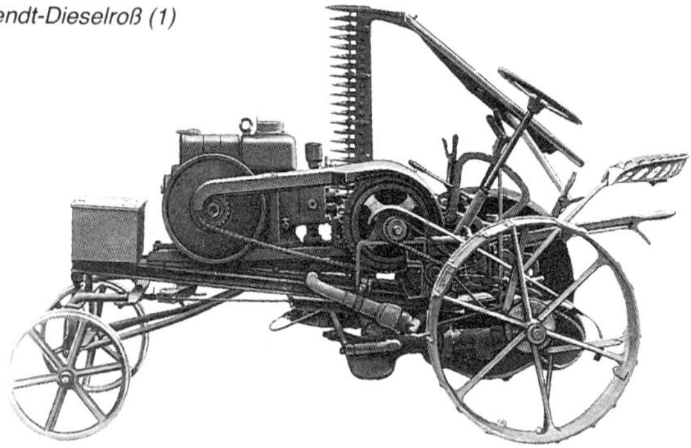

Im gleichen Jahr verließ der 1000. Fendt-Schlepper seit der Produktionsaufnahme das nun eingerichtete Montageband in Marktoberdorf.
Mit dem 22 PS starken „Dieselroß F 22“, das einen stehenden Zweizylindermotor mit einem geschlossenen Kühlsystem auf einem Hilfsrahmen besaß, stieg Fendt im Jahre 1938 in die Klasse der Universalschlepper ein. Mähwerk, Zapfwelle, Riemenscheibe und auf Wunsch eine Seilwinde gehörten zur Ausstattung des nun auch voll verkleideten Schleppers.
Das rüstungspolitische Typenbegrenzungsprogramm (Schell-Programm) des Jahres 1939 wies dem Unternehmen nur noch den Bau dieses Schleppertyps zu. Ab 1942 fertigte Fendt in Gemeinschaftsarbeit mit der Maschinenfabrik Fahr den Einheits-Holzgasschlepper „G 25“ mit dem großvolumi-

gen 25-PS-Deutz-Motor und dem Einheitsgenerator. Mit der kriegsbedingten Reduzierung des Personals auf 10 Prozent war die Jahresproduktion in den Kriegsjahren auf rund 270 Schlepper abgesunken.
Ausgangspunkt der Nachkriegsentwicklung war das bewährte „F 22" Modell, nunmehr mit 18 PS als Typ „F 18 H", der zunächst ohne Verkleidung geliefert wurde. Ein Kraftheber für Anbaugeräte konnte mittels einer Druckluftanlage betätigt werden. Hinzu kamen ein Einzylinder-Modell mit 15 PS und das Allrad-Modell „F 22 VZ" mit 25 PS Leistung.
Eine neue Generation von Dieselschleppern erschien 1952/53 in schlanker Bauform mit 12, 20, 28 und 40 PS Leistung, wobei wahlweise luft- oder wassergekühlte Motoren mit einem, zwei und drei Zylindern zum Einbau kamen. Durch den verlängerten Radstand konnten eine günstigere Gewichtsverteilung und eine erhöhte Standfestigkeit erzielt werden. Lieferant der Motoren für die Fendt-Schlepper sind seitdem fast ausschließlich die Motoren-Werke Mannheim (MWM).
Neu in das Programm wurde der überaus erfolgreiche Geräteträger „F 12 TL" aufgenommen. Zunächst kam ein luftgekühlter Einzylindermotor mit 12 PS, später auch ein Zweizylinder-19-PS-Motor zum Einbau. Ein vierkantiger

18-PS-Fendt-Dieselroß F 18 (1)

Fendt-Dieselroß F 18 mit Verkleidung

Zentralholm verband die Vorderachse mit dem Motor-Getriebeblock. Durch diese Konstruktion ergaben sich drei Anbauräume für Kultivierungsgeräte; eine kippbare Pritsche konnte aufmontiert werden. Der Fahrer konnte mit diesen Geräten verschiedene Arbeitsgänge durchführen und überwachen. Das Unternehmen bezeichnete daher dieses Geräteträgerkonzept lange auch als „Fendt-Einmannsystem".
Da der Ursprungs-Geräteträger aus dem 12-PS-„Dieselroß" entwickelt worden war, war es bis in die 60er Jahre auch möglich, einen entsprechenden Fendt-Ackerschlepper in diesen Geräteträger umzubauen.
Äußerst erfolgreich konnte das Familienunternehmen der Gebrüder Hermann und Xaver Fendt in den 50er und sogar in den 60er Jahren mit den Krisenerscheinungen für die Landmaschinenindustrie den Absatz der Schlepper und Geräteträger steigern. Nachdem 1955 der 50 000., 1962 der 100 000. Schlepper produziert worden war, verließ im Jahre 1965 das 150 000. Fahrzeug die Montagebänder in Marktoberdorf.
Ein erneuter Modellwechsel erfolgte 1958, äußerlich erkennbar an den in die Motorhaube integrierten Scheinwerfern. Ein Vielgang-Feinstufengetriebe, eine Hydraulik zum Heben der Anbaugeräte sowie eine Dreipunktaufhängung dienen seitdem der Arbeitserleichterung bei der Feldarbeit. Die Leistungsstufen gliederten sich in die Typenreihe „Fix" (Einzylinder mit 15 PS) für Kleinbetriebe, „Farmer" (Zweizylinder mit 18, 22, 24 und 28 PS) für Mittelbetriebe und „Favorit" (Dreizylinder mit 40 PS) für Großbetriebe sowie den Geräteträger „GT 19" und „GT 25" für landwirtschaftliche und kommunale Zwecke. Nach unten rundete zeitweilig noch ein 12-PS-Modell mit

einem ILO-Zweitakt-Dieselmotor das Programm ab, um auch Kleinstbauernhöfen zur Motorisierung zu verhelfen.
Im Jahre 1968 kam ein weiterer Modellwechsel, dessen äußeres Merkmal die kantige Motorhaube war. Der Typ „Farmer 3 S“ mit 48 PS erhielt als erster Fendt-Schlepper eine stufenlose, ölhydraulische Anfahrautomatik, Turbomatik genannt. Diese Automatik, angebracht zwischen Motor und Fahrzeugkupplung, ist auch heute ein wichtiges Element in der Fendt-Antriebstechnik. Im gleichen Jahr wurden die PS-Leistungen erneut erhöht.
In den bedeutenden Markt der Spezialtraktoren für die Wein-, Hopfen- und Obstbauwirtschaft stieg Fendt 1975 mit luftgekühlten, 42, 50 und 65 PS starken, allradgetriebenen Schmalspurschleppern ein.
Ein Jahr später wurden die leistungsstarken „Favorit“-Großtraktoren der Baureihe „600“ mit vollintegrierter Fahrerkabine und Sechszylindermotoren vorgestellt, die Leistungen von 85 bis 150 PS entwickelten.
Mit den „Farmer“-Traktoren der Baureihe „300“, die mit neugestalteten Motorhauben im Jahre 1980 erstmals vorgestellt wurden, ist der Erfolg des Unternehmens weiter ausgebaut worden. Die wesentlichen technischen Neuerungen sind das Vollsynchron-Feinstufengetriebe, Allradantrieb, Vierrad-Bremsanlage, vollintegrierte Kabine sowie Drei-, Vier- und Sechszylindermotoren, die teilweise mit moderner Turboladertechnik ausgestattet sind.
Im Jahre 1982 folgten die nun in der westlichen Schlepperproduktion

15-PS-Fendt F 15 H (2)

22-PS-Fendt F 22 VZ Allrad

20-PS-Fendt F 20 G

24-PS-Fendt F 24 L

konkurrenzlosen Geräteträger der Baureihe „GT 300" mit 45-, 60- und 80-PS-Antriebsaggregaten. 1984 ergänzten Allrad-Geräteträger mit 65- und 80-PS-Motoren dieses Traktorenprogramm. Die Fahrzeuge sind seitdem auch mit einer Fahrerkabine ausgestattet. Darüber hinaus wird der „Fendt 275 GT/KGT II" mit Traktorkabine, Ladefläche und Heckbagger für die Kommunalwirtschaft angeboten.
Die Großtraktoren-Generation der Bautypen „Favorit" der 80er Jahre verfügen unter anderen technischen Besonderheiten über die Turbomatik, Vollsynchrongetriebe, Scheibenbremsen und aufgeladene MAN-Motoren mit 211 („Favorit 622 LS") und 252 PS („Favorit 626 LS").
Im Stammwerk Marktoberdorf wurden bis 1970 sämtliche Fendt-Erzeugnisse wie Traktoren, Wohnwagen und Werkzeugmaschinen gefertigt. Die Wohnwagen-Abteilung lieferte Ende der 50er Jahre einen Großteil der Fernmelde- und Stabswagen für die Bundeswehr. Seit 1970 fertigt der Marktoberdorfer Betriebsteil nach der Auslagerung verschiedener Produkte die Mehrzweck- und Schmalspurschlepper der „Farmer"-Baureihen. Ein großzügig angelegtes Forschungszentrum dient hier der Qualitätssteigerung und der Neuentwicklung der Fendt-Erzeugnisse.

Das 1954 bis 1958 hinzugekaufte Werk 2, die Kemptener Maschinenfabrik GmbH (KMF), stellt die Hydraulikanlagen für Traktoren und für die hier gefertigten Fendt-Gabelstapler her. Die Fertigung von Kettelmaschinen für die Textilindustrie ergänzt die Aktivitäten des Fendt-Unternehmens in Kempten. Bis 1981 bestand in diesem Werk der aufgegebene Maschinenbaubereich für Gelenkspindel-, Dreh- und Bohrautomaten.
Das im Jahre 1971 eingerichtete Werk 3 in Asbach-Bäumenheim bei Donauwörth, einst das Landmaschinenwerk Lely Dechentreiter (→ Dechentreiter), ist für die Produktion von Großtraktoren, der Geräteträger, der Kommunalfahrzeuge und der Fendt-Wohnwagen zuständig. Von 1971 bis 1984 wurde hier das Universal-Transport-, Ernte- und Kommunalfahrzeug „Agrobil S" gefertigt. Auch Pistenraupen auf der Basis der Großtraktoren kamen aus dem Werk Asbach-Bäumenheim.
Der von Dr. Ing. E. h. Hermann Fendt und seinem Bruder Xaver Fendt bis 1981 geleitete Privatbetrieb mit ca. 4000 Mitarbeitern – inzwischen sind die Brüder noch im Beirat des Unternehmens tätig – konnte Anfang der 60er Jahre mit einem Marktanteil von 9 Prozent die Krise in der Landmaschinenindustrie glücklicherweise überstehen.
Mit einer ausgewogenen Modellpalette, leistungsstarken, überwiegend genossenschaftlich organisierten Vertriebspartnern, modernsten Ferti-

10/12-PS-Fendt Typ Fix

40-PS-Fendt Typ Favorit 1 (1)

gungs- und Montageeinrichtungen sowie intensiven Forschungs- und Entwicklungsarbeiten konnte Fendt erstmals im Jahre 1985 mit einem Marktanteil von 18,4 Prozent die erste Position auf dem Traktorenmarkt in der Bundesrepublik Deutschland belegen. Durch die Erfolge auf den Auslandsmärkten konnte gleichzeitig die Exportquote auf 50 Prozent gesteigert

14-PS-Fendt Typ Fix

50-PS-Fendt Farmer 103 S (1)

57-PS-Fendt Farmer 203 V

werden. In diesem Zusammenhang ist zu erwähnen, daß Fendt von 1960 bis 1969 in Sao Paulo/Brasilien ein Montagewerk betrieb, das vorwiegend Teile aus südamerikanischer Fertigung verwendete.
Fendt ist mit einer Jahres-Traktorenproduktion von 13000 bis 15000 Einheiten in den letzten 5 Jahren einer der führenden Traktorenhersteller geworden. Vom ersten Benzingrasmäher im Jahre 1928 bis heute sind ca. 500000 Fendt-Traktoren gefertigt worden, darunter rund 50000 Geräteträger.

Technische Daten der Fendt-Schlepper

Typ	SP	Z	PS	K	B × H	Hubr.	D	Gew.	Mot.
Grasmäher	1928	1	4						Vergaser
Dieselroß	1929	1	6	V					Deutz, Diesel
Dieselroß	1932	1	9						
Dieselroß	1934	1	12						
Dieselroß	1937	1	16	V	100 × 140	1099	1400	1500	Deutz
F 18	1938	1	16/18	V	120 × 160	1808	1400		Deutz
F 22	1938	2	20/22	W	100 × 140	2198	1500		Deutz
G 25	1942	2	25	W	150 × 130	4592	1550		Deutz, Generator
F 18	1948	1	16	V	120 × 160	1808	850		Deutz
F 15	1949	1	14/15	W	100 × 150	1177	1600	1300	MWM
F 18	1949	1	18	W	120 × 160	1808	1400	1500	Deutz
F 22 VZ	1949	2	22/24	W	100 × 150	2345	1500	1555	Deutz, Allrad
F 25	1949	2	25	W	100 × 150	2345	1500	1785	MWM
F 14	1950	1	14	W	100 × 150	1177	1600	1300	MWM
F 12	1952	1	12	W	95 × 120	850	2000		MWM
F 15 GL	1952	1	15	W	85 × 110	1250	2000	1350	MWM
F 20 G	1952	1	20	W	112 × 150	1480	1600	1335	MWM
F 24 L	1953	2	24	L	98 × 120	1810	2000		MWM
F 28 P	1953	2	28	W	100 × 150	2356	1500	1600	MWM
F 40 U	1953	3	40	W	100 × 150	3534	1500	2170	MWM
FL 114	1953	1	10	L	90 × 104	660	2000		MWM
F 12	1953	1	12	L	98 × 120	905	2000	1100	MWM
F 12 GH	1954	1	12	W	95 × 120	850	2000	1100	MMW
FL 114	1955	1	12	L	90 × 104	660	1970	790	ILO
FL 236	1955	3	36	L	98 × 120	2715	2000		MWM
F 12 HL	1957	1	12	L	98 × 120	905	2000	1150	MWM
F 12 GH	1957	1	12	W	95 × 120	850	2000	1100	MWM
F 17 L	1957	2	17	L	90 × 110	1400	1980	1280	MWM
F 17 W	1957	2	17	W	85 × 110	1250	1980	1280	MWM
FL 236	1957	2	20	L	90 × 110	1400	2200	1280	MWM
F 24 L	1957	2	24	L	98 × 120	1810	1980	1380	MWM

180-PS-Fendt Favorit 615 LSA (1)

Technische Daten der Fendt-Schlepper

Typ	SP	Z	PS	K	B × H	Hubr.	D	Gew.	Mot.
F 24 W	1957	2	24	W	95 × 120	1700	1980	1400	MWM
F 28 P	1957	2	28	W	100 × 150	2356	1500	1820	MWM
FW 234 U	1957	2	28	W	100 × 120	2080	1500	1980	MWM
F 40 U 1	1957	3	40	W	100 × 150	3534	1500	2600	MWM
Fix W/ FW 116	1958	1	15	W	105 × 120	1040	2000	1210	f. alle Modelle MWM
Fix 1 L	1959	1	14	L	105 × 120	1040	2000	1210	
Fix 2	1959	2	18	W	85 × 110	1250	2000	1290	
Fix 2 L	1959	2	19	L	90 × 110	1400	2000	1290	
Farmer	1959	2	24	L	98 × 120	1810	2000	1455	Schmalspur 1360 kg
Farmer 1 W	1959	2	25	W	95 × 120	1700	2200	1455	
Farmer 2	1959	3	34	W	90 × 105	2230	2600		
Favorit 1	1959	3	40	W	105 × 120	3120	2100	2455	
Favorit 2	1959	3	46	W	105 × 120	3120	2100		
Farmer	1962	2	28	L	105 × 120	2080	2200		
Favorit 2	1962	3	48	W	105 × 120	3120	2200		
Favorit 3	1962	3	52	W	105 × 120	3120	2300		
Farmer 3 S	1964	3	45	W	105 × 120	3120	2200		

78-PS-Fendt F 275 GT II (1)

Technische Daten der Fendt-Schlepper

Typ	SP	Z	PS	K	B × H	Hubr.	D	Gew.	Mot.
Favorit	1964	4	80	L	105 × 120	4160	2200		Allrad
Fix 2	1967	2	20	L	95 × 105	1488	2000	1290	
Farmer 1 Z	1967	2	28	L	95 × 120	1700	2100	1545	
Farmer 2 D	1967	3	32	W	105 × 120	2080	2100	1735	
Farmer 2 D	1967	3	38	W	95 × 120	2550	2600	1875	
Farmer 3 S	1967	4	45	W	95 × 120	3400	2075	2345	auch Allrad
Farmer 3	1967	4	55	W	95 × 120	3400	2300	2615	auch Allrad
Favorit 3 S	1967	4	62/65	W	95 × 120	3400	2400	2790	auch Allrad
Favorit 4 S	1967	6	90	W	95 × 120	5100	2300	3955	auch Allrad
Farmer S	1968	4	48	W	105 × 120	3120	2000	3870	Turbomatic
Fix 2 E	1968	2	22	L	95 × 120	1700	2050	1610	
Farmer 1 E	1968	2	30	L	95 × 120	1700	2275	1610	
Farmer 1 DE	1968	3	35	W	95 × 105	2233	2100	1910	
Farmer 2 E	1968	3	40	W	95 × 105	2233	2600	1950	
Farmer 2 S	1968	3	42	W	95 × 105	2233	2480	2225	
Farmer 3 S	1968	4	48	W	95 × 105	3400	2125	2455	auch Allrad
dto. 200 S	1972	3	35	L	100 × 120	2826	2000	1910	Deutz
dto. 104 S	1972	3	54	W	105 × 120	3116	2300	2480	

60-PS-Fendt F 360 GT (1)

Technische Daten der Fendt-Schlepper

Typ	SP	Z	PS	K	B × H	Hubr.	D	Gew.	Mot.
dto. 105 S	1972	4	60	W	105 × 120	4154	2175	2870	
dto. 106 S	1972	4	65	W	105 × 120	4154	2175	3055	auch Allrad
dto. 108 S	1972	4	75	W	105 × 120	4154	2300	3160	auch Allrad
Favorit 610 S	1972	6	85	W	95 × 120	5100	2300	4060	auch Allrad
dto. 611 S	1972	6	105	W	105 × 120	6230	2350	4090	
dto. 612 S	1972	6	120	W	105 × 120	6230	2400	4090	
Farmer 102 S	1975	3	45	L	95 × 120	2175	2200		Schmalspur
Farmer	1975	3	50	W	105 × 120	3116	2200		
dto. 103 S	1975	3	50	L	100 × 120	2826	2300		
dto. 104 S	1975	4	55	W	105 × 120	4154	2175		
dto. 102 S	1976	3	40	W	100 × 120	2826	2100		
Favorit 610 S	1976	6	90	W	95 × 120	5100	2350		
dto. 612 S	1976	6	121	W	105 × 120	6230	2400		
Favorit 614	1976	6	135	W	105 × 120	6230	2350		Turbo
Favorit 615	1976	6	150	W	105 × 120	6230	2400		Turbo
dto. 622 LS	1980	6	211	W	128 × 155	11960	2200		MAN-Turbo

80-PS-Fendt Agrobil S (1)

Technische Daten der Fendt-Schlepper

Typ	SP	Z	PS	K	B × H	Hubr.	D	Gew.	Mot.
dto. 626 LS	1980	6	252	W	128 × 155	11960	2200		MAN-Turbo + Ladeluftkühlung
Farmer 200 S	1982	3	38	L	100 × 120	2826	2000	1965	Schmalspur
dto. 201 S	1982	3	45	L	100 × 120	2826	2000	2015	Schmalspur
dto. 200 V	1982	3	48	L	100 × 120	2826	2000	1695	Schmalspur
dto. 203 V	1982	3	57	L	100 × 120	2826	2300	1715	Schmalspur
dto. 204 V	1982	4	65	L	100 × 120	3768	2150	2050	Schmalspur
dto. 205 P	1982	4	72	L	100 × 120	3768	2300	2150	Schmalspur
dto. 102 S	1982	3	48	W	105 × 120	3116	2175	2485	
dto. 103 S	1982	3	56	W	105 × 120	3116	2300	2505	
dto. 304 LS	1982	3	58	W	105 × 120	3116	2350	2896	
dto. 305 LS	1982	4	62	W	105 × 120	4154	2175	3180	
dto. 306 LS	1982	4	70	W	105 × 120	4154	2200	3495	
dto. 308 LS	1982	4	78	W	105 × 120	4154	2350	3625	
dto. 309 LS	1982	4	86	W	105 × 120	4154	2350	3765	Turbo
dto. 310 LSA	1982	6	92	W	95 × 120	5100	2400	5100	

Technische Daten der Fendt-Schlepper

Typ	SP	Z	PS	K	B × H	Hubr.	D	Gew.	Mot.
dto. 311 LSA	1982	6	100	W	105 × 120	6230	2300		
Favorit 611 LSA	1982	6	115	W	105 × 120	6230	2300		Turbo
dto. 614 LSA	1982	6	155	W	105 × 120	6230	2300		Turbo + Ladeluftkühlung
Favorit 615 SA	1982	6	180	W	128 × 155	11960	2200		MAN-Turbo
Geräte-träger									
F 12 TL	1952	1	12	L	98 × 120	905	2000	1200	
F 220 GT	1958	2	19	L	90 × 110	1400	2000	1260	
GT 25	1961	2	25	L	105 × 120	2008	2000		
GT 30	1964	2	30	L	105 × 120	2008	2200		
GT 231 GT	1967	3	32	L	95 × 105	2232	1950	1610	
GT 231 GT	1968	3	36	L	95 × 105	2232	1950	1835	
F 231 GT	1972	3	35	L	95 × 105	2232	2050	1950	
F 250 GT	1972	3	45	W	95 × 120	2550	2300	2350	
Kompakt GT	1978	3	55	L	100 × 125	2826	2500	3275	
Kompakt GT	1978	4	70	L	95 × 120	3400	2500		
F 231 GT	1980	3	35	L	100 × 125	2826	2050	1950	
F 255 GT	1980	3	55	L	100 × 125	2826	2500	3275	
F 275 GT II	1980	4	78	L	100 × 125	4084	2400	3705	
F 360 GT	1982	4	60	W	105 × 120	4154	2150		
F 365 GT	1982	4	65	L	100 × 120	3768	2150		Allrad
F 380 GT	1982	4	80	W	105 × 120	4154	2300		auch Allrad
Allzweck-fahrzeug Agrobil S	1971	4	80	L	100 × 120	3768	2800	4300	Deutz

Fey-Werke, Maschinenfabrik GmbH, Landshut/Bayern, 1925

Eine vierrädrige, 1,8 t schwere Bodenfräse stellte dieses Werk mit einem 24-PS-Motor für ganz kurze Zeit her. Anschließend spezialisierte sich das Unternehmen auf leichte Bodenfräsen der Marke „Fey-Gobiet" mit 5-PS-Motoren. Dieser Frästyp wurde bis in die 50er Jahre (schließlich bei der Pflugfabrik Gebr. Eberhard in Ulm) gefertigt.

Technische Daten der Flader-Schlepper

Typ	SP	Z	PS	K	B × H	Hubr.	D	Gew.	Mot.
Flader	1920	2	22	W	90 × 140	1780	750	1700	Kämper

E. C. Flader, Jöhstadt in Sachsen, 1920–1929

Die 1860 gegründete Landmaschinen- und spätere Feuerlöschgerätefabrik baute nach dem Patent KAUFFMANN einen 1,7 t schweren, kombinierbaren Trag- und Schleppflug. Das dreischarige Modell von kurzer Bauart besaß zwei Treibräder und ein in der linken Vorderradspur laufendes Stütz- und Lenkrad. Der Fahrersitz und die Anbauvorrichtung für verschiedene Bodenbearbeitungsgeräte befanden sich zwischen den Achsen. Ein 22-PS-Kämper-Zweizylindermotor, der quer zur Längsachse des Fahrzeugs saß, kam zum Einbau. Der Firmeninhaber Hans Hugo FLADER verkaufte 1926 sein Unternehmen an den Industriellen Jörgen Skafte Rasmussen, der es seinen DKW-Werken eingliederte.

22-PS-Flader-Tragpflug

40-PS-Freund-Motorpflug

Th. Flöther, Maschinenbau-AG, Gassen/Niederlausitz, 1912–1914

Die 1860 von dem Schmiedemeister Theodor FLÖTHER gegründete Landmaschinenfabrik nahm neben dem Bau von Dampfpflügen und Ackergeräten vorübergehend auch den Bau von Motorpflügen und Zugmaschinen auf. 1924 wurde das Unternehmen von der großen *Landmaschinenfabrik H. F. Eckert AG* in Berlin übernommen.

Berliner AG f. Eisengießerei und Maschinenfabrik, früher J. C. Freund u. Co., Berlin-Charlottenburg, Franklinstr. 6, 1918–1923

Die 1815 gegründete und durch die Konstruktion der ersten Dampfmaschine in Berlin durch Georg Christian FREUND bekannt gewordene Maschinenfabrik nahm gegen Ende des Ersten Weltkrieges auch den Bau von Tragpflügen auf. Ein Rittmeister RENNHOF konstruierte den Motorpflug mit einem Antriebsrad und einem Adler-Vierzylindermotor mit 40 PS unter der Markenbezeichnung „Freund". Der Fahrer saß seitlich neben dem Hinterrad. Über der Vorderachse konnten rechts und links über Ausleger dreischarige Pfluggestelle ausgeklappt werden, die über ein Schraubengewinde in der Höhe verstellbar waren. Das Hinterrad lief dann genau zwischen den aufgeworfenen Furchen. Ein größerer Verkaufserfolg stellte sich jedoch nicht ein.

Technische Daten der Freund-Schlepper

Typ	SP	Z	PS	K	B × H	Hubr.	D	Gew.	Mot.
Freund	1918	4	40	W	114 × 160	6500	800	4400	Adler

1925 mußte die traditionsreiche Maschinenfabrik aus wirtschaftlichen Gründen aufgelöst werden. Die Technische Hochschule und das Tel-Halaf-Museum zogen in die Werkshallen ein.

Funke u. Hueck, 1938

Mit einem Junkers-Einzylinder-Dieselmotor von 12,5 PS brachte dieses Unternehmen einen 2 t schweren Vierradschlepper heraus.

Technische Daten der Funke & Hueck-Schlepper

Typ	SP	Z	PS	K	B × H	Hubr.	D	Gew.	Mot.
	1938	1	12,5	V	95 × 90/120	696	1200	2000	Junkers-Gegenk.

G

Gast-Motorpflugbau GmbH, Berlin, Baumschulenweg, 1911–1918

In einer kleinen Automobilreparaturwerkstatt stellte diese Firma einen primitiven Motorpflug mit offenliegendem Ketten- und Getriebekasten her. Ein Pflugkörper war gelenkig an das Dreiradfahrzeug mit zwei überdimensionalen vorderen Antriebsrädern angebaut. Das mit einem schnellaufenden 52-PS-Automobilmotor ausgerüstete Fahrzeug erhielt aufgrund der filigranen Speichenräder und des freiliegenden Kettenantriebs die Bezeichnung „Spinne". Bis in die Kriegszeit stellte die Firma noch einscharige Tragpflüge der Marke „Star" mit Zweizylinder-12-PS-Motoren her.

Gebr. Godfrin, Mühlen bei Metz, 1917

Die Söhne des Bürgermeisters in Mühlen bei Metz stellten 1917 einen selbst gefertigten, unkonventionellen Tragpflug her. Entgegen den üblichen Konstruktionsprinzipien besaß dieser kleine Tragpflug vorne zwei kleine Vorderräder und hinten ein großes Treibrad, so daß das Differential eingespart werden konnte. Die ungünstige Belastung der Maschine führte im Pflugbetrieb jedoch zu Lenkungsschwierigkeiten und Stabilitätsproblemen, so daß die beiden Brüder nach einigen Prototypen von der Weiterentwicklung absahen.

Gast-Motorpflug Typ Spinne

Gast-Motorhandpflug Typ Star

Zweischariger Gast-Pflug Typ Star

Gothaer Waggonfabrik AG, Gotha, Kindlebenerstr. 77; **Zweigniederlassung Dixi-Werke,** Eisenach, Rennbahn, 1920–1925

Zum Programm der Gothaer Waggonfabrik gehörten neben den Dixi-Personen- und Lastkraftwagen auch Rohölmotoren, Motorspritzen, Anhänger und Motorpflüge, die die Produktionsanlagen nach dem Rückgang der Reichsbahnaufträge auslasten sollten. Auf einem rechtschenkeligen Rahmen waren das Antriebsaggregat mit der Treibachse, das Hinterrad und die drei mechanisch verstellbaren Pflugschare angebracht. Die Pflüge wurden mit eigenen Benzol- und Rohölmotoren oder mit dem BMW-„Bayern-Motor" mit einer Leistung von 55 PS ausgestattet. Nur wenige „Gotha"-Tragpflüge scheinen gebaut worden zu sein.

Wilhelm Grams, Sydowwiese, 1925–1938

Wilhelm GRAMS befaßte sich jahrelang mit der Konstruktion von Universalschleppern. Erstmals trat er 1925 mit einer noch unfertig wirkenden Radschlepperkonstruktion mit angebauter Fräse an die Öffentlichkeit. Der 3190 kg schwere Schlepper sollte von einem 17 PS starken Benzolmotor bewegt werden.
Ein außergewöhnliches und vielbeachtetes Modell war dann die 1934 herausgebrachte „Lastkraftbodenfräse", die zum Schleppen, Fräsen,

Grams Universalkraftschlepper

Mähen und Transportieren eingesetzt werden konnte. Auch eine Beregnungspumpe gehörte zur Grundausstattung des Fahrzeugs. Ein großes Gitterwerk schützte die weit vorne angebrachten Sitze. Ein hinten liegender Dieselmotor trieb das in Rahmenbauweise ausgeführte Fahrzeug an. Vier gleichgroße Räder waren vorhanden, von denen die hinteren pendelnd angebracht waren. Zu einer Serienproduktion ist es jedoch nicht gekommen.

Mitteldeutsche Schlepperwerke, Maschinenfabrik u. Eisengießerei Johann Grebestein KG, Eschwege, Niederhonerstr. 46b, 1927–1931

Grebestein stellte einige Prototypen eines 3,15 t schweren, langgestreckten Dieselschleppers für Straßentransport- und Landwirtschaftszwecke her. Mit einem Vierzylinder-30/33-PS-Motor erreichte das Fahrzeug 15 km/h. Auch mit einem Zweitakt-Dieselmotor wurde experimentiert. Eine Riemenscheibe war vorhanden.

Technische Daten der Grebestein-Schlepper

Typ	SP	Z	PS	K	B × H	Hubr.	D	Gew.	Mot.
	1927	4	30/33	W	135 × 200	11445	800	3150	Deutz
	1930	2	24	W	65 × 90/120	1392	1200		Junkers-Gegenk.

Gruse, 1950

Einen nur 270 kg schweren Schlepper, der angeblich als ein Vielfachgerät dienen sollte, bot dieses unbekannt gebliebene Unternehmen an.

Gesellschaft für Linde's Eismaschinen AG, Zweigniederlassung Güldner Motoren-Werke AG, Aschaffenburg, Schweinheimerstr. 34

1. 1936–1965 **Gesellschaft für Linde's Eismaschinen AG, Zweigniederlassung Güldner Motoren-Werke AG,** Aschaffenburg, Schweinheimerstr. 34
2. 1965–1969 **Gesellschaft für Linde's Eisenmaschinen AG, Werksgruppe Güldner-Motoren-Werke AG**

Im Jahre 1904 gründeten Dr. Hugo GÜLDNER (1866–1926) und Prof. Carl v. LINDE (1842–1934), der Lehrer Rudolf Diesels, in München die *Güldner*

16/18-PS-Güldner

Güldner-Generatorschlepper AZ 25

Motoren-Gesellschaft, Motorenfabrik und Eisengießerei zur Erzeugung von Gasmotoren und Gasgeneratoren. 1906 wurde das Unternehmen nach Aschaffenburg verlegt. Rohölmotoren und seit 1908 Kleindieselmotoren kamen immer mehr in den Vordergrund des Produktionsbereiches.
Nach dem erfolglosen Versuch, 1925 einen „Hochleistungskrafttraktor" herzustellen, über den keine technischen Einzelheiten erhalten sind, wandte sich die Firma im Jahre 1936 erneut dem Bau eines modernen Traktors zu.

Das Ergebnis war ein zweizylindriger, 20 PS starker Schlepper, zu dem die Firma selbstbewußt betonte, alle wesentlichen Teile würden selbst hergestellt. Ein Serienbau wurde bei Güldner jedoch nicht aufgenommen, dafür aber stellte die Firma Deuliewag dieses Modell als „Deuliewag-Güldner-Einheitstyp DA 20“ her.
Im Rahmen der durch das Schell-Programm vorgesehenen Zusammenarbeit mit der Firma → Deuliwag entwarf Güldner zu Beginn der Kriegszeit einen Generatorschlepper, der bei beiden Firmen unter der Bezeichnung „AZ 25“ gefertigt wurde. Motor, Generator und Getriebe bildeten ein selbsttragendes Element. Zapfwelle, Riemenscheibe und auf Wunsch Mähwerk, Seilwinde oder Spill waren vorhanden.
Nach Behebung der schweren Kriegszerstörungen stellte Güldner im Jahre 1949 ein Schlepperangebot mit 16, 28 und 30 PS starken Traktoren vor.
1953 ersetzte der Zweizylinder-Tragschlepper „AF 15“ mit einem 15-PS-Motor das 16-PS-Modell. Durch den großen Achsabstand sowie durch die hohe Bauchfreiheit eignete er sich zum Zwischenachseinbau von Geräten. Dieser kleine Typ war mit Pendelachse, Riemenscheibe, Zapfwelle und Mähwerk ausgestattet.
Einen Geräteträger vom Typ „Multitrak“ entwickelte das Unternehmen ab 1954 zusammen mit den Firmen → Fahr und → Ritscher. Dieser Spezialtyp erhielt verstellbare Spurweiten sowie einen zusammenschiebbaren Rah-

17-PS-Güldner ADN 16

20-PS-Güldner Typ Tessin (1) ▲ ▼ *15-PS-Güldner Typ Spessart (1)*

men, so daß der Geräteträger auf die Durchschnittslänge eines Schleppers verkürzt werden konnte.
Ein eigener, luftgekühlter Dieselmotor kam hier erstmals zum Einbau. Auch die inzwischen herausgekommenen verschiedenen Ein- und Zweizylinder-Schlepper mit Leistung bis 25 PS konnten nach und nach mit luftgekühlten Motoren ausgestattet werden. Das Schwungrad diente bei diesen Maschinen gleichzeitig als Gebläseeinrichtung.
Da die eigene Motorenbaureihe nicht mehr bis in die 30-PS-Klasse ging,

wurde 1956/57 ein 30 PS starker wassergekühlter Dreizylinder-Perkins-Motor in den Schlepper „A 3 P“ eingebaut.
Mit der Europa-Baureihe, die auch von Fahr mit einigen abgeänderten Blechteilen gebaut wurde, stellte das Unternehmen ab 1959 eine neue Schleppergeneration vor. Der Typ „Spessart“ sowie der Typ „Tessin“ konnten mit luft- oder wassergekühlten Zweizylinder-20-PS-Motoren geliefert werden. Der mittlere Schlepper „Burgund“ erhielt einen luftgekühlten 25-PS-Motor; der Typ „Toledo“ wurde mit einem wassergekühlten Vierzylinder-Daimler-Benz-Motor fabriziert. Gleichzeitig mit der Vorstellung dieser Schlepperbaureihe nahm Güldner das neue Montagewerk in Aschaffenburg-Nilkheim in Betrieb.
Im Jahre 1962 trennte sich Güldner von der Zusammenarbeit mit der Landmaschinenfabrik Fahr, die den Ackerschlepperbau einstellte. Das nun eigene Programm erweiterte das Unternehmen nach oben. Der „Toledo“ erhielt einen 38-PS-Motor; hinzu kam der 48 PS starke „Gotland“, der nur noch in geringen Stückzahlen gefertigt wurde. Beide großen Typen waren jetzt mit luftgekühlten Motoren versehen und besaßen einen Allradantrieb.
Schließlich erhöhte Güldner 1963 die Motorleistungen seiner Schlepper noch einmal, so daß jetzt Fahrzeuge mit 25, 30, 40 und 50 PS zur Verfügung standen.
Nachdem das Schleppergeschäft in den 60er Jahren stark zurückgegangen war, der Partner Fahr schon seit 1962 sowie auch verschiedene Abnehmer

50-PS-Güldner G 50

der Güldner-Motoren ausgefallen waren, stellte das Aschaffenburger Unternehmen im Jahre 1969 die Produktion der Schlepper und Dieselmotoren sowie die Fertigung des mit einem hydrostatischen Getriebe ausgestatteten Transportwagens „Hydrocar“ ein. Hydraulikanlagen und Gabelstabler werden seit diesem Zeitpunkt in dem inzwischen als Linde AG, Werksgruppe Güldner, Aschaffenburg, bezeichneten Unternehmen gefertigt.

Technische Daten der Güldner-Schlepper

Typ	SP	Z	PS	K	B × H	Hubr.	D	Gew.	Mot.
Güldner	1937	2	28/30	W	105 × 150	2570	1500		Versuchstyp
Güldner	1937	2	25	W	115 × 150	1547	1550		Güldner-Deulie-wag-Einheits-typ
AZ 25	1942	2	25	W	150 × 130	4592	1550		Güldner-Deutz, Gasmotor
AF 15	1948	1	16	V	105 × 150	1300	1800	1725	
A 28	1948	2	28	W	105 × 150	2600	1500	1825	
AF 30	1948	2	30	W	105 × 150	2600	1800	1960	
ADA 22	1949	2	22	W	95 × 115	1629	2000		
AZK 12	1949	2	12	W	75 × 100	886	2000		
ADN 16	1950	1	17	W	85 × 115	652	1750		
ALB 22	1951	2	22	W	95 × 115	1620	1800		
A 20	1952	2	20	W	85 × 115	1305	2000	1370	
ADN 15	1952	2	15	W	85 × 115	1305	1800	1225	
AFN	1952	2	17	W	105 × 140	2425	1800		
ADA	1953	2	22	W	95 × 115	1620	1800		
	1954	2	25	W	95 × 130	1840	1800		
D 90/AZK	1955	2	12	L	75 × 100	886	2000	1050	
ABN	1955	2	25	W	95 × 130	1840	1800	1420	
DX	1956	1	11	L	90 × 100	636	2500	790	
ADN 17	1956	2	17	W	85 × 115	1305	1800	1100	
ALB	1956	2	22	L	95 × 130	1840	1800	1400	
ABL		2	24	L	95 × 130	1840	2000	1420	
ADK		2	15	W	85 × 115	1305	1800	1100	
ADN 18		2	18	W	85 × 115	1305	2000		
AB		2	25	W	95 × 130	1840	1800	1460	
A3P		3	32	W	89 × 127	2369	2000	1750	Perkins-Motor
AZK	1959	2	15	L	75 × 100	886	2475	865	Typ Spessart, Allr.
A2D		2	20	W	85 × 115	1305	2200	1360	Typ Tessin
A2DL		2	20	L	85 × 115	1305	2200	1365	Typ Tessin
A3K		3	25	L	80 × 100	1500	2600	1350	Typ Burgund
A4MS		4	34	W	75 × 100	1767	3000	1650	Typ Toledo, DB-Motor

Güldner Multitrak ABN

Technische Daten der Güldner-Schlepper

Typ	SP	Z	PS	K	B × H	Hubr.	D	Gew.	Mot.
ALK	1960	2	12	L	75 × 100	886	2500		Tragschlepper
Toledo	1962	4	38	L	100 × 100	3140	2200		
Gotland	1962	4	48	L	100 × 100	3140	2500		
G 25	1963	2	25	L	80 × 100	1500	2600		
G 30	1963	3	30	L	100 × 100	2360	1500		
G 40	1963	3	40	L	100 × 100	2360	2000	2080	auch Allrad
G 50	1963	4	50	L	100 × 100	4710	2000	2570	auch Allrad
G 15	1967	2	15	L	75 × 100	886	2475	1090	
G 25	1967	2	25	L	100 × 100	1570	2300	1750	
G 35	1967	3	35	L	100 × 100	2360	2100	1895	auch Allrad
G 45	1967	4	45	L	100 × 100	3140	2000	2095	auch Allrad
G 75	1967	6	70	L	100 × 100	4710	2000	3000	
G 75 A	1967	6	75	L	100 × 100	4710	2200	3380	Allrad
Multitrak	1954	2	17	L	85 × 115	1305	2000	1280	
ADA	1954	2	22	W	95 × 115	1620	1800		
D90 AZK	1955	1	12	L	75 × 100	886	2000	1050	
ABN	1955	2	25	L	95 × 130	1840	1800	1420	

30-PS-Rohölschlepper Centauer

Vereinigte Maschinenfabriken Gumbinnen, Gumbinnen, 1919–1925

Unter der Marke „Centaur" fertigte diese ostpreußische Firma einen 30-PS-Rohöl-Motorpflug.

Gutbrod-Werke GmbH, Bübingen bei Saarbrücken
1. 1946–1951 **Motostandard GmbH,** Bübingen bei Saarbrücken
2. 1959–heute **Gutbrod-Werke GmbH,** Bübingen bei Saarbrücken

1926 gründete der Maschinenbauingenieur Wilhelm GUTBROD in Ludwigsburg die Standard-Fahrzeug-Fabrik GmbH. Im Laufe der Zeit machten Motorräder der Marke „Standard", Kleinlastwagen der Marke „Atlas", Personenwagen der Marke „Superior" und schließlich auch Traktoren unter den Namen „Farmax, Farmax-Standard und Gutbrod" das Unternehmen bekannt.
Nach der demontagebedingten Verlagerung der Firma von Ludwigsburg und Plochingen nach Bübingen entwickelte Gutbrod neben Motormähern und Motorhacken als originelle Neuschöpfung auf dem deutschen Schleppermarkt die „Farmax-Ackerbaumaschine". Das ungewöhnlich konstruierte Fahrzeug besaß ähnlich dem Primus-„Packesel" hinten das Antriebsaggregat und den Fahrersitz sowie eine Ladepritsche über dem vorderen Fahrzeugrahmen. Zur Beobachtung der Zwischenachsenbaugeräte ließen sie die Bodenbretter der Pritsche herausnehmen. Ein einachsiger, hebbarer Pflug und ein Mähbalken waren am Fahrzeugrahmen angebracht. Das Fahrzeug besaß vorne Pkw-, hinten dagegen Traktoren-Räder. Durch Lenkbremsen auf der Hinterachse konnte der Schlepper mit einem Wendekreis von nur 2 Metern nahezu auf der Stelle drehen. Zwei Motoren standen zur Auswahl. Der „Farmax 140" besaß den Gutbrod-Zweizylinder-Zweitaktmotor

mit 12 PS, der auch in den Kleinlastwagen „Atlas 800“ eingebaut wurde. Der „Farmax 10 D“ war mit einem Farny und Weidmann-Einzylinder-Dieselmotor mit 10 PS bestückt. Die Nutzlast des „Farmax“ lag bei einer Tonne.
Gleichzeitig konstruierte das Unternehmen einen leichten und einen (gleichgestalteten) mittleren Ackerschlepper mit der gemeinsamen Bezeichnung „Farmax-Standard“. Zwei- und Dreizylinder-Deutz-Motoren mit 25 und 40 PS kamen zum Einbau in die durch eine Zwangsexportverpflichtung nur für den französischen Markt vorgesehenen Schlepper. Nach der Einstellung der Produktion dieser Modelle übernahm die Fa. → Sulzer die Fertigungsrechte und baute die Schlepper in leicht veränderter Version weiter.
Im Jahre 1960 nahm Gutbrod erneut den Schlepperbau mit 15- und 36/40 PS-Typen auf. 1963 folgte die Spezialschlepper-Baureihe „Superior“. Erstmals wurde hier serienmäßig in ausgesprochene Kleinschlepper ein Zahnradgetriebe anstelle der sonst üblichen Keilriemenübertragung eingebaut. MAG-, Gutbrod- und Renault-Motoren kamen bzw. kommen zum Einbau. Ab 1968 können diese Modelle teilweise auch mit einem Allradantrieb versehen werden. Mit der Übernahme der Produktionsbereiche der schmalspurigen Weinberg- und Kommunalschlepper der Fa. → Bungartz und Peschke in Hornbach/Pfalz konnte Gutbrod im Jahre 1974 seine Kapazität erheblich erweitern. Zu den eigenen Kleinschleppern sind die ehemaligen Bungartz und Peschke- bzw. → Dexheimer-Schlepper „T 8 DK“ und „T 9 DK“ hinzugekommen. Das Universalfahrzeug „Kommutrac“ wurde nur noch für kurze Zeit gefertigt.
Daneben bietet Gutbrod ein umfangreiches Programm an Motormähern und Zusatzgeräten zur Bodenbearbeitung und zur Bodenpflege an.

Gutbrod Farmax-Universalschlepper

Technische Daten der Gutbrod-Schlepper (Auswahl)

Typ	SP	Z	PS	K	B × H	Hubr.	D	Gew.	Mot.
Farmax	1949	2	12	W	70 × 75	576	3000	920	Gutbrod
Farmax	1949	1	10	V	90 × 120	760	1800	910	Farymann
Farmax-Standard	1951	2	25	W	100 × 140	2200	1550	1900	Deutz
dto.	1951	3	40	L	110 × 140	3990	1500	2300	Deutz
Superior	1957	1	8	L	96 × 77	447	2500		Hirth
ND 15	1960	1	15	W	105 × 120	1040	2200		MWM
36/40	1960	3	36/40	W	105 × 120	3120	2200		MWM
Superior 1030	1963	1	8	L	68 × 75	272	3800		MAG-Gutbrod
dto. 1040	1964	1	10	L	74 × 82	392	3600		Gutbrod
dto. 1050 D	1966	1	12	L	82 × 95	581	3000	320	MAG-Gutbrod
dto. 1017 A	1966	1	17	L	60 × 74	258	3500	320	MAG
dto. 1050	1967	1	12	L	88 × 74	450	3600	600	Gutbrod
dto. 2060	1969	1	16	L	72 × 70	284	3600	390	Gutbrod
dto. 2060	1975	1	16	L	100 × 95	741	3000	800	Gutbrod
dto. 2500 D	1975	1	18	L	95 × 105	744	2700	900	MAG
dto. 2500	1975	4	20	W	58 × 80	845	3000	900	Renault
dto. 3000	1975	4	25	W	58 × 80	845	3700	1800	Renault
T 8 DK	1975	2	30	L	100 × 120	1880	2300	1160	Deutz
Kommutrac 25	1975	4	42	L	85,5 × 69	1584	3000	1220	VW
dto. 40	1975	4	43	L	85,5 × 69	1584	3300	1240	VW
T 9 DK	1975	3	52	L	100 × 120	2826	2500	1500	Deutz

25-PS-Gutbrod Farmax-Standard

30-PS-Gutbrod T 8 DK (1)

GUTBROD
4300

H

Gebr. Hagedorn u. Co. Landmaschinenfabrik GmbH, Warendorf/Westf., Münsterweg 18, 1931–1952, 1974

Das 1902 gegründete Landmaschinenunternehmen brachte 1936 einen leichten Schlepper auf einem Plattformrahmen heraus, nachdem seit 1931 erste Erfahrungen im leichten Schlepperbau mit einem 8-PS-Schleuderradroder gesammelt waren, der auch für Zugzwecke eingesetzt werden konnte. Den Ackerschlepper von 1936 trieb ein 20-PS-Einzylinder-Deutz-Motor an, der sich in der Fahrzeugmitte befand. Um 1938 folgten ebenfalls mit Einzylinder-Deutz-Motoren sowie mit Verdampferkühlung die schwächeren Typen mit 11, 14 und 16 PS.
Im Schell-Programm wurde die Firma berücksichtigt, obwohl keine nennenswerte Produktion nachzuweisen ist. Nach dem Krieg erschienen Hagedorn-Schlepper mit 15-PS-MWM-Einzylinder- und 22-PS-Deutz-Zweizylindermotoren. Zapfwelle, Riemenscheibe und ein Mähantrieb waren vorhanden. 1952 kam noch kurzzeitig der Typ „HS 25" mit einem Deutz-Motor hinzu.
Mit dem 1974 erschienenen Hagedorn-Selbstfahrerladerwagen stellte das Unternehmen noch einmal einen landwirtschaftlichen Fahrzeugtyp vor.

14-PS-Hagedorn HS 14

Technische Daten der Hagedorn-Schlepper

Typ	SP	Z	PS	K	B × H	Hubr.	D	Gew.	Mot.
HS 20	1936	1	20	V	150 × 200	3532	900	1800	Deutz
HS 11	1938	1	11	V	100 × 140	1099	1100	1200	Deutz
HS 14	1938	1	14	V	120 × 160	1808	1300	1250	Deutz
HS 16	1938	1	16	V	120 × 160	1808	1350	1600	Deutz
HS 15	1949	1	15	W	100 × 150	1178	1500	1200	MWM
HS 22	1949	2	22	W	100 × 140	2200	1500	1600	Deutz
HS 14	1950	1	14	W	100 × 150	1178	1500	1370	MWM
HS 25	1952	2	25	W	100 × 140	2200	1600		Deutz

Hako-Werke GmbH u. Co. KG, Bad Oldesloe, Hamburger Str. 209–239

1. 1930–1960 **Maschinenfabrik Hans Koch u. Sohn KG,** Pinneberg
2. 1961–1973 **Hako-Werke Hans Koch u. Sohn GmbH u. Co. KG,** Bad Oldesloe, Berliner Ring 21–27
3. 1973–heute **Hako-Werke GmbH u. Co. KG,** Bad Oldesloe, Hamburger Str. 209–239

Der Firmengründer Hans Koch baute seine erste Patent-Fräse im Jahre 1924. Der Bediener trug den Kleinmotor auf dem Rücken, über eine flexible Welle wurde die Fräswelle angetrieben. Nach diesem vielbeachteten, aber doch recht beschwerlichen Gerät baute die Firma weitere kleine landwirtschaftliche Maschinen. Im Jahre 1941 kam eine Hackfräse hinzu, die nach dem Krieg zu einem Einachsschlepper weiterentwickelt wurde. Mit einer anbaubaren Achse oder einem Einachsanhänger konnte dieses Motorgerät zu einem Kleinschlepper oder zu einem Lastenroller erweitert werden. Ein 3-, 4- oder 5-PS-ILO-Spezialmotor mit einer Fliehkraftkupplung kam zum Einbau.

Unter Verwendung von Teilen dieses „Hakorecord“-Einachsers baute die Firma ab 1961 die Kleinschlepper vom Typ „Hakotrac T 6“ oder „T 8“ mit ILO-6- bzw. 8-PS-Zweitakt-Ottomotoren. Die Besonderheiten dieser auf einem Rahmen aufgebauten Fahrzeuge waren zum einen das extrem niedrige Gewicht von 203 bzw. 240 kg, zum anderen das seitlich angebrachte stufenlose Keilriemengetriebe mit einem nachgeschalteten Zweistufen-Zahnradgetriebe mit zusätzlichem Rückwärtsgang. Die Spurweite ließ sich durch Umsetzen der Räder ändern. Eine Differentialsperre und ein mechanischer Kraftheber waren vorhanden.

In der Mitte der 60er Jahre folgten drei völlig neue Baureihen mit Kleinschlep-

6-PS-Hako Hakotrac (1)

Technische Daten der Hako-Schlepper

Typ	SP	Z	PS	K	B × H	Hubr.	D	Gew.	Mot.
Hakorecord	1957	1	3/4	L	54 × 54	124	3-5000		ILO-Vergaser, Einachs-Grundgerät
Hakotrac									
T 6	1961	1	6	L	59 × 54	148	4500	203	Ilo
T 8	1961	1	8	L	69 × 66	247	4000	240	Ilo
V 12	1964	1	10	L	85 × 85	482	3000	460	Lombardini
D 12	1964	1	8	L					Lombardini
T 8	1965	1	8,5	L	80 × 85	425	3000		Berning
D 522	1966	1	11	L	95 × 82	522	3000	525	Farymann
V 490	1967	1	12	L	88 × 80	490	3000	500	Lombardini
1400	1971	1	12	L		581		525	Lombardini
2000	1971	1	18	L	102 × 100	817	1800	555	Lombardini
1200	1971	1	10	L	80 × 80	402	2100	443	Lombardini
2000 V	1974	2	17	L	83 × 76	819	2400	570	Onan
2000 D	1974	1	18	L	102 × 100	819	2800	595	Lombardini

Technische Daten der Hako-Schlepper

Typ	SP	Z	PS	K	B × H	Hubr.	D	Gew.	Mot.
3800 D	1979	4	36	W	76 × 80	1471	3100	850	VW-Diesel
3500	1980	4	23	W		1098	3300	815	Ford-Vergaser
2300 D	1981	3	18	W		879	2200	665	Yanmar
1500 D	1983	2	14	W		636	2600	595	Yanmar
1800 D	1983	2	16	W		751	2600	634	Yanmar, Allr.
1400 D	1984	2	14	W		636	2680	512	Yanmar
2700 D	1985	3	25	W		1281	2600	751	Yanmar
2700 DA	1985	3	25	W		1281	2600	787	Yanmar, Allr.
1900 D	1986	2	18	W		854	2600	660	Yanmar
1900 DA	1986	2	18	W		854	2600	738	Yanmar, Allr.
3800 DA	1986	4	41	W	76 × 86	1588	3200	925	VW-Diesel, Allr.
Hakomobil	1972								
Hakomobil	1975	4	32	W	70 × 72	1108	3000	975	Renault

pern in Blockbauweise und fünfgängigen Schaltgetrieben. Durch die komplette technische Ausstattung mit Zapfwellenmöglichkeiten für Front-, Heck- und teilweise Zwischenachsgerätebau bieten die Hako-Fahrzeuge gute Gerätekombinationen für die Grundstücks- und Sportanlagenpflege sowie für den Einsatz in Sonderkulturen.

41-PS-Hako 3800 D (1)

Der kleine „Hakotrac 1400", inzwischen mit einem Dieselmotor versehen, hat sich mit ständigen Verbesserungen bis heute als ein Erfolgsmodell der Hako-Kleinschleppertypen erwiesen.
Die mittlere Baureihe der Schleppertypen „1500" und „1800" wird mit wassergekühlten Zweizylinder-Dieselmotoren von 14 und 16 PS angeboten. Hauptsächlich Lombardini- und Yanmar-Motoren kamen bzw. kommen zum Einbau.
Einen Allradantrieb besitzt der Typ „1800 DA". Die mit Ford-Vergaser- und VW-Dieselmotoren angetriebenen Modelle der Baureihe „3500" und „3800 D" haben ein hydrostatisches Getriebe mit einer zweistufigen Wahlmöglichkeit. Schließlich ist 1986 als Spitzenmodell von Hako der Schlepper „3800 DA" mit einem Allradantrieb hinzugekommen.

Hallensia Motorpflug Quidde und Schmitz, Halle, 1921

Nachbau des →„Vogeler"-Tragpfluges durch die Maschinenfabrik Quidde und Schmitz

Hannoversche Maschinenbau AG (Hanomag), vorm. Georg Egestorff, Hannover-Linden, Hanomagstr. 8

1. 1912–1955 **Hannoversche Maschinenbau AG (Hanomag), vorm. Georg Egestorff,** Hannover-Linden, Hanomagstr. 8
2. 1955–1958 **Hannoversche Maschinenbau AG (Hanomag)**
3. 1958–1974 **Rheinstahl AG Hanomag Baumaschinen**
4. 1974–1978 **Massey-Ferguson-Hanomag GmbH**
5. 1978–1984 **Hanomag IBH GmbH**
6. 1984–heute **Hanomag Baumaschinen Produktion und Vertrieb GmbH**

Im Jahre 1835 gründete im Dorf Linden bei Hannover Georg Egestorff (1802–1868) eine Metall-, Gußwaren- und Maschinenfabrik, die sich in den 40er Jahren des vorigen Jahrhunderts mit der Aufnahme des Lokomotivbaues erfolgreich entwickelte. Wenige Jahre nach dem Tode des Firmengründers erhielt das Unternehmen die Bezeichnung Hannoversche Maschinenbau AG, vorm. G. Egestorff. Der Telegraphenkürzel **HANOMAG** aus dem Jahre 1904 ist schließlich noch heute der Markenname der Produkte dieser Firma.
Nach dem Bau von einigen Straßenfahrzeugen mit Dampfantrieb wandte

80-PS-Hanomag WD-Pflug

sich das Unternehmen im Jahre 1912 dem Bau von schweren Tragpflügen mit Benzolmotoren zu. Der zunächst mit Baer- und Kämper, später eigenen Körting-Hanomag-Motoren ausgestattete Tragpflug wurde von dem Ingenieur Ernst WENDELER (1872–1926) und dem Landwirt Boguslaw DOHRN in Anlehnung an die → Stock'schen Motorpflüge entworfen. Übermannshohe Treibräder trugen das Gewicht der Maschine. An einem Ausleger war das kleine, lenkbare Heckrad angebracht; die Lenkfähigkeit war jedoch wie bei allen Tragpflügen recht eingeschränkt. Das Getriebe besaß zwei Vorwärtsgänge und einen Rückwärtsgang.
Eine Besonderheit des Pfluges war die Zusammenfassung aller Steuerungselemente an der Lenksäule. Das eine Lenkrad diente der Richtungseinhaltung, das andere zum Heben und Senken des 2,2 m breiten Pflugrahmens. Der auch unter der Fachbezeichnung „halbstarres System" verbreitete Tragpflug besaß einen mechanisch hebbaren Hilfsrahmen, an dem die fünf oder sechs Pflugschare gelenkig befestigt waren, um Bodenunebenheiten und Bodenwiderstände gut überwinden zu können.
Auch der Nachteil des „starren Systems", eine ungleiche, schräge Furchenbahn zu ziehen, sollte dadurch vermieden werden. Die Treibräder besaßen einen Durchmesser von 2,25 m, das Hinterrad von 1 m. Als Zusatzausstattung konnte ein Kunstdüngerstreuer vor der Hinterachse anmontiert werden. Die Pflugleistung des bis zu 7 t schweren Fahrzeugs wird noch heute als recht beachtlich bezeichnet. Etwa 1000 Exemplare des „WD-Großpflugs" wurden bis in die frühen 20er Jahre gefertigt.
Nach dem Krieg folgte ein von Joseph VOLLMER und seiner Deutschen

Automobil-Konstruktions GmbH entworfener kleiner Tragpflug mit einem 35-PS-Kämper-Motor. Wiederum war ein besonderer Pflugrahmen mit fünf Scharen angebracht, der über ein Handrad oder über ein Spindelwerk motorisch gehoben und gesenkt werden konnte. Zwar besaß der Tragpflug nur einen Vorwärtsgang, doch durch das Auswechseln von Zahnrädern ließ sich der Geschwindigkeitsbereich ändern. Ein moderner Bosch-Anlasser war am Motorblock angebracht. Um einen möglichst geraden Furchengang zu erzielen, konnte das eine Treibrad gegen ein größeres ausgewechselt werden. Eine Riemenscheibe befand sich zwischen den Vorderrädern und dem Heckrad.
Für den Absatz der Hanomag-Tragpflüge und späteren Schlepper wurde in Berlin 25, Kurfürstenstr. 56, die *Deutsche Kraftpflug-Gesellschaft mbH* gegründet, die auch die Patente der Fahrzeugkonstruktion besaß. Ihr Direktor wurde Ernst WENDELER, der bis zu seinem frühen Tode im Jahre 1926 diese Vertriebsorganisation leitete. Wenn auch die Nachkriegsfahrzeuge von der Deutschen Automobil-Konstruktions GmbH entworfen wurden, trugen sie die Bezeichnung *„WD"* für *Wendeler und Dohrn.* Hinzuzufügen ist hier, daß Ernst Wendeler im Jahre 1905 die dampfbetriebenen „Freibahn-Straßenzüge" bei der Fa. → Orenstein und Koppel entworfen hatte.
Eine weitere Konstruktion von Joseph VOLLMER war der Hanomag-Kettenschlepper „Z 25" aus dem Jahre 1919. Wegen interalliierter Verbote wurde diese Konstruktion zunächst geheimgehalten. Erst nach der Aufhebung

28/32-PS-Hanomag R 28/32 mit Stahlrädern

Hanomag Bauernschlepper RL 20

dieser einschränkenden Bestimmungen im Jahre 1923 konnte der „Z 25“ in größeren Serien gebaut werden. Anfänglich trieb ein 20-PS-Benzolmotor das Kettenfahrzeug mit seinen vier Laufrollen an. Der Motor wurde rasch durch eine 25 PS starke Maschine ersetzt. Hinzu kam 1924 das 50 PS starke Modell „Z 50“, das sich als eine äußerst gelungene Konstruktion erwies, die, abgesehen von ihrer Motorbestückung, in ihrer endgültigen Form von 1933 nahezu unverändert bis in die 50er Jahre gebaut werden konnte.

20/25-PS-Hanomag R 25

Dieser „Z 50"-, später „K 50"-Typ erhielt ein gefedertes Laufwerk in einem Kastenrahmen, der um die Hinterachse beweglich angebracht war. Sechs Rollen drückten die Kette auf den Boden. Ein Kardangelenk war zwischen Motor und Getriebe angeordnet. Das Lenken geschah durch Abkuppeln und Bremsen der Gleisketten. Zur Steuerung wurden entweder ein Lenkrad oder ein Hebelsystem eingebaut. Eine Seilwinde sowie eine Riemenscheibe konnten am Fahrzeugheck angebracht werden.
Im Jahre 1924 wurden Experimente mit einem Holzgasgenerator angestellt, um die Raupe im Forstbetrieb mit dem anfallenden Kleinholz als Brennstoff zu versorgen; aber aufgrund der günstigen Treibstoffpreise wurde dieser Versuch wieder eingestellt.
Als weitere Besonderheit folgte im Jahre 1931 eine Raupe mit verbreiterten Kettenbändern und einem Doppelsitz für den Einsatz in Mooren zur Gewinnung von Torfbriketts.
Neben dem Verkauf der „K 50"-Raupe für die Land-, Forst- und Bauwirtschaft in Deutschland konnte Hanomag diesen Vorkriegs- und ab 1948 wiedergebauten Typ auch erfolgreich in asiatischen, afrikanischen und südamerikanischen Ländern absetzen. Bis zur grundsätzlichen Überarbeitung dieses Typs durch das Modell „K 7" im Jahre 1960 fertigte Hanomag über 10 000 „Z 50"- und „K 50"-Raupen.
Mit dem 1924 vorgestellten Radschleppern „WD 26 A" stieg das Unternehmen auch erfolgreich in den Traktorenmarkt ein. Dieser in fortschrittlicher Blockbauart konstruierte Schlepper, bei dem das Getriebe und das Motorgehäuse als Tragorgan dienten, stellte zusammen mit der → Pöhl „Ackerzugmaschine" die deutsche Antwort auf den zunächst nahezu konkurrenzlos dastehenden Fordson-Schlepper aus den USA dar. Ein eigener Vierzylinder-Benzol- oder Petroleummotor mit einer Leistung von 26, später 28/32 PS trieb den Schlepper an. 1931 wurde dann der Radschlepper als „RD 36" mit einem 36 PS starken Dieselmotor ausgerüstet. Der mit einer nach dem Schrägnocken-Prinzip arbeitenden, unverwüstlichen Einspritzpumpe versehene Dieselmotor war von dem seinerzeit bekannten Motorkonstrukteur Lasar SCHARGORODSKY entworfen worden. Der Motor war zwar überaus schwer, aber robust und zuverlässig.
Eine Dreigangschaltung, ein Sperrdifferential und eine Riemenscheibe gehörten zu dem eisenbereiften Schlepper. Zu den weiteren technischen Details zählten eine gefederte vordere Pendelachse und eine Sandstreueinrichtung, die das Anzugs- und das Bremsvermögen des Fahrzeugs erhöhte. Geschwindigkeiten von 2, 4 und 8 km/h konnten erreicht werden.
Charakteristisch für die in dieser Zeit von Joseph Vollmer und seinem Büro entworfenen „WD"-Rad- und Kettenschlepper war der vor dem Lenkrad angebrachte, trommelartige Kraftstofftank. Neben einem mehr für Straßen-

16-PS-Hanomag R 16 ▲ ▼ 28/35-PS-Hanomag R 28

transportzwecke geeigneten 50-PS-Schlepper folgten in den 30er Jahren ein 20 und ein 38, ab 1939 40 PS starker Ackerschlepper. Der 20-PS-Schlepper „RL 20" des Baujahres 1937 war mit automobilartiger Verkleidung, Kotflügeln, Doppelsitzbank sowie mit einem Halbrahmenchassis ausgerüstet. Die vordere Pendelachse wurde mit Blattfedern gegenüber dem Rahmen abgestützt. Neben dem „Elfer-Deutz" der → Klöckner-Humboldt-Deutz AG fand dieser kleine Bauernschlepper einen äußerst guten Anklang.
Für große bäuerliche Betriebe war der „R 38" bzw. „R 40" vorgesehen, der mit dem entsprechenden Famo-Typ zum schweren Standardschlepper weiterentwickelt werden sollte.
Für diesen Zeitraum ist noch zu bemerken, daß sich Hanomag mit den Acker- und Straßenschleppern zum führenden deutschen Hersteller entwickelt hatte.
Während der Kriegszeit wurden nur die größeren Straßenzugmaschinen serienmäßig auf Holzgasbetrieb umgestellt.
Trotz der schweren Kriegsschäden – die Werksanlagen der zum Rüstungsbetrieb umgestalteten Hanomag AG waren zu 60 % zerstört – wurden schon 1945 wieder der altbewährte „R 40" und wenig später der „RL 20" in die Produktion genommen.
Nach der Währungsreform verzeichnete das Werk einen kräftigen Aufschwung des Inlands- und des Exportgeschäftes. Mit dem „R 16 B, R 22, R

45-PS-Hanomag R 45

12-PS-Hanomag R 12 ▲ ▼ *24-PS-Hanomag R 24*

28 A“ und dem „R 45“ war Hanomag in allen damaligen Größenklassen präsent. Aufsehen erregte dabei die frühzeitige Ausstattung der Fahrzeuge mit einer Fronthydraulik, die den Einbau eines Frontladers ermöglichte. Mit dem Erfolg durch diese solide gefertigten und leistungsfähigen Schlepper sowie durch das gutorganisierte Hanomag-Händlernetz konnte das Unternehmen in den frühen 50er Jahren wieder die erste Stelle im deutschen Traktorenmarkt belegen.

12-PS-Hanomag C 112

24-PS-Hanomag R 324

14-PS-Hanomag Typ Greif

Chefkonstrukteur der Motorenabteilung war zu dieser Zeit Dipl.-Ing. Rudolf HILLER, einst Mitbesitzer der enteigneten Phänomen-Werke in Zittau/Sachsen, der eine zwei-, drei- und vierzylindrige Motorenbaureihe schuf; die vierzylindrige Ausführung fand gleichzeitig Verwendung in dem ebenfalls von Hiller entworfenen Schnellastwagen von Hanomag Verwendung.
Im Jahre 1952 ging das Unternehmen mit seinen 7000 Mitarbeitern in der Traktorenabteilung aus dem Besitz der Vereinigten Stahlwerke AG (Bochumer Verein) in den Besitz der Rheinstahl-Union Maschinen- und Stahlbau AG über.
1953 stellte Hanomag mit dem „R 12“ einen einzylindrigen Zweitakt-Dieselschlepper vor, dem die Modelle „R 24“ und „C 218“ folgten. Der hubraumschwache, aber hochdrehende Motor war mit einer Gebläse-Umkehrspülung und einer Wasserkühlung ausgestattet.
Die leichten und preiswerten ein- und zweizylindrigen Zweitakt-Schlepper waren für die Mechanisierung und Motorisierung der kleinen Landwirtschaftsbetriebe gedacht. Die Fahrzeuge waren in Wespentaillenbauart mit vorderer Portalachse konstruiert und verfügten dadurch über drei Anbauräume für Bodenbearbeitungsgeräte. Neben einer Zapfwelle gehörte eine Hydraulikanlage zur Grundausstattung. Eine weitere technische Besonderheit der mit abgerundeten Hauben versehenen Zweitaktschlepper war die Lenkradschaltung, die dem Fahrer den Schaltvorgang vereinfachen sollte.

85-PS-Hanomag Typ Robust 900

Hanomag propagierte diese Geräteträger-Konzeption mit den passenden Gerätesätzen als „Combitrac-System“, ohne rechten Erfolg zu haben.
150 000 Schlepper konnten insgesamt bis zum Jahre 1956 gefertigt werden, aber das „Combitrac-System“ mit dem überzüchteten Zweitaktmotor, der ungewohnten, zierlichen Wespentaillenbauart sowie den technischen Mängeln schädigten den Markenruf des einst größten Schlepperherstellers in Deutschland.
Ab 1957 stellte Hanomag dann wieder Viertaktschlepper in den Vordergrund, deren hubraumvergrößerte Motoren wiederum nach dem Baukastensystem wirtschaftlich gefertigt werden konnten und in der Vierzylinder-Version gleichzeitig in den Hanomag-Lastkraftwagen eingebaut wurden.
Erstmals erschien mit dem „R 35/45“ ein Schlepper mit einem aufgeladenen Motor. Durch einen Bowdenzug wurde der Turbolader in Betrieb gesetzt und die Leistung des Motors von 35 auf 45 PS erhöht. Als sogenannter „Mähdrusch-Schlepper“ konnte er für die normale Ackerarbeit 35 PS und bei gleicher Drehzahl mit dem Turbolader für den Antrieb schwerer Zapfwellengeräte 45 PS erbringen.
Mit dem Beginn der 60er Jahre präsentierte Hanomag ein neues Traktorenprogramm mit, abgesehen von dem Zweitakter „Greif“, Leistungen von 25 bis 75 PS. Zwei-, Drei- und Vierzylindermotoren kamen in die neugestalte-

ten, mit einer kantigen Duroelastikverkleidung versehenen und grün-blau lackierten Schlepper.
Die Fahrzeuge wurden mit den alten Hanomag-Traditionsnamen „Perfekt, Granit, Brillant und Robust" bezeichnet. Spitzenmodell wurde 1966 der „Robust 900" mit einem neu hinzugekommenen Sechszylinder-85-PS-Motor. Dieses Modell sowie die Schlepper ab 50 PS Leistung konnten von nun an auch mit einem Allradantrieb versehen werden.
Da Hanomag nach dem Fehlschlag mit dem Zweitakter nicht mehr an die früheren Verkaufserfolge anknüpfen konnte und auf den fünften Platz mit einem Zulassungsanteil von nur noch 6 Prozent gerutscht war, entschloß sich die Firmenleitung, die Radschlepperfertigung in kürzester Frist stillzulegen. Die Ersatzteilversorgung der etwa 100 000 zugelassenen Hanomag-Traktoren übernahm die Klöckner-Humboldt-Deutz-AG. 250 000 Radschlepper hatten seit 1924 die Fließbänder in Hannover verlassen.
Hinzuzufügen ist hier, daß Hanomag von 1960 bis 1969 in Grenadero in der argentinischen Provinz Santa Fé ein Montagewerk zur Belieferung des südamerikanischen Marktes unterhielt. Mit der Aufgabe der deutschen Schlepperproduktion wurde das Werk an den einstigen Konkurrenten Massey-Ferguson verkauft.

40-PS-Hanomag Typ Granit 400

Der traditionelle Raupenschlepperbau ist gegenüber dem inzwischen aufgegebenen Lokomotiv-, Personenwagen-, Radschlepper- und Lastkraftwagenbau bis heute aufrecht erhalten worden. Schon 1948 konnten Raupen des Vorkriegsbaumusters als Typ „KV 50" wieder gefertigt werden. Zwar stand die Versorgung der Land-, Forst- und Moorwirtschaft im Vordergrund, bald jedoch wurden im Inland die Raupen nur noch für die Bauwirtschaft geliefert. Zunächst wurde der Planierschild mit einem Flaschenzug bewegt. Seit den 50er Jahren wurde eine Hydraulik für den Planierschild, für den Greifer sowie für den hinteren Erdaufreißer von der Firma Frisch eingebaut.
Auch im Kettenschlepperbereich versuchte Hanomag einen Zweizylinder-Zweitaktdieselmotor einzusetzen. Die Raupe „K 60" des Baujahres 1951 sowie der Typ „K 65 AS" des Baujahres 1959 wurden mit diesem schlitzgesteuerten und gebläsegespülten Motor ausgerüstet.
1954 kam die nach amerikanischen Vorbildern gestaltete Großraupe „K 90" hinzu. Ein Sechszylinder-90-PS-Motor kam zum Einbau. Der Motor konnte mit einem elektrischen Anlasser oder mit einem 10-PS-Zweitaktmotor in Gang gesetzt werden. Die „KV 50"-Raupe konnte ab 1951 auch eine Zeitlang als Schmalspurraupe geliefert werden.
An den Erfolg der „KV 50"-Raupe knüpfte die Viertakt-Raupe „K 7" wieder an, die von 1959 bis 1967 in über 19000 Stück montiert wurde. Sie erhielt den gedrosselten Motor des Ackerschleppers „Robust 800".
Das Programm ist seitdem auf Kettenschlepper mit bis zu 213 PS starken

Hanomag Raupen Z 25 und Z 50

Motoren ausgedehnt worden. Eigene und → Schlüter-Motoren werden in diese Fahrzeuge eingebaut.
Abschließend ist zu bemerken, daß das Werk im Jahre 1974 von der kanadischen Massey-Ferguson Ltd. und im Jahre 1980 von der IBH (Internationale Baumaschinen Holding) übernommen wurde. Der IBH gehörten u. a. Baumaschinenhersteller wie die → Hermann Lanz GmbH und die Zettelmeyer AG an. Nachdem die IBH zahlungsunfähig geworden war, übernahm im Jahre 1984 eine niedersächsische Firmengruppe das 150 Jahre alte Unternehmen und hat seitdem die neuerstandene Hanomag Baumaschinen Produktion und Vertrieb GmbH wieder in gesunde Bahnen geführt.

Technische Daten der Hanomag-Raupen

Typ	SP	Z	PS	K	B × H	Hubr.	D	Gew.	Mot.
Raupen									
Z 25	1919	4	25	W	90 × 150	3815	900	3300	Prototyp 20 PS
Z 25		4	25	W	95 × 150	4252	950	3300	
Z 50	1921	4	50	W	135 × 155	8870	800	6800	
Z 50	1924	4	50	W	130 × 155	8225	850	6800	
WD 28	1927	4	28	W	95 × 150	4250	1100	2230	
K 35/40	1931	4	40	W	105 × 150	5195	1300	4100	
K 50	1933	4	50	W	135 × 150	8870	850	4590	
KD 48/ KV 50	1937	4	50	W	105 × 150	5195	1300	4590	
KV 55	1951	4	55	W	110 × 150	5702	1300		
K 60	1951	2	60	W	105 × 150	2596	1600	5820	2-Takt-Diesel
K 90	1952	6	90	W	115 × 150	9300	1650	8095	
K 65 AS	1959	2	65	W	130 × 140	3715	1600	5520	2-Takt-Diesel
K 7	1960	4	70	W	120 × 150	6782	1500		
K 15	1963	6	110	W					
K 8	1967	4	80	W			1800	6840	
K 5 b	1969	4	50	W			2300	4450	
K 7 b	1969	4	75	W			1700	6780	
K 10 b	1969	6	100	W			1500	9650	
K 15	1969	6	150	W			1700	12500	
K 16	1969	6	150	W			1800	14400	
L 400 D	1982	6	92/95	W				11500	
L 600	1982	6	174	W	112 × 125		7128	16900	Schlüter
L 700 D	1982	8	204/ 213	W	112 × 125		9852	21600	dto. Turbo
D 500 E	1983	6	125	W	110 × 125		7128	14800	Schlüter

50-PS-Hanomag-Raupe K 50

Technische Daten der Hanomag-Schlepper

Typ	SP	Z	PS	K	B × H	Hubr.	D	Gew.	Mot.
WD-Pflug	1912	4	56	W			800	6050	Baer
WD-Pflug	1914	4	66/70	W	133 × 200	11108	700	7000	Kämper
WD-Pflug	1919	4	80	W	155 × 200	15087	1000	5580	Körting-Hanomag
WD 35	1919	4	35	W	110 × 150	5699	900	4000	Kämper
WD 26 A	1926	4	26	W	95 × 150	4250	1100	1950/ 3500	Benzol/Petroleum
R 28/32	1927	4	28/32	W	95 × 150	4250	1100	1950/ 3500	Benzol/Petroleum
RD 36	1931	4	36	W	105 × 150	5195	1100	2750	Diesel
GR 50	1933	4	50	W	105 × 150	5195	1300	3100	
AG 50	1934	4	50	W	105 × 150	5195	1300	3200	
AR 38/45	1936	4	38	W	105 × 150	5195	1100	3600	
SR 45	1936	4	45	W	105 × 150	5195	1300		
RL 20	1937	4	20	W	80 × 95	1909	1950	1615	

55-PS-Hanomag Typ K 55
90-PS-Hanomag-Raupe K 90

Technische Daten der Hanomag-Schlepper

Typ	SP	Z	PS	K	B × H	Hubr.	D	Gew.	Mot.
R 40	1939	4	40	W	105 × 150	5195	1200	2950	
R 25 A	1948	4	20/25	W	80 × 95	1909	1950	1620	
R 40 A	1948	4	40/50	W	105 × 150	5195	1250/ 1300	2950	
R 16 B	1950	2	16	W	90 × 100	1399	1600	1170	
R 22	1950	3	22	W	90 × 100	2099	1500	1520	
R 28 A	1950	4	28/35	W	90 × 100	2543	1950	1860	
R 45	1950	4	45	W	110 × 150	5702	1200	3220	
R 12/C 112	1953	1	12	W	85 × 90	508	2200	840	Diesel, 2-Takt
R 24/C 224	1955	2	24	W	85 × 90	1021	2200	1360	Diesel, 2-Takt
C 218	1957	2	18	W	90 × 110	1390	1750	1300	Diesel, 2-Takt
R 217	1957	2	17	W	90 × 110	1390	1700	1170	Diesel
R 217 E	1957	2	19	W	90 × 110	1390	1975	1170	
R 324	1957	3	24	W	90 × 110	2099	1700	1535	
R 324 E	1957	3	27	W	90 × 110	2099	1900	1585	
R 435	1957	4	35	W	90 × 110	2799	1900	1870	
R 435/45	1957	4	35/45	W	90 × 110	2799	1900	2020	Turbo
R 450	1958	4	50	W	110 × 150	5702	1300	3220	
C 220	1959	2	20	W	90 × 110	1390	1870	1370	Diesel, 2-Takt
Greif	1960	1	14	W	85 × 90	510	2350		Diesel, 2-Takt
Brillant	1960	4	42	W	90 × 110	2799	2150	2175	Diesel
Robust	1960	4	45/50	W	90 × 110	2799	2150	2175	
R 450 E	1960	4	55	W	110 × 150	5702	1300	3270	
Perfekt 300	1962	2	25	W	90 × 110	1390	2400	1710	
Perfekt 400	1962	4	32	W	78 × 94	1795	2400	1780	
Robust 800	1964	4	75	W	120 × 150	6782	1500	3520	
Perfekt 400 E	1966	4	34	W	95 × 100	2112	2600	1780	
Granit 400	1966	4	40	W	90 × 110	2099	2400		
Granit 500 E	1966	4	48	W	100 × 100	2340	2600	2070	
Granit 500	1966	4	50	W	100 × 100	2340	2600	2520	
Brillant 600	1966	4	50	W	90 × 110	2099	2600	2520	auch Allrad
Robust 900	1966	4	85	W	100 × 100	3140	2600	3225	auch Allrad
Brillant 600	1968	4	58	W	100 × 100	3140	2300	2550	auch Allrad
Brillant 700	1968	6	68	W	95 × 100	4250	2600	3200	auch Allrad

Technische Daten der Hanno-Schlepper

Typ	SP	Z	PS	K	B × H	Hubr.	D	Gew.	Mot.
Hanno 601	1949	2	22	W	100 × 140	2198	1500	1750	Deutz

Hannoversche Fahrzeugfabrik Frederik Karl Hoffmann u. Co., Hannover-Laatzen, Dorfstr. 7, 1949

Aus dem schon vor dem Krieg hergestellten Straßenschlepper entwickelte die Firma den Ackertyp „Hanno 601" mit dem weit verbreiteten 22-PS-Deutz-Zweizylindermotor. Eine Besonderheit war die vom Straßenschlepper übernommene Drehstab-Hinterradfederung. Das 1790 kg schwere Fahrzeug sollte mit Riemenscheibe, Zapfwelle, Verdeck, elektrischem Anlasser und einem gepolsterten Sitz geliefert werden. Eine Serienproduktion scheint nicht aufgenommen worden zu sein.

Hannoversche Waggonfabrik AG, Hannover-Linden, 1918–1931

Die 1898 gegründete Hannoversche Waggonfabrik (*Hawa*) entwickelte für Heereszwecke eine Zugmaschine, die in der Nachkriegszeit als Straßenschlepper mit der Bezeichnung „Kraftfeldzug" angeboten wurde. Riemenscheibe, Seilwinde und auf Wunsch eine Kreiselpumpe, eine Kreissäge und

28-PS-Hawa-Kraftfeldzug

Technische Daten der Hawa-Schlepper

Typ	SP	Z	PS	K	B × H	Hubr.	D	Gew.	Mot.
Hawa	1918	4	28	W	115 × 150	6230	800	1800	Oberursel

ein Kranaufbau gehörten zur Ausstattung des vollgummibereiften Fahrzeuges. Ein Vierzylinder-28-PS-Motor der Motorenfabrik Oberursel trieb das 1,8 t schwere Fahrzeug an. Der bis in Motorhöhe voll verkleidete „Kraftfeldzug" mit Scheibenrädern konnte mit einem Zweiganggetriebe 5 bzw. 11 km/h erreichen.

Hansa-Lloyd-Werke AG, Bremen-Hastedt, 1916–1925

Während des Ersten Weltkrieges übernahmen die Hansa-Lloyd-Werke die Konstruktionen des „Ilsenburger" Motorpfluges. Die ersten Maschinen vom Typ „HL 18" waren mit einem 18-PS-Vierzylindermotor viel zu schwach. Auch ein auf 25 PS gedrosselter Motor des Heeres-Lkw's befriedigte noch nicht, um den 4350 kg schweren Koloß zu bewegen. Erst ein 35-PS-Motor mit 900 U/min verhalf im Jahre 1919 dem „HL 35" zu einer ausreichenden Zugkraft. Konstruktive Besonderheit war die in der Spurweite veränderbare

55/60-PS-Hansa-Lloyd-Trekker

25-PS-Hansa-Lloyd-Trekker

Vorderachse, die jedoch in primitiver Lenkschemelbauart ausgeführt war. Die 2 m hohen Hinterräder wurden durch Ketten angetrieben. Der Geschwindigkeitsbereich lag bei dem nun auf 3,6 t erleichterten Fahrzeug zwischen 2,7 und 5,2 km/h. Ein 1924 neu herausgekommener Typ mit einem 55/60-PS-Motor, der schon bei 570 U/min seine Höchstleistung erbrachte, war mit seinen 1,5 m hohen Rädern mißlungen. Hansa-Lloyd stellte daraufhin zugunsten des Lkw- und Pkw-Baus die Schlepperfertigung ein.
Wenn auch die HL-Schlepper keine Erfolgstypen waren, ihr Markenname *„Trekker"* hat sich bis heute in der Umgangssprache gehalten. Auch der Versuch der Nachfolgefirma → Borgward, mit einem Schlepper in den Markt einzusteigen, schlug 1955 fehl.

Technische Daten der Hansa-Lloyd-Schlepper

Typ	SP	Z	PS	K	B × H	Hubr.	D	Gew.	Mot.
HL 18	1916	4	18	W	95 × 130	3684	570		
HL 25		4	25	W	110 × 145	5509	750	4350	Heeres-Lkw-Motor
HL 35	1919	4	35	W	110 × 145	5509	900	3600	
HL 55	1924	4	55/60	W	110 × 145	5509	970		

34-PS-HMG Typ Acker-Elefant

Hanseatische Motoren-Gesellschaft mbH, Bergedorf b. Hamburg, Weidenbaumsweg 139, 1923–1928

Die heute in Lübeck beheimatete, 1916 gegründete Maschinenfabrik entwikkelte einen einfachen, aber robusten Glühkopfmotor-Schlepper mit der Bezeichnung „Elefant". Zum Antrieb diente ein stehender Zweizylinder-Semi-Dieselmotor mit Schwungscheibe, der bei 600 Umdrehungen 34 PS leistete. Auch ein 24/28 PS starker Glühkopfmotor kam zeitweise zum Einbau.
Zum Starten mußten zwei Spiritus-Anheizlampen in Betrieb gesetzt werden. Die vordere Drehschemellenkung war über eine Querfeder, die Hinterachse über zwei Längsfedern gegenüber dem Fahrzeugrahmen abgestützt. Die Motor- und Sitzverkleidung entsprach der damals im Automobilbau modernen Torpedoform. Mit Eisenrädern für den Landwirtschaftsbetrieb wog der „Acker-Elefant" 2,9 t; bei der Straßenzugmaschine mit der ebenfalls volkstümlichen Bezeichnung „Gummi-Elefant" mit Doppel-Elastikbereifung auf den Hinterrädern erhöhte sich das Gewicht auf 3,3 Tonnen.

Hartmann, Berlin-Steglitz, 1914

Der von dem Zivilingenieur Hartmann konstruierte Seilpflug-Motorwagen besaß einen 24-PS-Motor mit 320 U/min. Der Motor trieb eine große Winde

Technische Daten der Hanseatischen Motoren-Gesellschaft mbH-Schlepper

Typ	SP	Z	PS	K	B × H	Hubr.	D	Gew.	Mot.
Elefant	1923	2	34	W	175 × 210	10097	600	2900–3300	Glühkopf
Elefant	1923	2	24/28	W	175 × 225	10818	500	2900–3000	Glühkopf

für den Kippflug bzw. die Hinterachse des recht umständlich zu bedienenden Fahrzeugs an.

Hatz Motorenfabrik GmbH, Ruhstorff/Rott b. Passau, 1953–1964

Die 1888 von den Gebrüdern HATZ gegründete Fabrik begann 1905 mit dem Bau von Vergasermotoren. 1910 kamen Glühkopf- und nach dem Ersten Weltkrieg Dieselmotoren für die Schiffahrt, für das Kleingewerbe und für Landmaschinen, darunter auch Traktoren, hinzu. Nach der Wiedereinrichtung des durch die Kriegsereignisse verlorengegangenen Maschinenparks

16-PS-Hatz T 16

26-PS-Hatz T 26

28-PS-Hatz TL 28

wandte sich die Motorenfabrik dem Bau von leichten und mittleren Schleppern für die Landwirtschaft sowie für Sonderkulturen zu. Zum Antrieb eignete sich hervorragend der wassergekühlte Zweizylinder-Zweitaktmotor „A 2", der auch an andere Hersteller geliefert wurde. Später lösten luftgekühlte Motoren nach dem Viertaktprinzip diesen Motor ab. Die luftgekühlten Zwei- und Dreizylindermotoren erhielten eine Radialluftkühlung, wie sie auch bei den MWM- und Deutz-Motoren eingebaut wird.
Zunächst stand eine Modellreihe von 10, 12, 15, 22, 26 und 33 PS mit Ein-, Zwei- und Dreizylindermotoren in Blockart zur Verfügung. Alle Schlepper erhielten zur größeren Bodenfreiheit vordere Pendelachsen.
Im Jahre 1960 wurde die Modellreihe erneuert. Fahrzeuge mit 12, 13, 18, 25 und 35/36 PS wurden nun bis 1964 angeboten. Insgesamt wurden 7201 Hatz-Schlepper hergestellt.
Nach der Aufgabe der Schlepperfertigung ist Hatz als Lieferant von Kleindieselmotoren für verschiedene Traktorenhersteller wie → Agria, → Holder und → Schanzlin mit der Landmaschinenindustrie verbunden geblieben.

Technische Daten der Hatz-Schlepper

Typ	SP	Z	PS	K	B × H	Hubr.	D	Gew.	Mot.
T 13	1954	1	13	W	105 × 130	1125	1500	900–1034	
T 16	1954	1	16	W	120 × 130	1470	1500	1210	
T 26	1954	2	26	W	105 × 130	2250	1500	1540	
T 32	1954	2	32	W	120 × 130	2940	1500	1740	
TL 10	1955	1	10	L	85 × 100	567	2500	725	Typ Agricolo
TL 12	1957	1	12	L	90 × 105	668	2500	780	
TL 15	1957	2	15	L	90 × 115	1460	1500	1170	
TL 18	1957	2	18	L	90 × 105	1460	1800	1200	
TL 22	1957	2	22	L	105 × 115	1992	1800	1320	
TL 26	1957	2	26	L	105 × 115	1992	2000		
TL 33	1957	3	33	L	90 × 105	2002	1800	1870	
TL 13	1959	1	13	L	90 × 105	668	2600	900	
TL 17	1959	2	17	L	90 × 105	1460	1800	1210	
TL 24	1959	2	24	L	105 × 115	1992	1800	1330	
TL 25	1959	2	25	L	105 × 115	1992	2000		
TL 11	1960	1	12	L	90 × 105	668	2600	780	
TL 28	1960	2	25	L	105 × 115	1992	2000	1600	
TL 38	1960	3	35	L	105 × 115	2988	1800	1750	
H 113	1961	1	12/13	L	90 × 105	668	2600		
H 220	1961	2	20	L	90 × 105	1335	1800		

Bernhard Hein, Peitz/Niederlausitz, 1920–1921

Dieser Schleppertyp besaß zwei schmale, überdimensionale und dicht beieinander liegende Treibräder mit aufgesetztem, schrägen Eisenprofil. Der Fahrer saß links neben den Hinterrädern. Das in der Furche laufende Vorderrad konnte in der Höhe verstellt werden. Ein Zweizylinder-Motor trieb das Fahrzeug an. Ein großer Benzintank saß zur Ballasterhöhung zwischen Motor und Hinterrädern.

Hessische Motorenbau AG, Darmstadt, 1924–1927

Mit kompressorlosen Einzylinder-Dieselmotoren stellte dieses Unternehmen unter der Marke **„Hemag"** zwei Zugmaschinentypen her. Ein 12/14-PS-Modell mit Anlaßkurbel und ein 20/22-PS-Modell mit einer Druckluftanlaßvorrichtung konnten auf ein schweres Profileisengestell mit einer kantigen und plump wirkenden Blechverkleidung aufgebaut werden.
Weitere technische Einzelheiten waren eine Verdampfungskühlanlage, eine Bergstütze und ein Regendach für die Sitzbank. Über eine Rollenkette wurden die vollgummibereiften Hinterräder angetrieben.

20/22-PS-Hemag-Schlepper

Heßler-Dreirad-Zugmaschine

Technische Daten der Hemag-Schlepper

Typ	SP	Z	PS	K	B × H	Hubr.	D	Gew.	Mot.
Hemag	1924	1	12/14	V			400	3000	
Hemag	1924	1	20/22	V	190 × 220	6234	350	3000	

Heßler, 1912

Diese Firma baute eine leichte, dreirädrige Zugmaschine mit Schwungrad, schornsteinartigem Auspuff und einer nach vorne spitz zulaufenden Blechverkleidung.

H. Heumann, 1931

Der Konstrukteur der → Ritscher Grabenreinigungsmaschine baute 1931 einen interessanten Kleinraupenschlepper, der jedoch nicht in den Serienbau ging. Gegenüber den üblichen Raupenfahrzeugen besaß sein Schlepper nur ein breites Raupenband, über dem sich der geschweißte Maschinenrahmen unter Abstützung durch fünf Rollen befand. Ein hinteres, schwenkbares Rädergestell, über dem sich der Fahrersitz befand, war am Fahrzeugrahmen

Heumann-Raupenbandschlepper

angebracht. Zum Lenken mußte der Fahrer dieses Rädergestell gegen den vorderen Raupenteil ähnlich einer Knicklenkung über ein Hebelsystem anwinkeln. Ein 10 PS starker Deutz-Vergaser- oder Dieselmotor trieb mittels Ketten und einem Zweiganggetriebe das Raupenband des 1,2 t schweren Fahrzeugs an. Durch den Fortfall des sonst im Raupenschlepperbau recht aufwendigen Doppeldifferentials sollte der Heumann-Schlepper recht preiswert angeboten werden können. Das Problem der äußerst anstrengenden Lenkarbeit ließ sich gerade bei der breiten Auflagefläche der Kette nicht lösen, so daß das Raupenprojekt im Prototypenstadium steckenblieb.

Alois Hieble u. Co. Spezialtraktorenwerk, Tapfheim, Meisenweg 1, 1979–heute

Seit 1979 baut Hieble unter der Bezeichnung *„Bergmeister"* Schmalspurschlepper für Baumschulen, Obst- und Weinbaukulturen und für Kommunalzwecke. Komponenten von International Harvester werden zum Bau verwandt. Auch die äußere Gestaltung ist den IHC-Schleppern ähnlich. Die Fahrzeuge können in Allrad- und Hochradausführung, mit verschiedenen Spurweiten und vorderer und hinterer Doppelbereifung geliefert werden. Auch mit einer Umkehreinrichtung wird ein Fahrzeugtyp gebaut, so daß der Fahrer in Heckrichtung sitzt. Drei- und Vierzylinder-IHC-Motoren kommen mit Leistungen von 35, 45, 55, 65, 75 und 85 PS zum Einbau.
Die Jahreskapazität der Firma liegt bei 300 Fahrzeugen.

Technische Daten der Bergmeister-Schlepper

Typ	SP	Z	PS	K	B × H	Hubr.	D	Gew.	Mot.
353	1979	3	35	W	98 × 111	2536	2050	1850	IHC
453	1979	3	45	W	98 × 111	2536	2200	1850	IHC
553	1979	3	55	W	98 × 128	2934	2180	1870	IHC
654	1979	4	65	W	98 × 111	3382	2180	2360	IHC
754	1979	4	75	W	98 × 128	3911	2300	2380	IHC
854	1979	4	85	W	100 × 139	4389	2300	2420	IHC

Walter Hofmann, Hamburg 36, Alsterkampp 7, 1948–1953

Walter HOFMANN entwickelte und baute den *„Unitrak"-Schlepper* (Universal-sal-Traktor), der als Schleppgerät für Kleinbauernhöfe gedacht war und dem Vorkriegs-Scheuch-Schlepper der Auto-Union nachempfunden war.
Zwei große Vorderräder auf einer starren Achse und ein über ein Zahnsegment gelenktes hinteres Stützrad waren an einem Kastenrahmen befestigt.

75-PS-Hieble Bergmeister 754

Technische Daten der Hofmann-Schlepper

Typ	SP	Z	PS	K	B × H	Hubr.	D	Gew.	Mot.
Unitrak	1949	1	9	L	80 × 98	492	3000	755	Horex
			12	L	80 × 117	590	3000		Horex

Der 755 kg schwere Schlepper besaß vorne und hinten mechanische Kraftheber, eine Riemenscheibe und eine Zapfwelle sowie eine Differentialsperre für die angetriebenen Vorderräder. Die Spur der Vorderräder ließ sich verändern. Eine kleine Ladepritsche konnte am Fahrzeugheck angebracht werden. Zum Antrieb diente ein Horex-Einzylinder-Vergasermotor mit 9, später 12 PS. Eine schmale, kantige Blechhaube kam über den Motorblock. Geschwindigkeiten von 1–15 km/h waren über ein Vierganggetriebe möglich. Von den Firmen → Deutsches Landwerk, → Metallwerk Creussen und von → E. A. Zogbaum wurde der „Unitrak" in Lizenz hergestellt.
Weitere Hofmann-Einachsschlepper mit Horex-Motoren blieben im Prototypenstadium stecken.

12-PS-Hofmann Unitrak

Holder-Kleintraktor von 1931

Gebr. Holder Maschinenfabrik GmbH, Metzingen/Württ.; ab 1964 Grunbach bei Stuttgart, Bahnhofstr. 273–275, 1930–heute

Die Maschinenfabrik Holder, eine seit der Jahrhundertwende im Schädlingsbekämpfungsbereich mit Rückentragespritzen bekannt gewordene Firma, stellte mit Beginn der 30er Jahre als erster deutscher Produzent, abgesehen von der Firma → Siemens mit der „Plantagenfräse", einachsige Motorfräsen und Motorhacken her, die ab 1932/33 mit einem hinteren Stützrad zu Lastenschleppern umgebaut werden konnten. Der Fahrer führte von dem angekuppelten Hänger aus mit den beiden Lenkholmen über Differentialbremsen den Behelfsschlepper. ILO-Zweitakt-Vergasermotoren mit 6 und 7 PS oder DKW-Motoren mit 4 und 6 PS kamen zum Einbau in die von Max Holder konstruierten Kleinschlepper der Marke „Pionier". Eine Weinbergseilwinde oder ein seitliches Mähwerk konnten eingebaut werden.
Zu Beginn der Kriegszeit wurde der 300 cm^3 ILO-Motoren gegen einen 500-cm^3-Motor ausgetauscht, an den ein Pkw-Einheitsholzvergaser angebaut wurde. Bei der etwas schwächeren Verdichtung lieferte der Motor dann 8 PS. Mit fortschreitender Kriegszeit mußte Holder die Landmaschinenproduktion, darunter auch die traditionelle Pflanzenschutzgerätefertigung, aufgeben und dafür ausschließlich Generatoren herstellen, die u. a. an verschiedene Traktorenhersteller geliefert wurden.
Die Produktionsbeschränkungen durch die französische Besatzungspolitik für das Metzinger Werk führten zur zeitweiligen Auslagerung der Fahrzeugfertigung in das Zweigwerk Grunbach in der amerikanischen Zone. Im Jahre 1964 wurde dann die gesamte Holder-Fertigung in Grunbach zusammengefaßt.

5-PS-Holder-Gasschlepper

Zu Beginn der 50er Jahre befaßte sich das Unternehmen neben den Einachsschleppern auch mit dem Bau von zweiachsigen Kleinschleppern für die Land-, Forst- und Kommunalwirtschaft sowie für verschiedene Spezialzwecke. Ein großer Erfolg war dabei der 1951 vorgestellte Typ „Cultitrac A 10" mit Allradantrieb, gleichgroßen Rädern und einem vorderlastig angebrachten Motor. (Der Serienbau erfolgte jedoch erst im Jahre 1953.) Zunächst kam ein Einzylinder-F & S-Zweitaktdiesel mit 10, ab 1957 mit 12 PS in den dann mit „A 12" bezeichneten Schlepper. Hydraulik und Zapfwelle gehörten zur Standardausrüstung.
Hinzuweisen ist hier, daß der Bau des zunächst wasser-, später luftgekühlten Kleindieselmotors von Fichtel & Sachs auf die Entwicklungsarbeit von Holder zurückgeht.
Gleichfalls in Blockbauart kam der konventionell gebaute Schlepper „B 10", bzw. „B 12" mit den gleichen Motortypen hinzu. Mähbalken, Hydraulik und Zapfwelle waren vorhanden.
1960 folgte der „A 20 Cultimot" mit gleichgroßen Rädern, vorgebautem Motor und einer Knicklenkung. Ein eigener, 18 PS starker Zweizylindermotor wurde hier eingebaut.
Seit dem Ende der 70er Jahre besteht das Programm aus der weiterentwikkelten „Cultitrac"-Reihe mit den Modellen „A 18, A 28, A 40, A 50, A 60, A 60 Turbo", die mit eigenen 16, 28, 33, 50 und 59 PS starken Motoren ausgerüstet sind. Typisch für die Holder-Bauweise sind die beibehaltene Vorderlastigkeit und die gleichgroßen Räder dieser Knickschlepper.
Für die Landwirtschaft wurden die Typen „P 20, P 30, P 70" mit Hinterachsantrieb und Achsschenkellenkung sowie die Allradschlepper mit Knicklenkung der Baureihe „C 40, C 50, C 50 Turbo, C 60 T" mit Motoren von 19 bis

10-PS-Holder A 10 Allrad

59 PS entwickelt. Die Fahrzeuge der „C"-Baureihe sind darüber hinaus durch ihre gelenkige Bauart gut in der Forstwirtschaft einzusetzen.
Ein technisch interessantes Erzeugnis ist schließlich der Allrad-Kommunal-Knickschlepper vom Typ „C 500 Turbo" mit einem Fahrerhaus auf der vorderen und einer Ladepritsche auf der hinteren Fahrzeughälfte. Das vielseitig einsetzbare Fahrzeug wird mit aufgeladenen 50- oder 59-PS-Motoren gefertigt. Wie bei diesem Typ steht eine Fülle von Anbaugeräten für die verschiedenen kommunalen- und landwirtschaftlichen Zwecke beim Einsatz der Holder-Schlepper zur Verfügung.

10-PS-Holder B 10

Technische Daten der Holder-Schlepper

Typ	SP	Z	PS	K	B × H	Hubr.	D	Gew.	Mot.
Pionier	1938	1	7	L	73 × 80	335	2600	1080	ILO
Pionier		1	6	L		300	2600		DKW
Pionier	1941	1	8			500			ILO, Generator
Cultitrac									
A 10	1953	1	10	W	90 × 120	760	1750		F&S
B 10	1953	1	10	W	80 × 100	502	2000		F&S
B 10	1954	1	10	W	90 × 120	760	1750	685	F&S
B 12	1957	1	12	L	88 × 100	604	2200	690	F&S
A 12	1957	1	12	L	88 × 100	604	2200	685	F&S, auch Hatz 12 PS
A 20	1960	1	18	L	84 × 90	998	2200		Holder, Knicklenk.
A 20	1962	2	20	L	90 × 110	1400	2200		MWM, Knicklenk.
A 15	1965	1	12	W	84 × 90	550	2800	500	Holder
AM 2	1965	2	20	W	84 × 90	998	2400	1820	Holder, Allrad
B 25	1965	2	20	W	84 × 90	998	2300	925	Holder
AG 3	1965	3	30	W	84 × 90	1495	2400		Holder
A2	1966	2	18	W	84 × 90	998	2300	870	Holder
AG 3	1966	3	27	W	84 × 90	1495	2300	1050	Holder
AG 35	1968	4	45	W	90 × 104	2646	2000		Holder
AG 35	1969	3	30	W	84 × 90	1496	2300	1360	Holder
A 30	1972	2	24	W	84 × 90	998	2450	995	Holder
P 60	1972	3	28	W	95 × 95	2020	2300	995	Holder
A 45	1972	3	36	W	95 × 95	2020	2450	1070	Holder
A 55	1972	3	36	W	95 × 95	2020	2300	1415	Holder
B 18	1974	2	16	L	70 × 72	554	3600	665	Hatz
B 18	1974	1	16	L	95 × 105	744	2700	745	Hatz
B 16	1975	1	12	L	88 × 80	486	3000	595	Lombardini
A 45	1975	3	42	L	95 × 95	2020	2400	1195	Holder
A 55	1975	3	42	L	95 × 95	2020	2400	1545	Holder
A 60	1979	3	50	W	100 × 100	2356	2500	945	Holder
A 28	1980	2	28	W	95 × 95	1323	2700	610	Holder
A 40	1980	2	33	W	100 × 100	1571	3000	1375	Holder
A 50	1980	3	50	W	100 × 100	2356	2500	1560	Holder
A 50 S	1980	3	59	W	100 × 100	2356	2500	1455	Holder
A 60 T	1980	3	59	W	100 × 100	2356	2500	1770	Holder, Turbo
P 20	1980	3	18	W	100 × 100	855	1400	930	Holder
P 30	1980	3	24	W	100 × 100	1290	2800	1300	Holder
P 70	1980	4	35	W	100 × 100	1720	2800	1300	Holder
C 40	1980	2	33	W	100 × 100	1571	2500	1600	Holder
C 50	1980	3	50	W	100 × 100	2356	2500	1700	Holder
C 50 T	1980	3	59	W	100 × 100	2356	2500	1700	Holder
C 60 T	1980	3	50	W	100 × 100	2356	2500	2100	Holder
C 500	1980	3	50	W	100 × 100	2356	2500	1970	Holder, Knicklenk.
C 500 T	1980	3	59	W	100 × 100	2356	2500	2170	Holder, Knicklenk.

10-PS-Holder B 10, 2. Ausführung

18-PS-Holder P 20 (1)

50-PS-Holder A 60 (1)

H. Hütter, Maschinenfabrik, Hamburg-Glinde, Siemensstr. 11; ab 1951 Hamburg, Hammerstein Damm, 1939–1951

Dieser Schleppertyp besaß nach der Bauart Kolss nur ein Heckrad, um neben der technischen Einfachheit dem seitlich sitzenden Fahrer ein günstiges Blickfeld auf die zwischen den Vorderrädern und dem Hinterrad angebrachten Geräte zu ermöglichen. Ein Einzylinder-Deutz-Motor mit 12 PS, nach dem Krieg auch ein 15/16-PS-Motor kamen zum Einbau.

A. Hummel u. Söhne, Landmaschinen- und Fahrzeugbau, Heitersheim, Eisenbahnstr. 24, 1952–1966

Die einst bekannte Dreschmaschinenfabrik Hummel, gegründet im Jahre 1862, beteiligte sich in den 50er und 60er Jahren am Bau leichter Ein- und Zweiachsschlepper.
Die Einachsschlepper „DS 52“ und „DS 53“ ließen sich mit einer anmontierbaren Hinterachse in leichte Vierradschlepper mit einer Knicklenkung umrüsten. Das Lenkrad wirkte auf die Knicklenkung sowie auf die Lenkbremsen der Vorderachse. Zweitaktdieselmotoren von F & S und von Stihl mit Leistungen von 9 und 12 PS kamen zum Einbau.
Diese Einachsschlepper bildeten auch die Grundlage für leichte Raupenfahrzeuge. Ein kleines Bodenrad wurde zwischen dem Vorder- und dem

Technische Daten der Hütter-Schlepper

Typ	SP	Z	PS	K	B × H	Hubr.	D	Gew.	Mot.
Hütter	1939	1	12	V	100 × 140	1099	1100		Deutz
Hütter	1949	1	15/16	V	120 × 160	1808	1500	1500	Deutz
Hütter	1949	1	12	W	100 × 140	1099	1500		Deutz, auch Verdampfer

Technische Daten der Hummel-Schlepper

Typ	SP	Z	PS	K	B × H	Hubr.	D	Gew.	Mot.
DS 52	1952	1	9	L	78 × 75	356	3000	640	F&S
DS 52	1952	1	10/12	W	80 × 100	499	2000		F&S
DS 53	1953	1	12	L	90 × 120	763	1900	720	Stihl
DT 54	1954	1	9	L	78 × 75	356	3000	900	F&S
HA 56	1956	1	10	W	80 × 100	499	2000	1000	F&S
DT 547	1957	1	10	L	98 × 120	905	2000		MWM
HA 57	1957	1	12	L	88 × 100	604	2200		F&S
H 12 M	1957	1	12	L	90 × 110	699	2000	1037	MWM
DT 58 KS	1958	1	12	L	88 × 100	604	2200	950	F&S, Schmalspur
H 58 M	1958	1	12	L	105 × 120	1004	2000	1200	MWM
HA 20	1958	2	20	L	90 × 110	1400	3000		MWM
A 9 (A)	1959	1	12	L	88 × 100	604	2200	900	F&S
A 20 (A)	1960	2	20	L	90 × 110	1400	3000	900	MWM
A 14	1967	1	14	L	82 × 88	464	2800	800	Slanzi
A 65/20	1967	2	20	L	80 × 100	1005	3000	1050	MWM
A 65/30	1967	2	31	L	95 × 105	1488	3000	1200	MWM
A 65/30 B	1969	2	25	L	90 × 100	1272	3000	1430	Deutz, auch Allr.
A 65/30 A	1969	2	31	L	95 × 105	1485	3000	1430	MWM, auch Allr.
DE 52 SL	1952	1	10	W	80 × 100	499	2000		F&S
DT 58 R	1958	1	12	L	88 × 100	604	2200		F&S

hinteren Stützrad eingebaut, um die Kette auf den Boden zu drücken. Diese Behelfsraupen unter der Typenbezeichnung „DE 52 SL", später „DE 58 12", die hauptsächlich für die Arbeit in Weinbergen gedacht waren, erhielten 10-, später 12-PS-F & S-Motoren.

1954 folgte den einachsigen Kombinationsschleppern ein nur 900 kg schwerer Schmalspur-Vierradschlepper in Blockbauweise mit Knicklenkung und Allradantrieb als Typ „DT 54". F & S-Motoren mit 9, später mit 12 PS kamen auch hier zum Einbau. Ab 1957 konnten 10 PS starke MWM-Motoren in das

20-PS-Hummel A 20 (A)

nahezu unverkleidete Fahrzeug eingebaut werden. 1959 erhielt dieser Typ die Bezeichnung „A 9 Allrad“. Ein 20 PS starker MWM-Motor trieb das gleiche Modell unter der Typenbezeichnung „A 20 Allrad“ an.
1956 kamen mit den Baureihen „HA 56“ und „DT 58“ leichte Schlepper mit den gleichen Ein- und Zweizylindermotoren in konventioneller Bauweise hinzu. Als Schmalspurschlepper mit kleinen Rädern konnte der „DT 58 Spezial“ geliefert werden. Zapfwelle und Riemenscheibe sowie ein Mähbalken waren vorhanden oder konnten angebaut werden.
In den späten 60er Jahren folgten Spezialschlepper mit Ein- und Zweizylindermotoren von Slanzi, MWM und Deutz. Auch mit einem Allradantrieb konnten die Fahrzeuge geliefert werden.

Hunger, Schweidnitz, 1918

Prototyp eines Gelenkpfluges

9-PS-Hummel DT 54

9-PS-Hummel DE 52 SL

I

Fürstlich Stollberg'sches Hüttenamt, Ilsenburg/Harz, 1916–1918

Das unter der Marke **„Ilsenburger"** herausgebrachte Schleppflugmodell mit einer Pendelvorderachse war nach den Patenten von Josef BREY konstruiert, die später dem → Hansa Lloyd-„Trekker" zugrunde lagen. Ein 55-PS-Kämper-Motor mit einem Vierganggetriebe für einen Geschwindigkeitsbereich von 2,7 bis 4,8 km/h trieb diese wenig geglückte Maschine an.

Technische Daten der Ilsenburger-Schlepper

Typ	SP	Z	PS	K	B × H	Hubr.	D	Gew.	Mot.
Ilsenburger	1916	4	55	W	140 × 190	11693	700		Kämper

Imperator-Motoren-Werke AG, Berlin-Wittenau, 1917–1920

Versuchskonstruktionen eines Motorpflugmodells

International Harvester Company mbH, Neuß/Rhein, Industriestr. 39

1. 1937–1985 **International Harvester Company mbH,** Neuß/Rhein Industriestr. 39
2. 1985–heute **J. I. Case GmbH**

Im Jahre 1908 wurde im Neußer Hafengelände das *deutsche Tochterunternehmen* der amerikanischen International Harvester Company (IHC) zum Vertrieb der IHC-Getreidemäher, -Pferderechen, -Heuwender und -Traktoren gegründet. Die Produkte wurden unter den Markenzeichen McCormick, Deering und IHC vertrieben.
Nachdem das Unternehmen immer mehr auf Eigenproduktion umgestellt worden war, wurde 1937 auch der erste IHC-Ackerschleppertyp in Deutschland entworfen. Das Modell „F 12" war in Blockbauart mit einem Hilfsrahmen konstruiert. Die Lenkung erfolgte über eine horizontal liegende Steuersäule mit Kegelradübertragung. Eisen- (Typ „FS") oder Gummiräder (Typ „FG") konnten angebracht werden. Die große Spurweite, die durch das Umsetzen

20-PS-IHC F/S 12

der Räder erzielt wurde, machte den Schlepper für den Hackfruchtanbau besonders geeignet. An die Zapfwelle konnte ein Grasmäher angebaut werden.
Außergewöhnlich war die Verwendung eines eigenen Vierzylinder-Vergasermotors mit einer Leistung von 20 PS. Aus Kostengründen entschied sich das Werk für den Einbau des einfachen Benzinmotors, obgleich alle anderen deutschen Schlepperhersteller schon den sparsamen Dieselmotor in ihre Fahrzeuge einbauten. Der Motor war für die Verwendung von Traktorentreibstoff, einem Gemisch von Benzin und Dieselöl geeignet, wobei der Motor zunächst mit Benzin angelassen und bei genügender Erwärmung auf den schwereren Treibstoff umgestellt wurde.
Eine weitere Besonderheit war, daß nahezu sämtliche Teile einschließlich des Getriebes und der komplizierten Vergaseranlage in Neuß hergestellt wurden. Im ersten Produktionsjahr verließen 392 „F 12"-Schlepper das Montageband.
Im Jahre 1941 wurde das Fahrzeug als Typ „N 6" zum Holzgasschlepper umgebaut, wobei ein Einheitsgenerator über der gefederten Vorderachse in sogenannter gelockerter Bauweise anmontiert wurde. Durch diese Bauart blieb die Eignung des Schleppers für Hackfruchtkulturen erhalten, da die Bodenbearbeitungsgeräte weiterhin seitlich am Fahrzeugrahmen angebaut werden konnten. Der auf 2 l Hubraum ausgelegte Motor leistete nun 15 PS. Riemenscheibe, Zapfwelle und auf Wunsch ein Mähbalken waren ebenfalls vorhanden.

20-PS-IHC FG 12

25-PS-IHC DF 25

Bis 1944/45 produzierte IHC insgesamt 10972 „F 12"- und „N 6"-Schlepper. Schwere Bombenabwürfe verwüsteten das Werk, das inzwischen zur Rüstungsproduktion herangezogen worden war, zu 65 Prozent.
Nach schwierigen Wiederaufbauarbeiten erschien 1948 wieder der Vorkriegstyp mit dem 20-PS-Motor. Wiederum wurde der billige, aber unwirtschaftliche Vergasermotor eingebaut.
IHC experimentierte 1949/50 zunächst mit einem MWM-Dieselmotor, entschied sich dann aber für die Entwicklung eines eigenen Selbstzündermotors. Der 1951 fertiggestellte Vierzylindermotor arbeitete nach dem Vorkammerprinzip und leistete 25 PS. Das alte „F 12"-Getriebe wurde weiterhin verwendet. Die Serienfertigung von Dieselschleppern nahm IHC dann doch erst 2 Jahre später mit der „D-Linie" auf. Nach dem Baukastensystem wurden Zwei-, Drei- und Vierzylindermodelle mit 14, 20 und 30 PS gefertigt. Die Motoren ließen sich durch dieses System kostengünstig produzieren. Die Schlepper waren nun in reiner Blockbauart ausgeführt. Für Arbeiten in Kulturen konnten die Räder auf eine breitere Spur umgestellt werden.
1955/56 überarbeitete das Unternehmen die in der Käuferschaft gut angenommenen Modelle mit den „Farmall"-Typen „D 112, D 117, D 320, D 324 und D 430", die nahezu unverändert bis 1965/66 in der Fertigung blieben und IHC auf einen der ersten Plätze in der Zulassungsstatistik für Ackerschlepper in Deutschland brachten. Besonderheiten dieser Schlepper waren der verlängerte Radstand, ein hydraulischer Kraftheber, eine Portal-Vorderachse mit Einzelrad-Druckfeder sowie eine neuartige Blockbauweise. Äußerlich unterschieden sich diese Fahrzeuge gegenüber denen der „D-Linie" durch eine kantige Gestaltung der Motorverkleidung.
Im Jahre 1958/59 ergänzte IHC die Fahrzeugreihe mit 28-, 40- und 50-PS-Traktoren. Der 50 PS starke „Super BWD 6" erhielt wie später auch die kleineren Typen ein neues Styling sowie die „IHC-Agriomatic", ein Spezialgetriebe mit einer über eine Lamellenkupplung unter Last zuschaltbaren Untersetzung sowie eine unabhängig vom Fahrzeugantrieb arbeitende Zapfwelle. Ein sanftes Anfahren unter Last war darüber hinaus möglich.
Die preiswerten, solide gefertigten Schlepper der Marke „Farmall" (oder auch „McCormick-International") konnten Ende der 50er Jahre einen Marktanteil von 9,1 Prozent erzielen und belegten den zweiten Rang in der Zulassungsstatistik für deutsche Ackerschlepper; nicht zu vergessen ist schließlich auch der hohe Exportanteil der IHC-Produkte.
Im Jahre 1958 erwarb IHC in Heidelberg die stillgelegte Fuchs-Waggonfabrik und richtete ein Werk für die Fertigung von Mähdreschern, Lastkraftwagen und Raupenschleppern ein. Neben dem kanadischen IHC-Modell „TF 5" wurde die Laderaupe „D 85" in den Jahren 1963 bis 1966 gebaut. Der Motor des 40-PS-Ackerschleppers trieb die kleine Universalraupe an. Die Kette

14-PS-IHC DLD 2 (1)

14-PS-IHC D 212 (1) ▼

17-PS-IHC D 217 S (1) ▶

wurde mit vier oder fünf Rollen auf den Boden gedrückt. Die Lenkung erfolgte über Lamellenkupplungen und Lenkbremsen.
Mit der „E.W.G."-Schleppergeneration „323 bis 824" erneuerte IHC 1964 das Traktorenprogramm. Neu entwickelte Drei-, Vier- und Fünfzylindermotoren mit Direkteinspritzung trieben diese Schlepper an. Motorleistungen von 26/27 bis 82 PS standen nun zur Verfügung.
Mit dem stets in der Typenzahl begrenzten, aber preiswerten Schlepperprogramm konnte IHC im Jahre 1966 eine Nachkriegsproduktion von insgesamt 287 999 Traktoren erreichen.
Erfolgreich erweiterte IHC im Jahre 1972 das Fahrzeugangebot durch die Fertigung von Schmalspurschleppern. Seit 1978 bezieht die → Firma Hieble die entsprechenden Schlepperbaukomponenten und fertigt und vertreibt eigenständig die Schmalspurschlepper unter der Marke „Bergmeister".
1973 konnte das Werk die Auslieferung des 300 000. IHC-Schleppers, eines Fahrzeugs vom Typ „724" feiern.
Seit 1980 wird die moderne „XL"-Generation mit integrierter Kabine, mit der Möglichkeit des Allradantriebs sowie mit aufgeladenen Motoren angeboten.
Den größten Marktanteil erzielte das Unternehmen im Jahre 1980 mit 20 Prozent; inzwischen ist IHC durch → Fendt bzw. KHD von der zweiten Stelle verdrängt worden.
Der Marktanteil liegt bei 15 bis 16 Prozent. Seitdem im Jahre 1985 der US-Konzern J. I. Case Company (Tenneco Inc.) die Landtechnikabteilung der IHC übernommen und mit der Tochterfirma J. I. Case zusammengeführt hat, werden die Fahrzeuge unter der Bezeichnung „Case-International" angeboten.

24-PS-IHC D 324 S (1)

Technische Daten der IHC-Schlepper

Typ	SP	Z	PS	K	B × H	Hubr.	D	Gew.	Mot.
F 12	1937	4	20	W	80 × 102	2043	1650	1710/ 1830	Vergaser
N 6	1941	4	15	W	80 × 102	2043	1650	2000	Vergaser, Generator
FG 12	1948	4	20	W	80 × 102	2043	1650	1830	Vergaser
DF 25	1951	4	25	W	80 × 102	2043	1650	1370	ab hier: Diesel
DLD 2	1953	2	14	W	83 × 102	1103	1750	820	
DED 3	1953	3	20	W	83 × 102	1631	1750	1305	
DGD 4	1953	4	30	W	83 × 102	2175	1900	1370	
D 214 S	1956	2	14	W	83 × 102	1103	1800	1033	
D 217 S	1956	2	17	W	83 × 102	1217	1900	1065	
D 320 S	1956	3	20	W	83 × 102	1631	1800	1308	
D 324 S	1956	3	24	W	87 × 102	1825	1900	1318	
D 430 S	1956	4	30	W	83 × 102	2175	1900	1405	
BMD 440	1958	4	40	W	83 × 102	2175	1900	1886	
Super-BWD 6	1958	4	50	W	87 × 102	2434	1450	2664	
D 436 S	1959	4	36	W	87 × 102	2434	1900		

30-PS-IHC D 430 S (1)

Technische Daten der IHC-Schlepper

Typ	SP	Z	PS	K	B × H	Hubr.	D	Gew.	Mot.
D 215	1962	2	15	W	83 × 102	1103	1800		
D 219	1962	2	19	W	87 × 102	1217	1900		
D 322	1962	3	22	W	83 × 102	1631	1800		
D 326	1962	3	26	W	87 × 102	1825	1900		
D 432	1962	4	32	W	83 × 102	2175	1900		
D 439	1962	4	39	W	98 × 111	2536	1900		
D 706	1964	6	75	W	87 × 102	3636	2000		
D 323	1965	3	26/27	W	87 × 102	1825	1900	1845	auch Schmalspur
D 514	1965	4	30	W	93 × 111	3080	2100		
432	1965	3	40/42	W	98 × 111	2536	1900	2015	auch Schmalspur
523	1965	3	48/52	W	98 × 129	2918	2200/ 2400	2440	auch Allrad
624	1965	4	58/60	W	98 × 111	3347	2100	2475	auch Allrad
353	1966	3	48	W	98 × 111	2356	1900	1935	
724	1969	4	67/74	W	98 × 129	3900	2200/ 2400	2615	auch Allrad
453	1971	3	45	W	98 × 111	2536	2200	2140	
824	1971	4	82	W	98 × 129	3900	2300	3145	auch Allrad

67-PS-IHC 754-S (1)

82-PS-IHC 856 XL (1)

Technische Daten der IHC-Schlepper

Typ	SP	Z	PS	K	B × H	Hubr.	D	Gew.	Mot.
946	1971	6	90	W	98 × 111	5072	2200	4430	auch Allrad
1046	1971	6	100	W	98 × 129	5867	2100	4680	auch Allrad
383	1972	3	36	W	98 × 111	2536	1900	2033	
423	1972	3	40	W	98 × 111	2536	1900	2050	
1246	1973	6	120	W	98 × 129	5867	2200	5310	auch Allrad
433	1974	3	35	W	98 × 111	2536	2050	2115	auch Allrad
533	1974	3	45	W	98 × 111	2536	2200	2240	auch Allrad, Schmalspur
633	1974	3	52	W	98 × 129	2934	2180	2250	auch Allrad
554	1974	4	52	W	98 × 111	3382	2180	3160	auch Allrad
644	1974	4	60	W	98 × 111	3382	2180	3280	auch Allrad
744	1974	4	70	W	98 × 129	3911	2300	3400	auch Allrad
844	1974	4	75	W	100 × 129	4034	2300	3580	auch Allrad
844 S	1975	4	80	W	100 × 140	4389	2300	3660	auch Allrad
955/XL	1977	6	90	W	98 × 111	5072	2300	4520	auch Allrad
1055/XL	1977	6	100	W	98 × 129	5867	2200	4570	auch Allrad
1255/XL	1979	6	125	W	98 × 129	5867	2200	5680	auch Allrad
1455/XL	1979	6	145	W	100 × 129	6586	2200	6420	auch Allrad
733	1980	4	60	W	98 × 111	3382	2180	2360	auch Allrad, Schmalspur
743/XL	1981	4	67	W	98 × 129	3911	2300	3420	auch Allrad
745 S/XL	1981	4	72	W	98 × 129	3911	2300	3580	auch Allrad
844 S/XL	1981	4	80	W	100 × 140	4389	2300	3660	auch Allrad
833	1982	4	67	W	98 × 129	3911	2300	2600	auch Allrad, Schmalspur
956/XL	1982	6	95	W	98 × 129	5867	2200	4670	auch Allrad
1056/XL	1982	6	105	W	98 × 129	5867	2300	4750	auch Allrad
856/XL	1983	4	85	W	98 × 129	3911	2300	3840	auch Allrad
1394	1985	4	72	W	100 × 114	3594	2200	3630	Allrad
1494	1985	4	83	W	100 × 114	3594	2200	3940	Allrad
1594	1985	6	95	W	100 × 114	5392	2300	4680	Allrad
1694	1985	6	108	W	100 × 114	5392	2300	4740	Allrad
Raupen									
TF5	1963			W					Kanad. Raupe
DT D5	1963	4	38/40	W	87 × 102	2234	1900	2250/ 2586	

125-PS-IHC 1255 XL (1)

Iruswerke J. Rilling u. Söhne Dusslingen/Württ., Bahnhofstr. 15, 1938 und 1950–1966

Die Iruswerke stellten seit Beginn der 30er Jahre Motorfräsen mit 6-PS-Sachs-Motoren her. 1938 brachte das Unternehmen einen Vierrad-Dieselschlepper heraus, der von einem Einzylinder-16-PS-Deutz-Motor angetrieben wurde. In den Serienbau ging das 1,6 t schwere Fahrzeug jedoch nicht. Einachsschlepper der Marke „Irus" wurden weiterhein mit Motoren verschie-

Technische Daten der Irus-Schlepper

Typ	SP	Z	PS	K	B × H	Hubr.	D	Gew.	Mot.
Fräse	1938	1	6	L	71 × 63	249	1200	300	F&S
Schlepper	1938	1	16	V	120 × 160	1800	1400	1600	Deutz
Irus U 900	1961	1	8	L	77 × 96	447	2000	180	Hirth
Unitrak A 12		1	8	L	80 × 85	425	3000		Berning-Diesel
Unitrak A 12		1	8	L	78 × 78	372	3000		Berning-Otto
Unitrak		1	9	L E	75 × 90	396	3000		MWM

dener Hersteller bis in die Mitte der 60er Jahre gefertigt. Mit einem angekuppelten Anhänger ließen sich diese Einachsschlepper zu leichten Transportfahrzeugen umrüsten. Schließlich folgte 1963 ein Vierrad-Kleinschlepper mit der Bezeichnung „Unitrak A 12", der mit einem 8-PS-Diesel- oder Vergasermotor ausgestattet werden konnte.

Maschinenfabrik und Eisengießerei vorm. C. Jaehne und Sohn GmbH,
Landsberg a. Warthe, Friedrichstadt 143, 1926–1927

Die für den Göpelbau 1830 gegründete und später im Dampflokomobilenbau bekannte Firma versuchte für kurze Zeit eine „Motorlokomotive" zu vertreiben.

8-PS-Irus Unitrak A 12

K

Carl Kaelble GmbH, Backnang, Wilhelmstr. 44, 1925–1931 und 1939–heute

Die 1884 von Gottfried Kaelble gegründete mechanische Werkstatt nahm um die Jahrhundertwende den Bau von fahrbaren Bandsägen, fahrbaren Steinbrechern und Motor-Straßenwalzen auf. 1908 übernahmen die Söhne Carl und Hermann Kaelble den Betrieb, der sich nun auch mit der Konstruktion von schweren Zugmaschinen für die Heeresverwaltung beschäftigte. Nach dem Ersten Weltkrieg kam der Bau langsam laufender, kompressorloser Dieselmotoren hinzu, die ab 1925 in Straßenzugmaschinen und eisen-, später gummibereiften Schleppern der Marke „Suevia“ eingebaut wurden. Die Entwicklung immer stärkerer Zugmaschinen für Schwertransporte mit eigenen Dieselmotoren, die nach dem Zweiten Weltkrieg auch als erste mit Turboaufladung versehen wurden, ist mit dem Namen Kaelble verbunden.
Die hauptsächlich für den Straßenbetrieb gedachten, einfachen und zuverlässigen *„Suevia“-Zugmaschinen* „Z 1“ und „Z 2“ waren mit 16- und 25-PS-Einzylindermotoren versehen, die über Ketten die Hinterräder antrieben.

12/18-PS-Kaelble Typ Suevia

150-PS-Kaelble PR 630

Äußeres Kennzeichen des „Z 1" war der aus der Mitte der Motorhaube herausragende Zylinderkopf mit der offenliegenden Ventilsteuerung. Beim „Z 2" war der Motor unter der Haube vollständig verdeckt. Eine Riemenscheibe war bei den eisenbereiften, in Blockbauart konstruierten Fahrzeugen vorhanden.
Die zur gleichen Zeit entwickelte Straßenzugmaschine vom Typ „Z 3" leitete dann den Bau der Kaelble-Lastwagen ein; die Fertigung der „Suevia"-Schlepper wurde schon bald wieder aufgegeben.
Der noch heute von Kaelble gepflegte Fabrikationszweig der schweren Planierraupen begann 1939 mit einem 130 PS starken Kettenschlepper vom Typ „PR 125", der in Halbrahmenbauweise ausgeführt wurde. Mit einer für die damalige Zeit ganz modernen Hydraulik konnte das Planierschild bewegt werden.
Nach dem Krieg kamen eine 80- und eine 100-PS-Raupe hinzu, die auch unter der Marke *„Gmeinder"*, dem Namen einer mit Kaelble verbundenen Firma, vertrieben wurden. Die Vorkriegsraupe „PR 125" wurde in der verbesserten und auf 150 PS gesteigerten Version als Typ „PR 800" weiterproduziert.
1956 stellte Kaelble mit dem Typ „PR 630" die damals stärkste europäische Raupe her, die mit einem aufgeladenen, 270 PS starken Motor versehen

Technische Daten der Kaelble-Schlepper (Auswahl)

Typ	SP	Z	PS	K	B × H	Hubr.	D	Gew.	Mot.
Z 1	1925	1	12/18	W	125 × 200	2453	1000	3500	
Z 2	1925	2	25/30	W	125 × 200	4906	1000		
PR 125	1939	6	130	W	125 × 180	13247	1400		
PR 130	1948	6	125	W	110 × 170	9693	1600		
PR 100	1952	6	100	W	110 × 170	9693	1400		
PR 630	1953	6	150	W	130 × 180	14330	1400	11200	
PR 615	1954	6	80	W	115 × 170	7063	1400	11000	
PR 800	1956	8	300	W	130 × 180	19104	1600	22000	Turbo
PR 660	1956	6	160	W	115 × 130	8102	2400		
PR 660 T	1956	6	200	W	130 × 180	14330	1600		
PR 12		6	155	W	128 × 142	10960	2300	12500	Daimler-Benz
PR 15		8	180	W	128 × 142	14610	2300	18000	Daimler-Benz
PR 30		10	311	W	125 × 130	15945	2500	32700	Daimler-Benz

wurde. 1960 bestand das Programm aus den Typen „PR 660, 660 T und 800 HT“ mit 160-, 200- und 270-PS-Motoren.
Zur Zeit werden die Typen „PR 12, PR 15 und PR 30“ mit 155, 180 und 311 PS gefertigt, die nach Einstellung des eigenen Motorenbaus mit Mercedes-Benz-Motoren ausgestattet werden.

Kämper Motoren AG, Berlin-Marienfelde, Großbeerenstr. 174

1. 1908 **H. Kämper Motorenfabrik oHG,** Berlin-Mariendorf, Burggrafenstr. 1
2. 1949–1950 **Kämper Motoren AG, Berlin-Marienfelde**

Kämper, einst einer der großen Motorenlieferanten für die Traktorenindustrie, versuchte 1908 den Nachbau der ungarischen Köszegi-Bodenfräse aufzunehmen. Nach einigen Versuchstypen ging der Serienfertigungsauftrag jedoch an die Lanz-Werke in Mannheim, die allerdings Kämper-Motoren in die Bodenfräse einbauten.
Einen zweiten Versuch wagte Kämper 1949 mit der Konstruktion einer stabilen und solide gebauten Dieselzugmaschine für Acker- und Straßenbetrieb. Ein Einzylinder-24-PS-Motor mit Zapfwelle und Riemenscheibe brachte die in rahmenloser Blockkonstruktion ausgeführten Prototypen auf 17 bzw. 23 km/h. Der beschränkte unmittelbare Markt, die politischen Zeitumstände sowie die plötzliche Auslastung des Werkes für den Motoren-

Technische Daten der Kämper-Schlepper

Typ	SP	Z	PS	K	B × H	Hubr.	D	Gew.	Mot.
Kämper	1949	1	24	W	120 × 180	2034	1350	1650	

bau der aufstrebenden deutschen Schlepperindustrie führten zur Aufgabe des Projektes.
Der Demag-Konzern hatte 1941 diesen einst bekannten Hersteller von Motoren für Lkws, Schiffe, Traktoren und Raupenschlepper übernommen. In den 70er Jahren wurde die Produktion eingestellt, nachdem die etablierten Fahrzeughersteller eine ausreichende eigene Dieselmotorenkapazität entwickelt hatten.

Gottfried Kelkel Fahrzeugbau, Tamm, 1948–1956

Nach dem Ausscheiden aus der gemeinsamen Firma → *Gebr. Kelkel* baute Gottfried KELKEL gleichfalls Traktoren und landwirtschaftliche Anhänger. Haupttyp war der 22 PS starke Schlepper „K 22 E" mit einem Zweizylinder-MWM-Motor. Ein 15-PS-Einzylinder-Schlepper kam 1950 hinzu. Die Kelkel-Anhänger waren mit einer Antriebseinrichtung für die Vorderachse ausgerüstet.

24-PS-Kämper-Schlepper

Technische Daten der G. Kelkel-Schlepper

Typ	SP	Z	PS	K	B × H	Hubr.	D	Gew.	Mot.
K 22 E	1948	2	22	W	100 × 150	2355	1500	1600	MWM
K 22	1949	2	22	W	100 × 150	2355	1500	1760	MWM
K 15 E	1950	1	15	W	100 × 150	1178	1500	1300	MWM

Technische Daten der J. Kelkel-Schlepper

Typ	SP	Z	PS	K	B × H	Hubr.	D	Gew.	Mot.
JK 12	1952	1	12	W	100 × 150	1178	1500	1300	MWM
JK 18	1952	2	18	W	105 × 150	1300	1500	1200	Güldner
K 22/24	1949	2	22	W	95 × 115	1620	1800		Güldner
K 28	1952	2	28	W	100 × 150	2356	1500	1600	MWM
K 40	1952	3	40	W	100 × 150	3534	1500		MWM

Josef Kelkel Fahrzeugbau, Tamm, Ludwigsburger Str. 38

1. 1937–1948 **Gebr. Kelkel Fahrzeugbau,** Asperg
2. 1948–1953 **Josef Kelkel Fahrzeugbau,** Tamm

Die Firma *Gebr. Kelkel* wurde 1933 als Fahrzeugbauunternehmen gegründet. Zunächst wurden Einachsschlepper und landwirtschaftliche Anhänger gefertigt. 1937 begann die Fertigung von Zweiachsschleppern, die aber schon 1939 wieder eingestellt werden mußte.
1946 setzte das Unternehmen die Schlepperfertigung fort. Zwei Jahre später trennten sich die beiden Firmeninhaber und errichteten in Tamm jeweils eigene Schlepper- und Landmaschinenbetriebe.
Josef Kelkel fertigte bis 1953 die Typen „JK“ mit 15, 18, 20, 28 und 40 PS starken Motoren. Die Ein-, Zwei- und Dreizylindermaschinen kamen von MWM und Güldner. Alle Schleppertypen konnten auch als „Jo-Ke“-Radraupe geliefert werden. Zwischen Vorder- und Hinterrädern wurde je ein weiteres Gummirad angeordnet, über dieses und das jeweilige Hinterrad wurde ein Raupenband aufgelegt, so daß der Bodendruck des Schleppers auf eine größere Fläche übertragen wurde. Nach dem Tod Josef Kelkels wurde der Schlepperbau aufgegeben.

22/24-PS-Kelkel K 22/24

40-PS-Kelkel K 40 als Radraupe Jo-Ke

33/38-PS-Kemna-Schlepper mit Ackerstollen

Julius Kemna Dampfpflugfabrik, Breslau V, Gräbschenerstr. 163–173, 1921–1938

Im Jahre 1867 wurde von Julius KEMNA eine Werkstatt für Landmaschinen gegründet. Als spätere Maschinenfabrik und Eisengießerei produzierte das Unternehmen um die Jahrhundertwende Dampfpflüge und eine Vielzahl von Landmaschinen.
Erstes Ackerfahrzeug mit einem Benzolmotor war die 1921 gebaute Moortellerscheibenegge, die auch zum Schleppen von Geräten geeignet war.
Nachdem der Bau von Dampflokomobilen in den 20er Jahren zum Stillstand gekommen war, versuchte Kemna 1926, mit Dieselschleppern den geänderten Kundenwünschen zu entsprechen. Ein Vierzylinder-Deutz-Dieselmotor mit 32/38 PS kam in den fast 4 t schweren Schlepper. Bei Rohölbetrieb entwickelte der Motor 32 PS, bei Benzolbetrieb 38 PS. Das in Rahmenbauart mit vorderer Pendelachse ausgeführte Fahrzeug besaß eine glatte, langgezogene Blechverkleidung, Riemenscheibe, Ritzelantrieb und zusätzliche Lenkbremsen. Zum Anlassen des Motors diente eine Benzoleinspritzanlage. Ohne großen Erfolg wurde dieser Schlepper für einige Jahre angeboten. Auch die 1932 herausgebrachte Expreßgutzugmaschine für den Straßenbe-

Technische Daten der Kemna-Schlepper

Typ	SP	Z	PS	K	B × H	Hubr.	D	Gew.	Mot.
Kemna	1926	4	32/38	W	115 × 160	6644	1000/ 1200	3950	Deutz
Expreß	1932	2	20	W	100 × 130	2041	1500		Deutz
Expreß		2	28	W	120 × 150	3390	1200		Deutz

trieb mit Fahrerhaus und einem Zweizylinder-Deutz-Motor brachte es nicht auf größere Stückzahlen. Landmaschinen, Acker- und Unterkunftswagen bildeten die Hauptprodukte dieses Breslauer Betriebes.
Der Versuch, nach dem Krieg als Rheinhessische Maschinenbaugesellschaft in Heidesheim/Rheinland weiterexistieren zu können, schlug fehl.

Paul Kiefel Maschinen- u. Fahrzeugbau, Piding/Obb., Industriestr. 17–19, 1946–1953

Der Landmaschinen-Reparaturbetrieb Kiefel baute in der Nachkriegszeit den US-Jeep zu einem landwirtschaftlichen Fahrzeug um. Auf das Rahmenfahrgestell kam ein 12-PS-Hatz-Zweitaktdieselmotor. Das allradgetriebene Modell der Marke „Pionier“ konnte mit einem Mähbalken versehen werden. Bei einem Gewicht von 1,2 t erreichte er eine Höchstgeschwindigkeit von 18 km/h. Seit der Einstellung des Schlepperbaus ist die Firma im Antennenbau tätig.

12/14-PS-Kiefel Typ Pionier

Technische Daten der Kiefel-Schlepper

Typ	SP	Z	PS	K	B × H	Hubr.	D	Gew.	Mot.
Pionier	1946	1	12	V	100 × 130	1020	1500	1200	Hatz

Kiesel-Maschinenfabrik, München, 1920

Versuchskonstruktion eines Radschleppers

Kießwetter, 1914

Der Fräserpflug von Kießwetter besaß gegenüber den sonst üblichen rotierenden Hauen mehrere parallel gehende Spaten, die über eine Exzenterwelle bewegt wurden.

Wilhelm Klauder Fahrzeugbau, Maria Tann/Allgäu, Gemeinde Hergatz, 1949–1952

Unter der Marke *„Büffel"* montierte dieser Kraftfahrzeugbetrieb zu Beginn der 50er Jahre einen Kleinschlepper in Rahmenbauweise, nachdem erste Versuche im Jahre 1939 aufgegeben werden mußten. Ein Einzylinder-Hatz-Dieselmotor mit 12/14 PS kam zum Einbau.

Technische Daten der Klauder-Schlepper

Typ	SP	Z	PS	K	B × H	Hubr.	D	Gew.	Mot.
Büffel	1949	1	12/14	V	100 × 130	1020	1500	1080	Hatz

Franz Kleine Maschinenfabrik, Salzkotten, Am Bahnhof 317/319, 1936

Versuchstyp mit unbekannten technischen Daten

Klöckner-Humboldt-Deutz AG, Köln-Deutz, Mühlheimer Str. 137–149

1. 1907–1910 **Gasmotoren-Fabrik Deutz AG**
2. 1914–1921 **Gasmotoren-Fabrik Deutz AG**
3. 1921–1930 **Motorenfabrik Deutz AG**
4. 1930–1938 **Humboldt-Deutzmotoren AG**
5. 1938–heute **Klöckner-Humboldt-Deutz AG**

Die Motorenindustrie hat ihren Ursprung in der Gasmotoren-Fabrik Deutz. Dort hat ihr Mitbegründer Nikolaus August OTTO (1832–1891) im Jahre 1875 den funktionsfähigen Viertaktmotor erfunden. Die 1864 von N. A. Otto und dem Geheimrat Eugen LANGEN (1833–1895), einem Kölner Zuckerfabrikanten, gegründete Motorenfabrik mit der Ursprungsbezeichnung N. A. Otto u. Cie., ab 1891 Gasmotoren-Fabrik Deutz AG, fertigte zunächst mit Leuchtgas betriebene Motoren und ging dann zum Bau von Motoren mit flüssigen Treibstoffen über.
Erste Versuche, einen den Lokomobilen ähnlichen Schlepper mit einem Petroleum-Motor herzustellen, unternahm die amerikanische Tochterfirma in Philadelphia. Ein 26-PS-Motor trieb das 5,4 t schwere Fahrzeug der Otto-Gas-Engine-Works an; etwa ein Dutzend Exemplare wurden gefertigt.
Nach der Jahrhundertwende wandte sich auch das Deutzer Werk, das bisher nur stationäre Motoren und einige Motorlokomotiven gefertigt hatte, der Konstruktion von „schienenlosen Fahrzeugen" zu.
Erstes landwirtschaftliches Motorfahrzeug war die 1905 auf Initiative von Gustav und Arnold LANGEN, den Söhnen des Firmenmitbegründers, konstruierte *„Deutzer-Pfluglokomotive"*, die von einem nicht selbst konstruierten

25-PS-Deutzer Pfluglokomotive (1)

40-PS-Deutzer Trekker (1)

25-PS-Motor angetrieben wurde. Im Pflugbetrieb erwies sich die Motorleistung als zu gering, darüber hinaus war das Fahrzeug mit einem Gewicht von 3 t auch zu schwer geraten.

Nach den Patenten von Josef BREY, der später den → Ilsenburger Schlepper entwarf, und Theodor HEYER übernahm Deutz im gleichen Jahr die Konstruktion eines *„Automobilpfluges"*. Dieses erste deutsche Schleppermodell, das in kleiner Serie gebaut wurde, war von der technischen Ausstattung her seiner Zeit weit voraus, für den harten Betrieb auf den Feldern zu anfällig und für den mit wenigen technischen Kenntnissen versehenen Bediener zu kompliziert. Schließlich bedingte die aufwendige Konstruktion einen sehr hohen Verkaufspreis, so daß der Absatz gering blieb.

Technische Besonderheiten des 40 PS starken „Automobilpfluges" waren der Allradantrieb, die Allradlenkung sowie die Ausstattung des Fahrzeuges mit einem Front- und einem Heckpflug. Der „Automobilpflug" konnte somit

40-PS-Deutzer Automobilpflug (1)

ohne Wendemanöver in den Furchen hin- und herfahren. Das Heben und Senken der beiden vierscharigen Kippflüge erfolgte motorisch, wobei der eine Pflug hochgehoben, der andere gesenkt wurde.
Um auch auf schweren, feuchten Böden zügig arbeiten zu können, war bei einzelnen Fahrzeugen ein Spill angebracht, so daß sich der motorisierte Pflug mit dem Seil, das an beiden Furchenenden verankert war, nach dem Prinzip der Kettenschiffahrt voranarbeiten konnte. Die Ankerwagen mußten dann von Hand mittels einer Winde nach jedem Arbeitsgang weitergezogen werden.
Als Antriebsquelle diente ein 40-PS-Vierzylindermotor, der auch in den Deutzer Pkws Verwendung fand. Vermutlich hat Ettore BUGATTI, der zu dieser Zeit Chefkonstrukteur in Köln-Deutz war, diese Maschine geschaffen.
Nach dem Ersten Weltkrieg folgte der *„Deutzer Trekker"*, der wiederum in nur wenigen Exemplaren hauptsächlich in der Forstwirtschaft eingesetzt wurde. Hier handelt es sich um eine zu Kriegsbeginn entwickelte Artilleriezugmaschine mit einem 100-PS-Motor einer unbekannt gebliebenen Firma; die zivile Ausführung erhielt einen Deutzer 40-PS-Benzolmotor. Der äußerst solide gefertigte Schlepper besaß neben einer Federung und einem überdachten Fahrerstand eine Seilwinde zum Herausziehen der Baumstämme. Die Räder waren eisenbereift.

14-PS-Deutz MTH 222 (1)

28-PS-Humboldt-Deutz F_2 M 315 (1)

27/30-PS-Deutz MTZ 120/320 mit Elastikbereifung (1)

Nachdem der Bau dieses Fahrzeuges wieder eingestellt worden war und nur wenige 40-PS-Moorwalzen mit 1,27 m hohen und 2,5 m breiten Radwalzen hergestellt worden waren, gingen die Deutz-Werke 1926 zur Fertigung von 14-PS-Diesel-Schleppern des Typs „MTH 122“ sowie der später verbesserten Version „MTH 222“ über. Ein wirtschaftlicher, liegender Einzylindermotor mit Verdampferkühlung, der sich bereits in größeren Stückzahlen für stationäre Zwecke bewährt hatte, trieb diesen Schlepper an. Die Motoren stammten aus dem Deutz-Zweigbetrieb, der → Motorenfabrik Oberursel. Das Fahrgestell dieses in fortschrittlicher Blockbauweise konstruierten Schleppers bestand aus einem gepreßten Hohlkörper, in dem Getriebe, Hinterachse und Motorträger vereint waren.
Zunächst wurde der Schlepper nur mit einem Geschwindigkeitsbereich, später mit einem Zweiganggetriebe für Geschwindigkeiten von 3,5 und 7,5 km/h ausgestattet. Der Antrieb erfolgte durch eine Kettenübertragung. Charakteristisches Merkmal dieses Schleppers waren die beiden großen Schwungräder am unverkleideten Motorblock.
Für die Serienfertigung dieser Schlepper richtete Deutz in jenen Jahren das Humboldt-Maschinenbau-Werk in Köln-Kalk ein. Ein Interessenvertrag zwischen der Humboldt AG und der Motorenfabrik Deutz AG bestandt seit 1924. Die Fusion beider Unternehmen zur Humboldt-Deutzmotoren AG erfolgte im Jahre 1930.
Die erste Serienbaureihe „MTH“ der Deutz-Dieselschlepper wurde 1927 durch den Bau des 27-PS-Schleppers vom Typ „MTZ 120“ mit einem Zweizylindermotor abgelöst. Der Schlepper war nun in Rahmenkonstruktion mit vorderer Pendelachse gebaut. Der Antrieb erfolgte über ein Ritzelsystem. Riemenscheibe und Seilwinde waren am Fahrzeug angebracht. Unter der Bezeichnung „MTZ 320“ konnte er auch mit einem auf 36 PS gesteigerten Motor angeboten werden.
Gleichzeitig kam der nur 18 PS starke, 2,9 t schwere „Deutzer Motorpflug“ hinzu, der speziell für die Land- und Forstwirtschaft entwickelt worden war. Konstruktiv war das Fahrzeug in Stahlblechträgerkonstruktion mit vorderer Pendelachse, damals Schwenkachse genannt, ausgeführt. Wie auch bei dem 27-PS-Typ, war hier eine einfache Drehschemellenkung vorgesehen. Zur Ausstattung zählten ein Dreiganggetriebe für einen Geschwindigkeitsbereich bis zu 10 km/h sowie eine Seilwinde und eine Riemenscheibe.
Etwa 1400 „MTZ“-Schlepper wurden gefertigt, die teilweise auch schon mit einer Elastikbereifung versehen waren.
Nachdem nur für kurze Zeit ein 40-PS-Radschlepper für Straßentransportzwecke gefertigt worden war, brachte Deutz 1933 mit dem „Stahlschlepper F_2M 315“ ein Universalfahrzeug mit einem schnellaufenden 28-PS-Dieselmotor heraus. Das in Blockbauart konstruierte Modell war für mittlere und

25-PS-KHD Generatorschlepper

große Bauernhöfe geeignet. Ein geschweißtes Stahlblechgehäuse nahm Getriebe und Hinterachsführung auf. Die vordere Pendelachse war mit einem Querblattfederpaket gegenüber dem Motorblock abgestützt. Dem Zeitgeschmack entsprechend waren automobilartige Kotflügel angebracht. Eine Reifenaufpumpanlage gehörte zu den Besonderheiten dieses Fahrzeugs.
Im Jahre 1935 ersetzte ein 30-PS-Motor mit vergrößertem Hubraum die 28-PS-Maschine; der Schlepper erhielt nun die Bezeichnung „F_2M 317" bzw. später „F_2M 417". Bis zur kriegsbedingten Einstellung der Schleppermontage im Jahre 1944 wurden 12000 Exemplare des als unverwüstlich geltenden „Stahlschleppers" hergestellt.
Mit einem Dreizylindermotor erschien 1935 der 50 PS starke Acker- und Straßenschlepper „F_3M 317", der bis 1944 in einer Stückzahl von 6500 Fahrzeugen gebaut wurde. Riemenscheibe, Zapfwelle sowie die Möglichkeit zur Spurverstellung waren vorhanden.
Beide Modelle bewährten sich und wurden nach dem Krieg erneut bis in die 50er Jahre produziert. Auch das Ulmer Magirus-Deutz-Werk baute in der Kriegs- und Nachkriegszeit diese Typen.
Schließlich ist hier das große Erfolgsmodell der Vorkriegszeit der Humboldt-Deutzmotoren AG vorzustellen: In 10000 Exemplaren der Vor- und 9000 Exemplaren der Nachkriegszeit wurde der 11-PS-Schlepper „F_1M 414" als

65-PS-KHD RS 1500 Waldschlepper

35-PS-KHD F_2 M 417

erster serienmäßiger Kleinschlepper der Welt produziert. Er leitete als preiswerter und unkomplizierter Schlepper die Motorisierung der kleinen Bauernhöfe ein und wurde das Vorbild für entsprechende Konstruktionen verschiedener Hersteller. Riemenscheibe, Mähbalken und die Möglichkeit zur Spurweitenverstellung waren bei diesem in Fachkreisen auch „Elfer-Deutz" genannten Schlepper vorhanden.
Während der Kriegszeit, inzwischen hatte die Firma den noch heute geführten Namen Klöckner-Humboldt-Deutz AG angenommen, entwickelten Deutzer Ingenieure den Einheits-Holzgasmotor mit einer Imbert-Anlage, der nach dem sogenannten Zweistoffverfahren arbeitete. Der großvolumige 4,6-Liter-Zweizylindermotor leistete 25 PS und wurde an verschiedene Traktorenhersteller geliefert. Ein eigenes Schleppermodell mit diesem Motor stellte Deutz im Jahre 1941 vor. Eine Besonderheit waren die beiden Reserve-Holzvoratsbehälter auf den Kotflügeln, die durch die Auspuffgase geheizt wurden. Ein verkürztes Getriebe führte zu einer noch günstigen Baulänge für den Holzgasschlepper mit der vor dem Motorblock angebrachten Generatoranlage. Riemenscheibe, Zapfwelle, Mähwerk und Spurweitenverstellung gehörten zur Ausstattung des allerdings nur in 20 Exemplaren gefertigten Schleppers.
Die Straßenschlepperversion des 50-PS-Schleppers wurde auch auf Generatorbetrieb umgestellt. Der beibehaltene Motor leistete 47 PS bei einer etwas erhöhten Drehzahl.
In der Nachkriegszeit stellte zunächst das unzerstörte Werk Magirus/Ulm die Vorkriegstypen „F_2M 417" und „F_3M 417" wieder her. Das mühselig wieder

15-PS-KHD F_1 L 514 (1)

14-PS-KHD D 15

eingerichtete Werk Köln-Kalk legte Ende 1946 den Bauernschlepper „F_1M 414" mit einem neuen Getriebe wieder auf. Besonders bemerkenswert war die Ausstattung dieses Modells im Jahre 1949 mit einem luftgekühlten Einzylinder-15-PS-Motor. Die Maschine entstammte der 1942 vorgestellten Vierzylinder-Baureihe, die das Oberurseler Motorenwerk geschaffen hatte. Zunächst erhielt der Motor eine Axial-, ab 1955 eine Radialluftkühlung, wobei das Schwungrad gleichzeitig als Kühlgebläse diente.
Im Jahre 1949 konnte gleichzeitig in Köln-Kalk das alte „F_2M 417"-Modell wieder in die Fertigung aufgenommen werden.
Seit Kriegsende bis 1951 wurden 19677 Schlepper gefertigt. Als Vergleich für die Schwierigkeiten in der Produktionssteigerung in dieser Zeit soll die Angabe dienen, daß allein im Jahre 1939 5600 Schlepper gefertigt werden konnten. Ein Drittel der Fahrzeuge ging in den Export.
Im Jahre 1950/51 folgten im Baukastensystem zwei- und dreizylindrige Schlepper mit Leistungen von 28 und 42 PS, die die alten, noch aus dem „Stahlschlepper" entwickelten Typen ablösten. Die auch hier eingebaute Luftkühlung wurde nun bestimmend für die KHD-Erzeugnisse. Typisch für die Kühlanlage ist der sich nach hinten verjüngende Luftführungskanal, der alle Zylinder gleichzeitig mit Kühlluft versorgt.

90-PS-KHD DX 92 (1)

1956 wurde das Programm mit Schleppern, die Leistungen von 18, 24 und 34 PS erzeugten, erweitert. Der neuaufgelegte 11-PS-Bauernschlepper „F_1L 612“, nunmehr ebenfalls mit einem luftgekühlten Motor, wurde wahlweise als Tragschlepper oder als normaler Schlepper gefertigt. In der Tragschlepper-Version erhielt er einen Mittelrahmen aus Preßstahl für den Zwischenachseinbau von Geräten. Eine weit vor dem Motorgehäuse abgesetzte Lenksäule ermöglichte die Anordnung eines drehbaren Sitzes, so daß der Kleinschlepper gute Bedienungseigenschaften bei Rückwärtsfahrt bzw. bei Arbeiten mit einem am Heck angebrachten Greifer hatte.
Im Jahre 1957 wurde die „D-Reihe“ aufgelegt. Stand bisher in der Typenbezeichnung das „F“ für Fahrzeugmotor, die anschließende Ziffer für die Zylinderanzahl, das „M“ und das „L“ für Wasser- bzw. Luftkühlung sowie nach einer Baumusterzahl die verkürzte Angabe für den Hub, so folgte in der neuen Bezeichnung nach dem „D“ für „Deutz“ die ungefähre PS-Angabe des Schleppers. In dieser neuen Bauserie konnte erstmals der „D 40“ auch als Schmalspurschlepper geliefert werden.
Das Werk Köln-Kalk wurde im Jahre 1961 umfangreich erneuert. Drei moderne Taktstraßen standen nun zur monatlichen Fertigung von etwa 3000 Traktoren und (den später vorzustellenden) Raupenschleppern zur Verfügung. Dem technischen Standard entsprechend kam 1962 die Deutz-„Transformatic“ als fahrunabhängige Zapfwellenhydraulik zum Einbau.
Mit dem Erwerb der Firma → Fahr in Gottmadingen im Jahr 1962 sowie der Mähdrescherfirma Ködel und Böhm in Lauingen/Donau konnte KHD zum umfangreichen Landmaschinenanbieter mit Anbaugeräten, Schleppern und Mähdreschern aufsteigen.

Im Jahre 1967 wurden die Fahrzeuge durch ein vierstelliges Zahlensystem gekennzeichnet. Die beiden ersten Ziffern gaben die ungefähre PS-Leistung, die beiden Endziffern die Bauserie an.
Erneut wurde die Motorleistung in den Jahren 1967/68 erhöht. Die Getriebe wurden ab der Bauserie „5006" mit einer Synchronisation versehen. Äußerlich sind diese Modelle mit einer kantigen, nach unten abfallenden Motorhaube erkennbar.
Als besonders bemerkenswerter Typ erschien 1970 der Knickschlepper „D 16006" mit einem 160-PS-Motor, der einen Lenkeinschlag von 40 Grad besaß. Weitere Besonderheiten waren ein lastschaltbares Getriebe sowie ein weit vorgebauter Motor.
Auch in den Schmalspurschleppermarkt für den Weinbau sowie für die Plantagenwirtschaft stieg KHD mit dem speziell hierfür entwickelten „4506" im Jahre 1972 verstärkt ein.
Zusätzlich zur normalen Schlepperbaureihe entwickelte Deutz im Jahre 1972 den Spezialgeräteträger „Intrac" mit zunächst Leistungen von 50 bis 116 PS. Charakteristika dieses Schleppers sind neben der vorderen Portalachse eine vornliegende Fahrerkabine sowie ein hinterer Anbauraum für Zusatzgeräte bzw. für eine kleine Ladepritsche. Seit 1978 wird diese Modellreihe mit Leistungen von 70 bis 150 PS auch mit gleichgroßen Rädern ausgestattet. Auch mit einem Allradantrieb kann der „Intrac" geliefert werden. Um die Fertigungskapazität in Köln-Kalk für die Schlepperproduk-

70-PS-KHD Intrac 2004

11-PS-KHD F_1 L 612

60-PS-KHD-Schlepper F_4 L 514

tion vollständig ausnutzen zu können, ist die Montage der „Intrac"-Fahrzeuge im Jahre 1978 in das Zweigwerk in Lauingen/Donau verlegt worden. Nach einer weiteren motormäßigen Überarbeitung im Jahre 1972 – inzwischen war der 500 000. Schlepper gefertigt worden – präsentierte KHD 1978 erneut ein neugestaltetes Schlepper-Programm mit den „DX"-Typen, die Leistungen von 80 bis 150 PS aufwiesen. Außer dem erhöhten Komfort, der Vollsynchonisation der Getriebe und der stärkeren Hydraulik sowie dem neuen Styling sind die Schlepper durchwegs mit einem Allradantrieb ausgestattet.

Neben der „DX"-Serie wird weiterhin die „06"-Bauserie gefertigt. Beide Modellreihen sind 1984 in der Motorleistung bzw. in der Ausstattung erneut geändert worden, so daß nun Leistungen von 54 bis 160 PS zur Verfügung stehen. Hinzugekommen ist der spezielle Weinbau- und Plantagenschlepper „DX 55" mit einem Dreizylinder-54-PS-Motor.

Die Markenbezeichnung aller KHD-Landtechnikerzeugnisse lautet seit Beginn der 80er Jahre „Deutz-Fahr", um damit den Charakter als umfassender Landmaschinenhersteller herauszustellen.

Nachdem Deutz zeitweise Marktführer in der deutschen Zulassungsstatistik gewesen war, ist das Unternehmen 1985 knapp hinter Fendt zurückgefallen. Der Zulassungsanteil betrug 1985 17,3 Prozent. Mit einem Exportanteil von

60-PS-KHD-Raupe F_4 L 514

64 Prozent liegt Deutz hinter John Deere an der zweiten Stelle der Fertigungszahlen. Insgesamt sind bis 1986 900 000 Schlepper in Köln gefertigt worden.
Montagewerke unterhält KHD in Argentinien, Brasilien, Pakistan, Algerien, Tunesien und zeitweise bestanden welche in Japan, Indien, im Kongo und in Griechenland, wo die teilweise in Köln-Kalk ausgelaufenen Modell weiterproduziert werden bzw. wurden.
Seit 1986 sind Verhandlungen mit → Daimler-Benz im Gange, wonach KHD eine gemeinsame Baureihe als Ersatz für den „MB-trac" und den „KHD-Intrac" entwickeln soll. Schließlich hat KHD im Jahre 1985 die Motorenfabrik → Motorenwerke Mannheim, die maßgebend die Fahrzeuge von → Fendt sowie die des französischen Herstellers Renault mit Motoren versorgt, übernommen. Im Jahre 1986 hat KHD seine Aktivitäten auch auf dem Schleppermarkt in den USA durch die Übernahme der Traktorenproduktion des US-Herstellers Allis-Chalmers Corp. in Milwaukee verstärkt.
Hinzuweisen ist noch auf den einstigen Raupenschlepper-Produktionszweig, der von 1953 bis 1974 bestand. Ausgangspunkt war die Montage des Halbkettenfahrzeugs „Raupenschlepper Ost (RSO)", den das Werk Magirus/Ulm nach dem Krieg bis 1947 für die Forstwirtschaft als „Waldschlepper" weiter fertigen konnte. Er bestand aus einem tragenden Wannengehäuse mit Pendel-Vorderachse, einem Kettenlaufwerk und einer offenen Fahrerkabine. Die Schneckenlenkung steuerte das Gleiskettenbrems- und das zusätzliche Scheibenbremssystem. Die Ketten liefen über ein sechsrädriges Laufwerk. Markant war an diesem Fahrzeug der erstmalige Einbau des luftgekühlten Dieselmotors.
Im Jahre 1953 stellte KHD die vier- und sechszylindrigen Bau- und Industrieraupen „F_4L 514" und „F_6L 414" vor. Die luftgekühlten Motoren waren vorderlastig angebracht und mit einer abgerundeten Haube verkleidet. Das Laufkettenwerk war über vier untere Rollen abgestützt. Die Lenkung erfolgte über Lenkkupplungen und Lenkbremsen.
Nachdem im Jahre 1959 die Motorleistung auf 65 und 100 PS erhöht worden war, folgten im Jahre 1967 die Typen „DR 750" und „DR 1250" mit 72 bzw. 115 PS starken Motoren. Nochmals wurden die Motorleistungen der nun mit kantigen Hauben ausgestatteten Raupen auf 80 und 120 PS angehoben. Schließlich kam im Jahre 1971 die Großraupe „DP 2100" mit einem 210-PS-Motor hinzu. Auch für den Unterwassereinsatz konnten die Maschinen ausgerüstet werden. Insgesamt wurden 15 411 KHD-Raupen gefertigt.

Technische Daten der KHD-Schlepper

Typ	SP	Z	PS	K	B × H	Hubr.	D	Gew.	Mot.
Pflugloko-motive	1907		25	W					Kettenantrieb
Automobil-pflug	1907	4	40	W	145 × 150/ 160	9902/ 10562			Vierradantrieb/ -lenkung
Trekker	1918	4	40	W			800		Artilleriezugm.
Trekker	1921	4	33	W	100 × 150	4710	1000		
Moorwalze	1925	4	40	W	145 × 220	14524	600		
MTH 222	1926	1	14	V	145 × 220	3631	600	2600	kompressorloser Diesel
Schlepper	1926	4	40	W	145 × 220	14524	600	2600	
Diesel-Straßen-zugm.	1926	2	18	W			750	2900	Diesel
MTZ 120/ 130	1927	4	27/30	W	135 × 200	5726	800	3000	
Radschl.	1930	4	40	W	120 × 180	8138	800	4000	
F_2M 315	1933	2	28	W	120 × 150	3390	1200	2800	Stahlschlepper
F_2M 317	1935	2	30	W	120 × 170	3843	1200		Stahlschlepper
F_3M 317	1935	3	50	W	120 × 170	5760	1300	3700	Stahlschlepper
F_1M 414	1936	1	11	V/ W	100 × 140	1099	100/ 1550	1180	Stahlschlepper
Gasschl.	1941	2	25	W	150 × 130	4952	1550		
F_3M 317/ Gas	1942	3	47	W	120 × 170	5760	1350		nur Straßen-schlepper
F_2M 417/49	1948	2	35	W	120 × 170	3843	1350	2500	Werk Ulm
F_3M 417/49	1948	3	50	W	120 × 170	5760	1300	3550	Werk Ulm
F_1L 514	1949	1	15	L	110 × 140	1330	1650	1190	
F_2L 514	1950	2	28	L	110 × 140	2660	1600	1730	
F_3L 514	1952	3	42	L	110 × 140	3989	1600	2350	
F_1L 612	1953	1	11	L	90 × 120	763	2100	790	
F_2L 612	1953	2	22	L	90 × 120	1526	1600	1370	ab 1956 24 PS
F_2L 514	1953	2	30	L	110 × 140	2660	1650	1825	ab 1956 34 PS
F_3L 514	1953	3	45	L	110 × 140	3990	1600	2425	
F_2L 514	1953	2	35	L	110 × 140	2660	1700	1850	
F_2L 612	1956	2	18	L	100 × 120	1884	1850	1320	
D 40	1956	3	38/40	L	95 × 120	2550	2300	2000	
F_1L 712	1958	1	13	L	95 × 120	850	2300	860	
F_2L 612	1958	2	18	L	95 × 120	1700	1800	1170	
F_4L 514	1958	4	65	L	110 × 140	5320	1800	2925	
D 15	1959	1	14	L	95 × 120	850	2400	920	
D 25	1959	2	20	L	95 × 120	1700	1800	1320	
D 40	1959	3	35	L	95 × 120	3400	2150	2600	

Technische Daten der KHD-Schlepper

Typ	SP	Z	PS	K	B × H	Hubr.	D	Gew.	Mot.
D 30	1960	2	28	L	95 × 120	1700	2300	1450	
D 50	1960	3	46	L	95 × 120	3400	2100	2135	
D 25 S	1964	2	20	L	95 × 120	1700	1800	920	
D 40 S	1964	3	40	L	95 × 120	2550	2300	1880	
D 50 S	1964	4	52	L	95 × 120	3400	2300		
D 5005	1967	4	45	L	95 × 120	3400	2300		
D 6005	1967	4	58/62	L	95 × 120	3400	2300	2885	auch Allrad
D 8005	1967	6	75	L	95 × 120	5100	2300		
D 9005	1967	6	92	L	100 × 120	5655	2300	3225	auch Allrad
D 2506	1968	2	22	L	100 × 120	1885	2300	1695	
D 3006	1968	2	30	L	100 × 120	1885	2150	1795	
D 4006	1968	3	35	L	100 × 120	2826	2150	1880	auch Allrad
D 5006	1968	3	45	L	100 × 120	2826	2300	1965	auch Allrad
D 5506	1968	4	52	L	100 × 120	3770	2300	2520	auch Allrad
D 6006	1968	4	62	L	100 × 120	3770	2300	2520	auch Allrad
D 7506	1968	6	75	L	100 × 120	5655	2100	3100	auch Allrad
D 16006	1970	8	160	L	120 × 125	11300	2300		Knicklenkung, Allrad
D 4506	1972	3	40	L	100 × 120	2826	2300	2170	auch Allrad, Schmalspur
D 7206	1972	4	70	L	100 × 120	3770	2300	2760	auch Allrad
D 8006	1972	6	80	L	100 × 120	5655	2100	3220	auch Allrad
D 13006 A	1972	6	120	L	100 × 120	5655	2400	3770	Allrad
D 5206	1974	3	51	L	100 × 120	2826	2300	2055	auch Allrad
D 6206	1974	4	58/60	L	100 × 120	3770	2050	2230	auch Allrad
D 6806	1974	4	67	L	100 × 120	3770	2300	2645	auch Allrad
D 10006	1974	6	100	L	100 × 120	5655	2300	4710	ab 1978 DX 6.10
D 2807	1974	2	29	L	100 × 120	1885	2300	1840	
D 3607	1974	2	34	L	100 × 120	1885	2300	1930	ab 1978 DX 36 V
D 6007	1974	3	57	L	102 × 125	3060	2300		
DX 80	1978	4	75	L	102 × 125	4085	2300		ab 1982 DX 4.30
DX 85	1978	5	80	L	100 × 120	4710	2300		
DX 86	1978	4	82	L	102 × 125	4085	2300		ab 1982 DX 4.50
DX 90	1978	5	88	L	100 × 120	4710	2300		
DX 92	1978	4	90	L	102 × 125	4085	2300		ab 1982 DX 4.70
DX 110	1978	6	102	L	100 × 120	5655	2300		
DX 120	1978	6	110	L	102 × 125	6128			
DX 140	1978	6	125	L	102 × 125	6128	2300		
DX 145	1978	6	132	L	102 × 125	6128			
DX 160	1978	6	150	L	102 × 125	6128	2300		
DX 230	1978	6	200	L	125 × 130	9572	2300		
DX 250	1978	6	220	L	125 × 130	9572	2200	9250	Allrad, ab 1984 DX 8.30

Technische Daten der KHD-Schlepper

Typ	SP	Z	PS	K	B × H	Hubr.	D	Gew.	Mot.
DX 3.10	1982	3	46	L	100 × 120	2826	2150	2540	Allrad, ab 1984 DX 50V
DX 3.30	1982	3	54	L	100 × 120	2826	2500	2750	Allrad, ab 1984 DX 55V
DX 3.50	1982	3	61	L	102 × 125	3060	2500	2750	Allrad
DX 3.60	1982	4	65	L	100 × 120	3770	2350	3400	Allrad
DX 3.70	1982	4	70	L	100 × 120	3770	2350	3260	Allrad, ab 1984 DX 4.10
DX 3.90	1982	4	75	L	102 × 125	4085	2350	3260	Allrad, ab 1984 DX 4.30
DX 6.30	1982	6	115	L	102 × 125	6128	2400	5020	
DX 6.50	1982	6	137	L	102 × 125	6128	2300	5480	Turbo
DX 7.10	1982	6	160	L	102 × 125	6128	2400	5950	Turbo
DX 6.05	1982	6	98	L	100 × 120	5655	2300		
DX 7.10	1982	6	160	L	102 × 125	6128	2400	5950	
DX 55V	1982	3	54	L	100 × 120	2826	2500	1670	Allrad, Schmalspur
Intrac 2002	1972	3	50	L	100 × 120	2826	2300	2510	auch Allrad
Intrac 2005	1972	5	80	L	100 × 120	4710	2500	3900	
Intrac 2003	1974	3	60	L	102 × 125	3060	2500		auch Allrad
Intrac 2006	1974	6	116	L	100 × 120	5655	2400		
Intrac 2004	1978	4	70	L	100 × 120	3370	2300	3650	
Intrac 6.05	1982	6	98/100	L	100 × 120	5655	2300	4900	
Intrac 6.30	1982	6	115	L	102 × 125	6128	2400	5300	
Intrac 6.30	1982	6	150	L	102 × 125	6128	2300	6000	Turbo

Technische Daten der KHD-Raupen

Typ	SP	Z	PS	K	B × H	Hubr.	D	Gew.	Mot.
RS 1500	1945	4	65	L	110 × 140	5320	2100	3800	Werk Ulm
F_4L 514	1953	4	60	L	110 × 140	5320	1600		
F_6L 514	1953	6	90	L	110 × 140	7978	1650		
DK 75 A	1959	4	65	L	110 × 140	5320	1800		
DK 100	1959	6	100	L	110 × 140	7978	1800		
DK 750 A	1967	4	72	L	110 × 140	5320	2000		

Typ	SP	Z	PS	K	B × H	Hubr.	D	Gew.	Mot.
DK 1250 A	1967	6	115	L	110 × 140	7978	2200		
DR 750	1969	4	80	L	110 × 140	5320	2200	6720	
DR 1250	1969	6	120	L	110 × 140	7978	2200	9550	
DP 2100	1969	6	210	L	110 × 160	9118	1650	16600	
DP 2100	1973	6	205	L	100 × 120	5652	2300		
DR 750	1974	4	72	L	100 × 120	3768	2300		
DR 1250	1974	6	110	L	100 × 120	5652	2300		

Technische Daten der Klose-Schlepper

Typ	SP	Z	PS	K	B × H	Hubr.	D	Gew.	Mot.
Klose	1917	4	35	W	110 × 160	6079	750	3600	Kämper
Klose	1919	4	60	W	140 × 190	11693	750	4200	Kämper

Kurt Klose, Staßfurt, 1917–1920

Der mit einem Führerstand ausgestattete Schlepper besaß zunächst einen 35-PS-, nach dem Krieg einen 60-PS-Motor. Das Gewicht stieg dadurch von 3,6 auf 4,2 t. Die vordere Kippachse war in einer Drehschemellenkung ausgeführt. Geschwindigkeiten zwischen 2 und 5,3 km/h konnten gefahren werden. Das Fahrzeug wurde auch als reiner Tragpflug mit nur einem hinteren Treibrad geliefert. Die Schlepperkonstruktion übernahmen 1920 die → Lippischen Staatswerkstätten.

Kurt Kögel, Maschinen-Vertriebs GmbH, München, Nymphenburger Str. 61, 1949–1954

Mit MWM-Motoren wurden die Typen „K 15, K 22 und K 28" hergestellt. 1952 kam der in Baugemeinschaft mit Linke-Hofmann-Busch gefertigte „K 25" hinzu, der von einem Henschel-Zweizylindermotor angetrieben wurde. Riemenscheibe, Zapfwelle und pneumatischer Kraftheber waren bei diesen Schleppermodellen vorhanden.

Technische Daten der Kögel-Schlepper

Typ	SP	Z	PS	K	B × H	Hubr.	D	Gew.	Mot.
K 15	1949	1	15	W	100 × 150	1178	1500	1280	MWM
K 22	1949	2	22/24	W	95 × 150	2125	1500	1600	MWM
K 28	1949	2	28/30	W	100 × 150	2356	1500	2080	MWM
K 25	1952	2	20/22	W	90 × 125	1590	2000	1465	Henschel
KG 12	1953	1	12	W	95 × 115	815	2000	1100	Güldner
KG 18	1953	2	17	W	85 × 115	1300	1800	1310	Güldner

Gebr. Körting AG, Hannover-Linden, Badenstedter Str. 60, 1920–1924

Die 1871 von Berthold und Ernst KÖRTING gegründete Maschinen- und spätere Motorenfabrik stellte Anfang der 20er Jahre einen 1,1 bzw. 1,5 t schweren dreirädrigen Kleinmotorpflug her, dem der Bediener hinterherlaufen mußte. Auch mit einem Hilfssitz konnte das 12 oder 18 PS starke Fahrzeug geliefert werden.

Technische Daten der Körting-Schlepper

Typ	SP	Z	PS	K	B × H	Hubr.	D	Gew.	Mot.
	1920	2	12	W	100 × 150	2849	800	1100	
	1924	2	18	W	100 × 150	2849	1100	1500	

◀ *60-PS-Klose-Schlepper*

Körting-Handmotorpflug ▲ 6-schariger Komnick-Pflug, erster Typ ▶

Karl Franz Komnick und Söhne GmbH, Automobilfabrik, Elbing/ Westpreußen, Herrenstr. 52

1. 1914–1923 **Karl Franz Komnick und Söhne GmbH, Automobilfabrik**
2. 1923–1930 **Automobilfabrik Karl Franz Komnick und Söhne AG**

Die in Westpreußen beheimatete Firma wurde 1854 zur Herstellung von Kalksandstein-Bearbeitungsmaschinen gegründet und um 1897 in eine stillgelegte Waggonfabrik verlegt. Das Unternehmen firmierte nun für einige Jahre als „Maschinenbau-Anstalt, Eisengießerei und Dampfkesselfabrik". 1907 wurde der Bau von Personen- und Lastwagen aufgenommen. Zu Beginn des Ersten Weltkriegs kam die Herstellung von Motorpflügen hinzu, nachdem die Firma schon Erfahrungen in der Herstellung von Dampfpflügen gesammelt hatte.
Erstes Tragpflugmodell war ein sechschariger, 7,4 bis 8 t schwerer Großmotorpflug. Ein eigener 80/100-PS-Vierzylindermotor trieb die 2,2 m hohen Vorderräder an. Dem Komnick-Motorenbau entsprechend wurde der Kühler hinter dem Motorblock angebracht; vor Verschmutzung war er dadurch gut geschützt.
Das in der Furche laufende Rad konnte um 15 cm gesenkt werden, so daß der Tragpflug waagerecht arbeiten konnte. Als schwere Artilleriezugmaschine wurde dieses Modell auch an die Heeresverwaltung geliefert.
Während des Krieges kam noch ein weiterer, 120 PS starker Tragpflug mit sieben Scharen hinzu. Die Pflugkörper waren in einem Hilfsrahmen angeordnet, so daß sie parallel in den Boden gesenkt werden konnten. Bei Bodenwiderständen fing der Hilfsrahmen zudem die Erschütterungen auf, ohne daß das Fahrgestell beschädigt wurde.

Die unförmigen Kraftprotze ersetzte Komnick nach dem Krieg durch die Motorpflüge der Typen „PB 3“ und „PC 6“. Der sechsscharige „PC 6“ besaß bei einem stattlichen Eigengewicht von 8 t einen 80-PS-Motor, der „PB 3“ mit drei Scharen und einem Gewicht von 5,5 t einen 45-PS-Motor. Auch eine 30-PS-Maschine konnte eingebaut werden. Ein Treibrad ließ sich bei den Modellen in der Höhe verstellen. Durch Zusatzteile konnte der kleinere Typ in eine vierrädrige Zugmaschine verwandelt werden. Schließlich kam noch ein vierschariger Tragpflug mit dem 45-PS-Motor hinzu. Konstrukteur der Tragpflüge sowie der späteren Radschlepper war Josef VOLLMER mit seiner Deutschen Automobil-Konstruktions-GmbH.

1925 stellte die Firma ihre Ackertypen auf vierrädrige Universalschlepper um. Das Komnick-Programm bestand bis zur Übernahme durch die Büssing-NAG-Werke aus drei Grundtypen:

Der „Großkraftschlepper PT“ erhielt einen 50-, später 60-PS-Motor. Als Ackerschlepper mit durchbrochenen Stahlscheibenrädern oder Greiferrädern wog er 2,9 t; als Straßenschlepper mit doppelter hinterer Elastikberei-

52-PS-Komnick PT (PS 3)

Komnick PT (PS 3) als Straßenschlepper

32-PS-Komnick PS 2

fung 4,5 t. Das Fahrgestell dieses Typs diente auch zur Montage der Benz-Sendling-Dieselschlepper.
Der vierzylindrige „Kleinkraftschlepper PS 1" bekam einen 40-PS-, der zweizylindrige „Kleinkraftschlepper PS 2" einen 32-PS-Motor. Der „PS 1" wog als Ackerschlepper 2,6 t, als Straßenschlepper mit Elastikbereifung 4 t. Der „PS 2" brachte in diesen Versionen 2,25 t, bzw. 3,2 t auf die Waage.
Riemenscheibe und Seilwinde waren bei diesen Schleppertypen vorhanden.
Das Fahrgestell bestand aus einem Halbrahmen mit angeschraubtem Getriebekasten. Der Antrieb erfolgte bei den Typen „PT" und „PS 1" über ein Ritzelsystem, beim „PS 2" über ein Kardanwelle.
Die Komnick-Fabrikate waren zunächst ihren gewaltigen Dimensionen entsprechend auf den großen Gütern im Osten, später als Radschlepper aber auch in den anderen Teilen Deutschlands vertreten. Die Krisenzeit der 20er Jahre konnte die Firma, nachdem schon der Pkw-Bau aufgegeben worden war, nicht überstehen. Die Braunschweiger → Büssing-NAG-Werke übernahmen 1930 die Fabrikationsanlagen, darunter eine moderne Stahlgießerei und erst ganz neu aufgestellte Bohrautomaten. Neben den bis Kriegsende gefertigten Büssing-NAG-Zugmaschinen und Dieselmotoren wurde der „Großkraftschlepper PT" als Büssing-NAG-Eilschlepper „DZ 1" noch bis in die Mitte der 30er Jahre weitergebaut.

50-PS-Komnick PT (PS 3)

AUTOMOBILFABRIK KOMNICK A.-G.
Elbing

KOMNICK-STRASSENSCHLEPPER, 60 PS, TYPE Pt

Technische Daten der Komnick-Schlepper

Typ	SP	Z	PS	K	B × H	Hubr.	D	Gew.	Mot.
Sechsschar	1914	4	80/ 100	W	150 × 200	14130	800	7400/ 8000	
Sieben- schar	1916	4	120	W					
PB 3	1921	4	40/45	W	120 × 160	7234	950	4000	
PC 6	1921	4	80	W	150 × 200	14130	800	6000	
Kraftschl.		4	40/45	W	78 × 108	2063	1000	2900	
Tragpfl.	1925	4	56	W	110 × 155	5890	1100	2850	
PT (PS 3)	1925	4	52	W	130 × 150	7956	900	2900- 4650	
oder		4	50	W	110 × 155	5890	1000		auch 60 PS/ 1200 U/min
PS 1	1926	4	40	W	100 × 155	4867	1100	2600- 4000	
oder		4	40	W	110 × 155	5890	800		
PS 2	1926	2	32	W	120 × 160	3617	1100	2250- 3200	

Kosto-Werke AG, Korge und Stolle, Berlin-Reinickendorf-Ost, Hauptstr. 28/29 und Graf-Rödern-Allee 1–3, Schwerin-Görres, 1918–1923

Der *Kosto-Gelenkpflug* besaß ein überdimensionales hinteres Antriebsrad mit schräggestellten Schaufeln. Die ersten Typen hatten einen Vierzylinder-32/40-PS-, die späteren einen 40/45-PS-Motor. Der Fahrer stand rechts hinter dem Treibrad auf einer kleinen Plattform. Eine Geschwindigkeit von 5,3 km/h konnte erreicht werden.

Technische Daten der Kosto-Schlepper

Typ	SP	Z	PS	K	B × H	Hubr.	D	Gew.	Mot.
Kosto	1918	4	32/40	W	114 × 160	6529	900		Adler
Kosto		4	40/45	W	140 × 160	9847	900		

Maschinenfabrik Gebr. Kramer GmbH, Überlingen und Gutmadingen

1. 1925–1936 **Maschinenfabrik Gebr. Kramer,** Spezialfabrik für Kleinschlepper und Motormäher in Gutmadingen
2. 1936–1972 **Gebr. Kramer GmbH,** Überlingen und Gutmadingen
3. 1972–1987 **Kramer-Werke GmbH**

Mit seinen Brüdern Franz, Hans und Karl montierte Emil KRAMER (1897–1932) 1925 als erster deutscher Fabrikant auf einem mit einer lenkbaren Achse versehenen Gespannmäher einen 4-PS-Einzylinder-Zweitaktmotor von DKW, der sowohl zum Fahrzeugantrieb als auch zum Antrieb des Mähwerkes über einen Riemen und später über eine Exzenterwelle diente. Mit seinen Brüdern Hans und Karl KRAMER verbesserte er diesen eisenbereiften, nun mit einem 8/10-PS-Dieselmotor ausgerüsteten Schlepper, so daß innerhalb von drei Jahren 250 Exemplare verkauft werden konnten. Mit dem Erfolg dieses Kleinschleppers, der zum Mähen, zum Ziehen leichter Lasten und zum stationären Antrieb eingesetzt werden konnte, bezeichnete

Kramer Motormäher

sich das Unternehmen in dieses Jahren als *„Erste deutsche Spezialfabrik für Kleinschlepper und Motormäher“*. Nach dem frühen Tod von Emil Kramer gingen die Brüder aufgrund der guten Nachfrage zur Fließbandfertigung des erfolgreichen Kleinschleppers über.
Ein neues Erfolgsmodell war der *„K 12 Allesschaffer“*. Ein liegender Einzylinder-Deutz- oder Güldner-Motor mit Verdampfungskühlung war in der Mitte des Kastenrahmenfahrgestells, das sich nach vorne zur Aufnahme der Pendel-Vorderachse verjüngte, montiert. Auf eine Verkleidung wurde bei diesem mit Riemenscheibe, Zapfwelle und Mähwerk auch als „Vielzweckmaschine“ bezeichneten Schlepper verzichtet. Erstmals bei einem Kleinschlepper war hier ein ausklappbares Mähwerk zwischen Vorder- und Hinterachse angebracht. Als zwar einfacher, aber preiswerter Schlepper für Klein- und Mittelbetriebe fand dieses Modell sowie auch der 18/20 PS starke *„K 18 Allesschaffer“* wiederum einen guten Absatz, so daß bis zum Ausbruch des Krieges über 10 000 Kramer-Kleinschlepper hergestellt werden konnten.
Der Nachfrage nach einem Universalschlepper der 20/22-PS-Klasse kam die Maschinenfabrik im Jahre 1940 nach; allerdings wurden vor dem Krieg nur noch wenige Exemplare gefertigt. Der „K 22“ war als künftiger Einheitsschlepper in Blockbauart mit vorderer Pendelachse konstruiert und mit einem 22-PS-Deutz-Motor ausgestattet. Als Universalschlepper mit Gummi- oder Eisenbereifung besaß er ein Mähwerk, Riemenscheibe, Zapfwelle sowie Lenkbremsen. Als Straßenschlepper konnte er eine Geschwindigkeit von fast 20 km/h erreichen.
Ab 1942 wurde in kleiner Stückzahl der Einheits-Holzgasschlepper „KS 25“ mit einem Deutz-Motor gefertigt.
Nach umfangreichen Demontagen in der frühen Nachkriegszeit konnte Kramer erst 1949 wieder mit Schleppern auf den Markt kommen. Neben dem alten „K 12“ und dem 22-PS-Schlepper, der wegen seiner nunmehr eingebauten Thermosyphonkühlung die Bezeichnung „K 22 Th“ erhielt, kam der in Rahmenkonstruktion ausgeführte „K 28“ hinzu. Charakteristisch waren bei diesem wiederum als Erfolgsmodell zu bezeichnenden Schlepper das große seitliche Schwungrad, das gleichzeitig als Riemenscheibe diente, die Pendel-Vorderachse, die (angeblich) unfallsicheren Sitze auf den hinteren Kotflügeln, die Teleskopfedern an den vorderen Radträgern, die Zapfwelle, die Lenkbremsen und die Differentialsperren.
1951 erweiterte der „K 33“ mit einem 33 PS starken Deutz-Motor das Programm. Markenzeichen der Kramer-Schlepper in dieser Zeit wurde die stilisierte Ähre im Zahnkranz, die die Verbundenheit der Technik mit der Landwirtschaft symbolisieren sollte. Typisch für das Aussehen der Schlepper waren die hinter dem Fliegengitter der Kühlerabdeckung angebrachten Scheinwerfer, die somit vor Beschädigung geschützt waren.

Kramer K 12 Allesschaffer

Kramer K 18 Allesschaffer

22-PS-Kramer K 22 ▲

▼ 20/22-PS-Kramer K 22 Ta

12/14-PS-Kramer KB 12 ▲

▼ *17-PS-Kramer KL 17 CKL 180*

25-PS-Kramer KA 250

54-PS-Kramer 540 Universal

10/14-PS-Kramer Pionier

52-PS-Kramer KL 550

1953 löste der luftgekühlte Einzylinder-11-PS-Schlepper „KL 11" in Tragschlepperbauart das alte Verdampfermodell „K 12" ab, das inzwischen die Umgangsbezeichnung „Der kleine Kramer" erhalten hatte, ab. Nochmals im Jahre 1958 erneuerte Kramer dieses Kleinschleppermodell mit dem Typ „Pionier S", der nun von einem Einzylinder-14-PS-Deutz-Motor angetrieben wurde.
Stärkster Kramer-Schlepper der 50er Jahre wurde der 45-PS-Typ mit einem Dreizylinder-Deutz-Motor im Jahre 1955. Im gleichen Jahr erreichte Kramer eine Nachkriegsstückzahl von 10 000 gefertigten Traktoren.
Im Jahre 1962 überarbeitete die Maschinenfabrik ihre Schleppertypen. Die Hauben wurden länger und flachgezogener. Zur Geräuschminderung wurden sie aus Duraelastikmaterial hergetellt. Abgesehen von dem für den Export sowie für den Weinbau vorgesehenen Typ „350 Export" des Baujahres 1962 mit einem englischen Standard-Triumph-Motor, erhielten seit Ende der 50er Jahre die Kramer-Schlepper nur noch luftgekühlte Deutz-Motoren.
Ein weiteres Mal erneuerte Kramer in den Jahren 1968 bis 1970 die Schlepperreihe mit den Modellen „KL 260, KL 360, KL 450" sowie mit den allradgetriebenen Fahrzeugen „KL 450 Allrad" und „KL 600 Allrad".
Mit dem letzten Bauprogramm von schweren und ausschließlich allradgetriebenen Fahrzeugen der Typen „414, 514, 714, 814 und 1214" mit 46 bis 125 PS starken Motoren versuchte sich das Unternehmen vergeblich, den gewandelten Agrarstrukturen der EG anzupassen. Nachdem der durchschnittliche Marktanteil von 5 Prozent schließlich in den späten 60er Jahren auf unter 1 Prozent gesunken war, gab auch Kramer im Jahre 1971 die Standard-Ackerschlepperfertigung auf.
Hinzuzufügen ist an dieser Stelle, daß das Unternehmen von 1958 bis 1975 zwei- und dreirädrige Zugmaschinen mit Deutzmotoren herstellte. Die ersten Modelle waren in Schnauzen-, die späteren in Frontlenkerbauart gestaltet worden.
Einzig der allradgetriebene und -gelenkte Systemschlepper „Zweiwege-trac 1014" mit einem 105 bis 121 PS starken Motor wurde seit der Einstellung der Traktorenproduktion als Universalfahrzeug für die Land- und Forstwirtschaft sowie für industrielle Zwecke gefertigt. Daneben bestreiten Fahrzeugkomponenten für andere Fahrzeughersteller, Schaufel- und Baggerlader verschiedener Ausführungen für die Bauindustrie die heutige Produktionspalette von Kramer.

Technische Daten der Kramer-Schlepper

Typ	SP	Z	PS	K	B × H	Hubr.	D	Gew.	Mot.
Motor-mäher	1925	1	4	L					DKW
dto.	1927	1	8	L					DKW
dto.	1930	2	12/14						Güldner
Modell 31	1932	1	7/8						Güldner
K 12	1932		12/14						Güldner
K 12 Alles-schaffer	1932	1	11/12	V	105 × 138	1113	1500	1300	Güldner
K 18 dto.	1937	1	18/20	V	120 × 145	1640	1500	1600	Güldner
K 22	1940	2	22	W	100 × 140	2198	1500	1660/ 1870	Deutz (T 22 mit Eisenbereifung)
K 25	1942	2	25	W	150 × 130	4592	1550	2200	Deutz, Generator
K 12 V	1949	1	12	V	120 × 160	1808	1300	1450	Deutz
K 18	1949	1	20	W	120 × 145	1640	1500	1650	Güldner
K 22 Th	1949	1	20/22	Th	120 × 145	1640	1500	1650	Güldner
K 28	1949	2	28	W	110 × 150	2849	1500	2000	MWM-Süd-bremse
KB 22	1951	2	20/22	W	95 × 115	1620	1800	1350	Güldner
K 33	1951	2	30/33	L	110 × 140	2660	1600	1750	Deutz
KB 12	1951	1	12/14	W	75 × 100	880	2000	1300	Güldner
K 15	1952	2	15	W	85 × 110	1250	1850	1045	MWM
KB 10	1953	1	10	W	100 × 140	1099	2000		Deutz GT, Tragschl.
KL 11	1953	1	11	L	90 × 120	763	2100	945	Deutz
KB 17	1953	2	17	L	85 × 115	1300	1800	1225	Güldner
KB 25	1953	2	25	W	95 × 115	1620	1800	1575	Güldner, Tragschl.
K 45	1953	3	45	L	110 × 140	3990	1600	2600	Deutz
KB 25 L	1953	2	24	L	98 × 120	1810	1800	1455	MWM
K 18	1954	2	20/22	L	90 × 120	1526	1600	1420	Deutz
KA 110	1956	1	11	L	90 × 120	763	2000	880	Deutz
KB 150	1956	2	14/15	W	85 × 115	1305	1800	1060	Güldner
KL 180	1956	2	17	L	85 × 115	1305	2000	1145	Güldner
KB 180	1956	2	18	W	85 × 115	1305	1600	1170	Güldner
KB 220	1956	2	22	L	85 × 115	1305	1800	1500	Güldner
KA 250	1956	2	25	W	95 × 130	1840	1800	1550	Güldner
KA 330	1956	2	33	L	110 × 140	2660	2100	1655	Deutz
KA 540	1956	4	54	L	95 × 120	3400	2800	2850	Deutz, Univer-salfahrz.
Pionier S	1958	1	14	L	95 × 120	850	2400	850	Deutz
KL S 140	1958	1	13	L	95 × 120	850	2400	1075	Deutz
KW 160	1958	2	16	W	85 × 115	1300	1800	1150	Güldner

Technische Daten der Kramer-Schlepper

Typ	SP	Z	PS	K	B × H	Hubr.	D	Gew.	Mot.
KL 200	1958	2	18	L	95 × 120	1700	1800	1150	Deutz
KL 250	1958	2	24/26	L	95 × 120	1700	2100	1350	Deutz
KW 280	1958	2	28	W	95 × 115	1620	2000	1600	Güldner
KLD 330	1958	3	33	L	110 × 140	2660	2000	1600	Deutz
Pionier	1959	1	10/11	L	95 × 120	850	2000	700	Deutz
KL 300	1961	2	28	L	95 × 120	1700	1900	1570	Deutz
KL 400	1961	3	38	L	95 × 120	2550	1700	1790	Deutz
KL 600	1961	4	54	L	110 × 120	5320	1500	3000	Deutz
KL 800	1961	6	80	L	110 × 140	7980	1500	3200	Deutz
350 Export	1962	4	32/35	W	84 × 101	2238	2800	1750	Standard, Schmalsp.
KL 350	1962	4	52	L	95 × 120	3400	2300	2300	Deutz
KL 260	1968	2	22/24	L	100 × 120	1884	2100	1520	Deutz
KL 360	1968	3	35/39	L	100 × 120	2826	2300	1780	Deutz
KL 450	1968	3	45/50	L	100 × 120	2826	2300	2150	Deutz
KL 450 A	1968	3	45/50	L	100 × 120	2826	2300	2300	Deutz
KL 600 A	1968	4	61/62	L	100 × 120	3770	2300	2750	Deutz
414 Allr.	1970	3	42/46	L	100 × 120	2826	2300	2380	Deutz
514 Allr.	1970	3	50/55	L	102 × 125	3060	2050	2450	Deutz
714 Allr.	1970	4	64/72	L	100 × 120	3770	2130	3100	Deutz
814 Allr.	1971	4	70/77	L	102 × 125	4085	2300	3500	Deutz
1214 Allr.	1971	6	115/125	L	102 × 125	6128	2200	6000	Deutz
1214 Z.	1974	6	105/121	L	102 × 125	6128	2100	5800	Deutz

Krapp Maschinenbau GmbH, Bad Dürkheim, 1967–1969

Ende der 60er Jahre stellte dieses Unternehmen Schmalspurraupen der Typen „UKS" für den Weinbau her. MWM- oder Daimler-Benz-Motoren kamen zum Einbau.

Technische Daten der Krapp-Schlepper

Typ	SP	Z	PS	K	B × H	Hubr.	D	Gew.	Mot.
UKS 22	1967	2	20	L	80 × 100	1004	3000	1000	MWM
UKS 32	1967	2	32	L	95 × 105	1487	3000	1200	MWM
UKS 32	1967	4	30	W	75 × 100	1770	3000	1200	Daimler-Benz

Krieger KG, Landmaschinen- und Fahrzeugbau, Rhodt unter Rietburg, 1958–heute

Nachdem seit 1950 Einachsschlepper gefertigt wurden, nahm das Unternehmen 1958 die Produktion von Schmalspurschleppern mit luftgekühlten MWM-Motoren auf. Die für den Obst- und Weinbau sowie für kommunale Zwecke gebauten Schlepper können mit Hinterrad- und Allradantrieb geliefert werden. Mit einem Zweizylindermotor wird der KS 33 gebaut; die Typen „KT5 KS 42, KS 50, KS 55" und „KS 65" (mit Turboaufladung) haben Dreizylindermaschinen.

30-PS-Krieger KS 30 Allrad (1)

Technische Daten der Krieger-Schlepper

Typ	SP	Z	PS	K	B × H	Hubr.	D	Gew.	Mot.
K 30 (A)	1965	2	31	L	95 × 105	1488	3000	960	MWM
K 40 (A)	1965	3	46,5	L	95 × 105	2232	3000	1000	MWM
Kruni KS 20	1967	2	20	L	80 × 100	1004	3000	760	MWM
KS 30 (A)	1967	2	30	L	95 × 105	1488	2300	1100	MWM
KS 40	1967	3	40	L	95 × 105	2232	2400	1050	MWM
KS 33		2	33	L	100 × 120	1884	2300	1000	MWM
KS 42		3	42	L	95 × 105	2232	2300	1100	MWM
KS 50		3	50	L	100 × 120	2826	2250	1200	MWM
KS 55		3	55	L	100 × 120	2826	2500	1600	MWM
KS 65 T		3	65	L	100 × 120	2826	2300	1600	MWM, Turbo

Josef Krümpel, Wettingen, Bilkerstr. 2, 1949–1950

Ein Schlepper vom Typ „K 22" wurde in ganz geringer Stückzahl montiert. Der bewährte Deutz-Zweizylindermotor mit 22 PS kam zum Einbau.

Technische Daten der Krümpel-Schlepper

Typ	SP	Z	PS	K	B × H	Hubr.	D	Gew.	Mot.
K 22	1949	2	22	W	100 × 140	2198	1500	1650	Deutz

Kühner und Berger GmbH, Sasbach bei Achern, 1949–1957

Eine außergewöhnliche Konstruktion war der dreirädrige „Dieselzwerg" von Kühner und Berger, der als leichter Geräteträger und als Schlepper verwendet werden konnte. Das in Rahmenbauweise ausgeführte Fahrzeug wurde mit einem Motorradlenker gesteuert. Über der Hinterachse befand sich eine kleine Ladepritsche. Ein wassergekühlter Einzylinder-Farny und Weidmann-Dieselmotor mit 6, später 8 oder 10 PS trieb über ein 6-Gang-Jeep-Getriebe das 650 kg schwere Fahrzeug an. Eine Zapfwelle und ein Mähbalken waren vorhanden.
Die Firma war 1943 zum Vertrieb von technischen Geräten, Spirituosen und Artikeln aller Art gegründet worden.

Kühner und Berger „Dieselzwerg" (3)

Technische Daten der Kühner u. Berger-Schlepper

Typ	SP	Z	PS	K	B × H	Hubr.	D	Gew.	Mot.
Dieselzwerg	1949	1	6	W	80 × 120	602	1500	650	Farymann
dto.	1954	1	8	W	80 × 120	602	1750		Farymann
dto.	1954	1	10	W	90 × 120	760	1750		Farymann

Maschinenfabrik Friedrich Kuers, Berlin-Tegel, 1915–1921

Während des Ersten Weltkrieges konstruierte Friedrich KUERS den **„Ergomobil"**-Seilpflug, der im Zweimaschinensystem mit einem sechsscharigen Kipppflugkultivator arbeitete. Auch für den Transport schwerer Lasten war der „Ergomobil" geeignet. Die erste Version besaß einen Einzylinder- 30/35 PS-Motor mit nur 300 bis 330 U/min. Die Geschwindigkeit des 8 t schweren Fahrzeuges betrug 6,7 km/h. Die Seiltrommel mit einem 450 m langen

Stahlseil wurde mit der Leerlaufdrehzahl des Motors von 330 U/min angetrieben. Die Vertriebsorganisation der „Ergomobile", Theodor Kaulen, Berlin C 2, Neue Fichtestr. 61/63, regte 1916 noch den Bau einer kleineren Maschine gleicher Bauart an, von der nur wenige Exemplare gefertigt wurden. Von den „Ergomobilen" wurde nur ein Dutzend abgesetzt. Erst als die → Borsig-Werke den im Prinzip gut durchdachten Schlepper übernommen und die Motorleistung auf 40 PS bei 360 U/min gesteigert hatten, konnten die „Ergomobile" in größerer Stückzahl abgesetzt werden.

Technische Daten der Ergomobil (Kuers)-Schlepper

Typ	SP	Z	PS	K	B × H	Hubr.	D	Gew.	Mot.
Ergomobil	1915	1	30/35	W			330	8000	

Ergomobil-Maschinenwagen

Ergomobil-Motorwalze

Anton Kulmus Schlepperbau, Isny-Eisenharz/Allg., 1949–1955

1949 nahm die 1864 gegründete Landmaschinenhandelsfirma unter der zuversichtlichen Bezeichnung „Schlepperbau" die Montage von Ackerschleppern auf. Einziger Typ war der „KDE 22" mit dem Deutz-Zweizylindermotor.
Erfahrungen im Fahrzeugbau hatte Anton KULMUS in den 20er Jahren gesammelt, als er einige Opel-Laubfrosch-Pkws für innerbetriebliche Zwecke zu Lastenschleppern umgebaut hatte. Ein Kastenaufbau konnte bei den 16 PS starken Fahrzeugen beladen werden.

Technische Daten der Kulmus-Schlepper

Typ	SP	Z	PS	K	B × H	Hubr.	D	Gew.	Mot.
KDE	1949	2	22	W	100 × 140	2198	1500	1700	Deutz

Aktien-Maschinenfabrik Kyffhäuserhütte Artern, vorm. Paul Reuß, Artern, 1912–1927

Das 1875 von dem Kupferschmiedemeister Otto BRÜNNER gegründete Eisenwerk verlegte sich 1889 unter dem neuen Besitzer Paul REUSS auf den

Großer Akra-Motorpflug

Bau landwirtschaftlicher Maschinen; hauptsächlich Milchseparatoren wurden hergestellt.
1912 nahm die inzwischen umbenannte Firma die Fertigung von Tragpflügen der Marke **„Akra“** auf. Der große „Akra“-Typ besaß einen 75/80-PS-Motor. Die sieben Pflugschare waren in einem Hilfsrahmen befestigt, der durch ein Reversiergetriebe in der Höhe verstellt werden konnte. Die 9 t schwere Maschine mit 2,4 m hohen Antriebsrädern war 4 bis 5,75 km/h schnell. Mit einer zentralen Benzineinspritzanlage konnte der Motor leicht gestartet werden. Für den Dauerbetrieb wurden dann schwere Treibstoffsorten benutzt.
Da die beiden Treibräder auf dem ungepflügten Feld liefen, bekamen die sieben Pflugkörper immer einen Rechtsdrall, so daß der Motorpflugführer stets gegensteuern mußte.
Während des Krieges kam ein 50/60-PS-Motor zum Einbau; das rechte Treibrad ließ sich jetzt in der Höhe sowie auf der Achse verstellen, so daß ein gerader Furchengang möglich war.
1921 löste der „Akra“-Kleinmotorpflug den schwerfälligen und wenig geglückten Großmotorpflug ab. Ein Vierzylindermotor mit 25/30, später 32/36 PS trieb das 2,4 t schwere, fünfscharige Fahrzeug an. Mit einem Dreiganggetriebe erreichte der Tragpflug Geschwindigkeiten von 2,5, 3,3 und 3,8 km/h. Der Pflugrahmen war gegenüber dem Fahrzeugrahmen wiederum nach rechts versetzt. Nach einigen Modellen, deren Treibräder zur Schonung des Bodens auf dem ungepflügten Feld liefen, konstruierte die Kyffhäuserhütte ihren Kleinmotorpflug ebenfalls um. Eines der eng aneinanderliegenden Treibräder lief nun in der Furche. Die Bedienung des Fahrzeugs blieb trotz dieser Verbesserung recht umständlich. Der Pflugrahmen

wurde auch bei diesem Modell mechanisch bewegt; die Kupplungscheibe konnte zum Antrieb von Dreschmaschinen und anderen stationären Maschinen verwendet werden.
Nach dem Mißerfolg mit den Tragpflügen beschränkte sich das Unternehmen auf den Landmaschinenbau. Ein Neuanfang nach der Enteignung im Jahre 1945 als Kyffhäuser Landmaschinenbau und Handelsgesellschaft Tettenborn u. Co. in Karlsruhe brachte dem Unternehmen nicht den erhofften Erfolg, so daß es in den 50er Jahren aufgelöst wurde.

Technische Daten der Kyffhäuser-Schlepper

Typ	SP	Z	PS	K	B × H	Hubr.	D	Gew.	Mot.
Akra	1912	4	70/80	W			750/ 800	9000	
Akra	1916	4	56/60	W					
Akra-Klein-Motorpflug	1921	4	25/30	W	95 × 125	3542	900/ 1200	2400	
Akra	1925	4	32/36	W				2900	

L

<u>Landmaschinenwerk Karlsruhe-Durlach,</u> Karlsruhe-Durlach, 1949

Ein Dreirad-Schlepper vom Typ „Farmtrak“ mit starrer Vorderachse und einem lenkbaren Stützrad kam aus diesem Unternehmen. Ein BMW-Einzylinder-Motor mit 8 PS trieb das 450 kg schwere Fahrzeug an. Ein Zapfwellenanschluß war vorhanden.

Technische Daten der Farmtrak-Schlepper

Typ	SP	Z	PS	K	B × H	Hubr.	D	Gew.	Mot.
Farmtrak	1949	1	8	L	68 × 68	245	4000	450	BMW

8-PS-Farmtrak

Landwirtschaftskammer Müncheberg, Müncheberg, Versuchsgut, 1919

Versuchstyp eines Radschleppers.

Schlepperfabrik Hermann Lanz GmbH, Aulendorf/Württ., Schillerstr. 27

1. 1929–1931 **H. Lanz Landmaschinen- und Eggenfabrik,** Aulendorf/Württ.
2. 1931–1979 **Schlepperfabrik Hermann Lanz GmbH,** Aulendorf/Württ., Schillerstr. 27

Die 1888 gegründete Landmaschinenfabrik *Lanz* ist mit der Herstellung von Eggen und Mostereigeräten bekannt geworden. Nachdem der Sohn des Firmengründers, Hermann LANZ, 1927 ein erstes motorisiertes Fahrzeug, den Motorkarren „Ideal", herausgebracht hatte, wagte er sich im Jahre 1929 an den Bau eines eisenbereiften Motormähers, der auch als Kleinschlepper eingesetzt werden konnte. Mit einem unverkleideten ILO-Vergaser- oder einem Deutz-Dieselmotor, der in der Mitte des Kastenfahrgestells aufgesetzt war, wurde der Typ „Samson" in 600 Exemplaren gefertigt. Schwung- und Riemenscheibe sowie ein seitliches Mähwerk waren vorhanden.
Zum Bau von normalen Schleppern ging dann die Firma im Jahre 1936 mit der Konstruktion des „D 37" über. Ein Zweizylinder-Deutz-Motor trieb das in Blockbauart ausgeführte Fahrzeug an. Als Acker- und Straßenschlepper mit Zapfwelle, Mähwerk, Riemenscheibe und flachen Kotflügelsitzen wurde dieses Modell bis 1943 montiert. In wenigen Stückzahlen kam noch der Einzylindertyp „D 11" hinzu.
Die Jahresproduktion von Hermann Lanz, Aulendorf **(Hela)** – so der Firmenname zur Abgrenzung gegenüber der Mannheimer Landmaschinenfabrik Heinrich Lanz – lag zu dieser Zeit bei 200 Fahrzeugen.
Ab 1942 mußte Lanz die Fertigung eines Holzvergaserschleppers aufnehmen. Der Generator war entweder zwischen Motor- und Vorderachse oder vor und über der Vorderachse angebracht. Diese Bauart führte zu einem langen und ungünstigen Radstand für das in geschlossener Bauweise konstruierte Generator-Fahrzeug. Von 1944 bis 1947 wurde dieses Modell dann mit einem Fünfgang- anstelle des Vierganggetriebes gefertigt.
Nach beträchtlichen Demontagen, die einen großen Teil des Maschinenparks kosteten, erschien 1947 in kleiner Serie wieder der Zweizylindertyp mit der Bezeichnung „D 47". Ein 14 PS starker Einzylindertyp folgte noch in diesem Jahr. Beide Modelle waren mit einer Motorhaube versehen, die an

22-PS-Hela D 40 (1)

25-PS-Hela mit Generator

22-PS-Hela D 47 (1)

24-PS-Hela D 24 (2)

der leicht gewölbten Frontseite noch nicht das Firmenzeichen „Hela" mit dem diagonalen Pfeil trug. Die Motoren stammten nun von den Motoren-Werken Mannheim, die von jetzt an die Motorenlieferanten für die Hela-Schlepper wurden.
Auch mit Fahrzeugen in der 28-PS- und der 40-PS-Klasse beteiligte sich Lanz am Schleppermarkt gegen Ende der 40er Jahre. Fahrzeuge mit 12 bis 14 und mit 22 bis 24 PS bildeten jedoch den Hauptbereich der Hela-Fertigung.
In den 50er Jahren bot dann Hela ein umfangreiches Typenprogramm mit leichten und mittleren hinterachsgetriebenen Schleppern mit den Stärken 12/14, 18/20, 24, 30/32, 36 und 45 PS an.
Mit dem Baumuster „D 15" (später „D 415") nahm das Unternehmen im Jahre 1956 auch die Fertigung wassergekühlter Dieselmotoren mit Ein-, Zwei- und Dreizylindern im Baukastensystem auf. Durch verschiedene Höchstdrehzahlen ließen sich jeweils zwei verschiedene Endleistungen eines Motortyps erzielen. Von 12 bis 45 PS reichte diese eigene Motorenbaureihe. Luft- und wassergekühlte Motoren von MWM konnten wahlweise weiterhin eingebaut werden. Nach der Aufgabe der eigenen Motorenfertigung in den 60er Jahren, die sich bei den doch zu geringen Stückzahlen als

25-PS-Hela D 225

45 PS-Hela D 548 (1)

10-PS-Hela Varimot

22-PS-Hela N I 22 R (1)

zu unwirtschaftlich erwiesen hatte, wurden dann die Hela-Schlepper wieder vollständig mit MWM-Motoren versehen.
Eine weitere Besonderheit der Firma ist darin zu sehen, daß sie neben der eigenen Zahnrad- und Getriebe- sowie der zeitweiligen eigenen Motorenherstellung nahezu sämtliche Fahrzeugteile selber fertigte. Dazu gehörte auch eine eigene Tiefziehpresse zur Bearbeitung der Karosseriebauteile.
Mit dem Baujahr 1960 erhielten die Schlepper ein gefälligeres Aussehen durch eine neue Haubenform.
Mit dem Rückgang des Schleppergeschäftes in den 60er Jahren reduzierte das Unternehmen sein Fahrzeugprogramm. Gleichzeitig bot es die äußerst preiswerten rumänischen „UTB"-Traktoren sowie Fahrzeuge der österreichischen Marke Schilter an. Die eigenen 20 bis 48 PS starken Typen wurden in geringen Stückzahlen dann bis zur Aufgabe der Schlepperherstellung im Jahre 1979 gebaut.
Insgesamt 35 000 Traktoren unter den Markenzeichen „Germania", „Hela" und schließlich „Lanz" wurden von diesem württembergischen Unternehmen mit einer Belegschaft von 600 Mann gebaut. Neben den konventionellen Ackerschleppern hatte Lanz im Jahre 1954 einen kompakten Allradschlepper vom Typ „Varimot" mit gleichgroßen Rädern auf starren Achsen

und einem extrem kurzen Radstand entwickelt. Beim Einschlagen des Lenkrades wurden entweder beide linke oder beide rechte Räder abgebremst, so daß die Wendigkeit eines Raupenfahrzeuges erreicht wurde. Um den allerdings großen Reifenverschleiß zu mindern, war bei späteren Modellen ein leichtes Einschlagen der Vorderräder zusätzlich möglich. Eine Zapfwelle und eine Hydraulik waren vorhanden. Über Ketten trieb zunächst ein Farny und Weidmann-Einzylinder- und ab den 70er Jahren ein MWM-Zweizylindermotor das Spezialfahrzeug an. Durch seine Schmalspurbauweise von 0,75 oder 0,9 m konnte der „Varimot" in Reihenkulturen wie Weinbergen oder Hopfenfeldern eingesetzt werden. Auch an die Bauwirtschaft wurde der Schlepper mit einer Vielzahl von anbaubaren Hilfsgeräten geliefert.
Nach der Aufgabe der Schlepperproduktion bilden Baumaschinen, darunter der aus dem „Varimot" weiterentwickelte kompakte Baggerlader „Zetcat", das neue Fertigungsgebiet der in Lanz GmbH umbenannten Firma.

Technische Daten der Hela-Schlepper

Typ	SP	Z	PS	K	B × H	Hubr.	D	Gew.	Mot.
Samson 12	1929		12						ILO-Vergaser
Samson 10/11	1931		10/11	W	100 × 140	1099	1100	1505	Deutz-Diesel
Samson 14	1933		12/14	L					ILO-Vergaser
Samson II	1936	1	11	W	100 × 130	1020	1500	1350	Deutz (Verdampfer 1100 U)
D 37	1936	2	20	W	100 × 130	2041	1500	1600	Deutz
D 11	1938	1	11	W	100 × 140	1099	1100	1200	Deutz
D 40	1940	2	22	W	100 × 140	2198	1500	1500	Deutz
L 25	1942	2	25	W	150 × 130	4592	1550		Deutz, Generator 4-Gang
L 25	1942	2	25	W	150 × 130	4592	1550		Deutz, Generator 5-Gang
D 47	1947	2	22	W	100 × 150	2356	1500	1650	MWM
D 14	1948	1	14	W	100 × 150	1178	1500	1300	MWM
D 28	1949	2	28	W	110 × 150	2850	1500	1750	MWM-Südbremse
D 40	1949	3	40	W	100 × 150	3534	1500	2400	MWM
D 20	1951	1	20	W	112 × 150	1480	1600	1375	MWM
D 15	1952	1	14/15	W	100 × 150	1180	1600	1300	MWM
D 16	1952	2	17	W	85 × 110	1250	2000	1250	MWM

Technische Daten der Hela-Schlepper

Typ	SP	Z	PS	K	B × H	Hubr.	D	Gew.	Mot.
D 24	1952	2	22	W	95 × 120	1700	2000	1420	MWM
D 32	1952	2	32	W	105 × 150	2600	1600	1700	MWM
D 34	1952	3	36	W	95 × 120	2550	2000		MWM
DS 12 S	1953	1	12	W	95 × 120	850	2000	1170	MWM
DS 12	1953	1	12	L	98 × 120	905	2000	1060	MWM
D 12 S	1955	1	12,5	W	105 × 125	1082	1750	1170	Hela
DS 15 (D 415)	1955	1	15	W	105 × 125	1082	1980	1260	Hela
D 18 (D 117)	1955	1	18	W	85 × 110	1250	1980	1250	MWM
D 18 (D 117)	1955	2	18	L	90 × 110	1400	1980	1335	MWM, Schmalspur
D 36	1955	3	36	W	98 × 120	2715	2000	1770	MWM
D 12 S	1957	1	12	L	105 × 120	1040	1980	1170	MWM
D 112	1957	1	12	W	105 × 120	1040	1250	1250	MWM
D 22	1957	2	22	W	95 × 120	1700	1800	1420	MWM
D 22	1957	2	22	L	90 × 110	1400	1800	1420	MWM
D 24 (D 124)	1956	2	24	W	105 × 125	2164	1750	1335	Hela
D 24	1958	2	24	W	95 × 120	1700	2000	1420	MWM
D 30 (D 130)	1958	2	30	W	105 × 125	2164	2000	1420	Hela
D 230	1959	2	30	L	105 × 120	2077	2200		Deutz
D 230	1959	2	30	W	105 × 125	2164	2000	1600	Hela
D 415	1959	1	15,5	W	105 × 125	1082	1980	1130	Hela
D 218	1959	2	18	W	85 × 110	1250	1980	1390	MWM
D 218	1959	2	18	L	90 × 110	1400	2000	1390	MWM
D 11	1960	1	11	W	105 × 125	1082	1600		Hela, Tragschlepper
D 38	1960	3	38	W	105 × 125	3246	1650	1870	Hela
D 45	1960	3	45	W	105 × 125	3246	2000	1870	Hela
D 225	1961	2	25	W	105 × 125	2164	1660	1580	Hela
D 220	1962	2	20	W	105 × 125	2164	1500		Hela
D 334	1962	3	34	W	105 × 125	3246	1500		Hela
D 348	1962	3	48	W	105 × 125	3246	2200		Hela
D 420	1967	2	20	W	95 × 105	1488	2200	1390	MWM
D 230	1967	2	30	W	95 × 105	2233	2000	1680	Hela, Schmalspur
D 434	1967	3	35	W	95 × 105	2233	2100	1740	MWM
D 534	1967	3	35	W	95 × 105	2233	2100	1850	MWM
D 385	1967	3	40	W	95 × 105	2233	2300	1520	MWM, Schmalspur

Technische Daten der Hela-Schlepper

Typ	SP	Z	PS	K	B × H	Hubr.	D	Gew.	Mot.
D 540	1967	3	40	W	105 × 125	3246	1750	2020	Hela
D 548	1967	3	45	W	105 × 125	3246	2000	2250	Hela
D 254	1967	4	54	W	95 × 105	2975	2400	2420	MWM, auch Allrad
D 416	1969	2	16	L	80 × 100	1005	2170	1310	MWM
D 527 N	1969	2	24	W	95 × 105	1488	2200	1880	MWM
D 527	1969	2	27	W	95 × 105	1488	2400	1890	MWM
D 532	1969	3	30	W	95 × 105	2233	2100	1905	MWM
D 538	1969	3	40	W	95 × 105	2230	2300	2365	MWM, auch Allrad
D 222	1971	2	22	L	95 × 105	1487	2000	2650	MWM
D 260	1971	4	60	W	95 × 120	3400	2300	2600	MWM, auch Allrad
D 634	1975	2	34	W	105 × 120	2080	2400	1930	MWM
D 524	1975	3	45	W	95 × 120	2550	2400	2250	MWM
D 648	1975	3	48	W	95 × 120	2250	2400	2280	MWM, auch Allrad
D 260	1975	4	60	W	95 × 120	3400	2300	2480	MWM, auch Allrad
Varimot	1954	1	10	W	90 × 120	760	1750	950	Faryman
Varimot 08	1955	1	11	W	90 × 120	760	1750	950	Faryman
Varimot II	1959	1	14	L	105 × 130	1125	1750	1000	Faryman
N I 22 R	1971	2	22	L	95 × 105	1487	2000	2650	MWM

Heinrich Lanz AG, Mannheim, Lindenhofstr. 55

1. 1912–1925 **Heinrich Lanz oHG,** Mannheim, Lindenhofstr. 55
2. 1925–1960 **Heinrich Lanz AG**
3. 1960–1967 **John-Deere-Lanz AG**
4. 1967–heute **John Deere Werke AG**

Heinrich Lanz (1838–1905) richtete im väterlichen Speditionsbetrieb in Friedrichshafen am Bodensee im Jahre 1859 eine Abteilung für den Vertrieb von Landmaschinen ein. Nachdem das Unternehmen in den 60er Jahren zur Eigenfertigung von Dreschmaschinen übergegangen war, wurde die Firma in den Filialbetrieb nach Mannheim verlegt. Lokomobile aller Größen bildeten neben den Dreschmaschinen nun das Hauptfertigungsgebiet des jungen Unternehmens.

Im Jahre 1912 erwarb die Heinrich Lanz oHG die Lizenz zum Nachbau des von dem ungarischen Ingenieur Köszegi schon 1908 entworfenen *Landbaumotors*. Dieses frühe landwirtschaftliche Universalfahrzeug in Rahmenbau-

weise, das ursprünglich bei der Motorenfabrik → Kämper in Berlin gebaut werden sollte, wurde mit einem Vierzylinder-Kämper-Benzinmotor ausgestattet. Der Landbaumotor besaß eine am Fahrzeugheck angebrachte Bodenfräse, die durch eine hydraulische Hebevorrichtung bewegt werden konnte. Nach Demontage der 1,9 m breiten Hauenwalze konnte das Fahrzeug auch als Schlepper für Lasten oder als Zugmaschine für einen Pflug eingesetzt werden. Um eine aufwendige Lenkung zu umgehen, war vorne nur ein breites, kleines Lenkrad angebracht. Etwa 1500 Landbaumotoren sind in Mannheim gefertigt worden; eine große Anzahl ging allerdings als Artilleriezugmaschinen an das kaiserliche Heer.
Nach dem Krieg folgte der 20, schließlich 38 PS starke vierzylindrige *„Feldmotor“*, der nun schon die typischen Eigenschaften eines vierrädrigen Schleppers aufwies.
In rahmenloser Bauart kam das 20/25 PS starke *„Kraftgespann“* hinzu. Als Ersatz für den Landbaumotor stellte Lanz im Jahre 1921 einen 50/60 PS starken Bodenfräser mit einem Vierzylindermotor her.
Im gleichen Jahr stellte Lanz dann den ersten **Bulldog-**Schlepper vor, dessen Motorprinzip nahezu unverändert fast 40 Jahre lang die Motorenkonzeption der Firma beherrschen sollte.
Der von Dipl.-Ing. Dr. Fritz HUBER (1881–1942) entwickelte einzylindrige Rohölschlepper war aus einer kleinen Lokomobilkonstruktion entworfen worden, indem ein Zahnradantrieb zwischen dem Schwungrad und den beiden großen, gußeisernen Hinterrädern eingebaut worden war.
Der nach dem Glühkopfprinzip arbeitende, ventillose Motor besaß einen liegenden Zylinder. Die durch die Verbrennung erzeugte Wärme wurde im Glühkopf gespeichert, so daß der auf seine heiße Innenwand gerichtete eingespritzte Kraftstoff entflammt wurde. Die von Dr. Huber konstruierten Lüftungsschlitze, die das Bulldog-Gesicht des Glühkopfes hervorhoben, bewirkten, daß eine ständige Frischluftzufuhr den Motor auch im Leerlauf weiterarbeiten ließ. Das Verdichtungsverhältnis des in zwei Takten arbeitenden Motors lag bei 1:6, so daß die Maschine auch als Niederdruck-Motor bezeichnet wurde. Ein Vergaser war für die langsamlaufende Maschine nicht erforderlich. An Treibstoffen konnten neben Gasöl, Benzin und Benzol auch Stein- und Braunkohlen-Teeröle, Alkohol, Trane und sogar pflanzliche Fette genommen werden. Allerdings war der Verbrauch auch entsprechend hoch. Zum Anlassen mußte zunächst der Glühkopf mit einer Lötlampe erwärmt und die Brennstoffpumpe betätigt werden. Als Anlaßkurbel diente dann das auf das seitliche Schwungrad aufsteckbare Lenkrad, wobei der Traktorfahrer die Maschine im rückwärtigen Drehsinn auf Verdichtung wippen mußte. Durch Umsteuerung der Motordrehrichtung wurde der Rückwärtslauf des Motors bestimmt!

80-PS-Lanz-Landbaumotor

22-PS-Lanz-Kraftgespann (1)

12-PS-Lanz-Verkehrsbulldog

Die eigentümliche Gestalt des freiliegenden Zylinderkopfes mit seinen Entlüftungsdüsen gab dem Schlepper die volkstümliche Markenbezeichnung „Bulldog".
Nach einjähriger Entwicklungsarbeit konnte der außerordentlich einfache und stabile „Selbstfahrer-Bulldog" als Typ „IHP" mit einer Leistung von 12 PS als einer der ersten Ackerschlepper mit einem Rohölmotor geliefert werden. Mit einer Elastikbereifung konnte er Geschwindigkeiten von 3,6 bis 4,3 km/h erreichen. Auch in einer Vierradversion mit einer Knicklenkung wurde der „Bauern-Bulldog" angeboten. Durch seine schmale Bauweise mit einer Breite von nur 1,10 m eignete er sich auch für den Einsatz im Weinbau. Für die Käuferschicht war diese Version jedoch zu modern, so daß nur wenige Exemplare dieses aufwendig konstruierten Schleppers gefertigt wurden.

12-PS-Lanz-Bulldog Allrad (Knicklenker)

Eine 22/38-PS-Version mit zwei stehenden Zylindern und einem Dreiganggetriebe erschien 1924 als Typ *„Felddank"*. Er erreichte schon eine Geschwindigkeit von 10 km/h. Anstelle der spartanischen Ausstattung des Bulldogs besaß er vordere und hintere Achsfederung, eine Motor- und Radverkleidung sowie eine Seilwinde.
1925/26 erschien der 28 PS starke *„Großbulldog HR 2"* mit einer Verdampferkühlung. Vier Vorwärtsgänge standen nun zur Verfügung. Die Kraftübertragung vom Motor zur Hinterachse erfolgte wegweisend für die späteren „Bulldog"-Fahrzeuge anstelle eines quer zur Motorachse liegenden Getriebe- und Kardansystems über Zahnräder. Diese Ritzelzahnräder ließen sich nach Abnutzung umstecken, so daß ihre Lebensdauer dadurch verlängert wurde.
Im gleichen Jahr erweiterte Lanz das Programm mit 15/30 und 38 PS starken

22/38-PS-Lanz-Felddank

15/30-PS-Lanz-Kühlerbulldog

22/28-PS-Lanz-Großbulldog (1)

Bulldog-Schleppern. Um eine leistungsfähigere Kühlanlage zu haben, erhielten diese Fahrzeuge nun eine *Thermosyphonkühlung* mit Windflügel und Kühlelementen. Auffallend war bei diesen Fahrzeugen das seitliche, verkleidete Schwungrad und der schornsteinartige Auspuff. Zur Fahrzeugausstattung gehörte schon frühzeitig die Luftbereifung.
Auch in einer dreirädrigen Ausführung nach amerikanischen Vorbildern konnte der Bulldog als Hackfruchtschlepper geliefert werden.
Für Straßentransportzwecke, später auch für den Ackereinsatz als Typ „Ackerluft“, wurde 1936 der 55 PS starke „Eilbulldog“ vorgestellt. Er besaß nun eine vordere Pendelachse mit einer querliegenden Blattfeder. Sein wiederum einzylindriger Motor besaß einen Hubraum von über 10 Litern.
Als Antwort auf den → Deutz-Bauernschlepper entwickelte Lanz 1939 den nur 15 PS starken *„Allzweck-Bauern-Bulldog“*. Neben schmalen Gummirädern erhielt er einen elektrischen Anlasser, eine Reifenfüllanlage, Riemenscheibe und Zapfwelle sowie einen hydraulischen Kraftheber.

Technische Daten der Lanz-Schlepper

Typ	SP	Z	PS	K	B × H	Hubr.	D	Gew.	Mot.
Landbau-motor	1912	4	80	W	155 × 200	15087	700	7000	Kämper, auch 6 Zylinder, 90 PS
Feldmotor	1921	4	20						
dto.	1921	4	25						
dto.	1921	4	38	Th	125 × 170	8340	800	3000	
Kraft-gespann	1921	2	20/25		150 × 200	7065	800		
Boden-fräser	1921	4	60		150 × 200	14130	800		
dto.		4	50		150 × 200	14130	800		
Bulldog HL	1921	1	12	V	190 × 220	6234	420	1670	
Acker-bulldog	1923	1	12	V	190 × 220	6234	420	1500	Allr., Knicklenker
HM Mops	1923	1	8	V					
HR 2 Bulldog	1926	1	22/28	V	225 × 260	10332	500	3410	
HR 4 Kühlerbulldog	1928	1	30	Th	225 × 260	10332	600	2600	
HR 5	1929	1	15/30	Th	190 × 220	6234	700		
HR 6 Feld-dank	1924	2	22/38	Th	190 × 220	12469	650	5895	
HN 1	1932	1	12/20	Th	170 × 210	4764	760	1600	
HN 2	1934	1	35	Th	225 × 260	10332	540	3700	ab 1940 D 8506
HR 7 Acker-luft	1934	1	45	Th	225 × 260	10332	630	3800	ab 1940 D 9506
HR 8	1934	1	55	Th	225 × 260	10332	750	3900	ab 1940 D 1506
HN 3 All-zweck	1935	1	25	Th	170 × 210	4764	850	2800	ab 1940 D 7506
HR 9 Acker-luft	1936	1	55	Th	225 × 260	10332	750	3900	
HE/D 1706	1939	1	13/15	Th	145 × 170	2805	900		ab 1940 D 4506
HN 0	1943	1	25	Th	170 × 210	4764	850		Generator
HR 0	1943	1	40	Th	225 × 260	10332	680		Generator
D 7506	1949	1	25	Th	170 × 210	4764	850	2380	auch als Weinbergschl.
D 8506	1949	1	35	Th	225 × 260	10332	540	3380	
D 9506	1949	1	45	Th	225 × 260	10332	630	3520	
D 2539	1949	1	55	Th	225 × 260	10332	750	4530	
D 5506	1950	1	16	Th	145 × 170	2805	950	1100	seitlicher Glühk.
D 3506	1950	1	20	Th	170 × 210	4764	760		
D 1706	1952	1	17	Th	130 × 170	2250	950	1310	ab hier kein Glühkopf mehr

Technische Daten der Lanz-Schlepper

Typ	SP	Z	PS	K	B × H	Hubr.	D	Gew.	Mot.
D 2206	1952	1	22	Th	130 × 170	2250	1050	1380	
D 2806	1952	1	28	Th	150 × 210	3710	850	2140	
D 3606	1952	1	36	Th	150 × 210	3710	1050	2490	
D 5006/16	1954	1	50	Th	190 × 260	7368	630	3250	
D 6006/16	1954	1	60	Th	190 × 260	7368	800	3920	
D 1266 (Bulli)	1955	1	12	L	95 × 120	850	2000	770	MWM
D 1306	1955	1	13	Th	85 × 94	534	2800	900	Triumph-Lanz
D 1616	1955	1	16	Th	130 × 170	2255	850	1310	
D 1666 (Bulli)	1955	1	16	L	85 × 110	1250	2000	1310	MWM
D 1906	1955	1	19	Th	130 × 170	2255	950		
D 2016	1955	1	20	Th	130 × 170	2255	950	1400	
D 2216	1955	1	22	Th	130 × 170	2255	1050	1450	
D 2416	1955	1	24	Th	140 × 170	2616	1050	1490	
D 2816	1955	1	28	Th	140 × 170	2616	1100	1585	
D 3206	1955	1	32	Th	150 × 210	3709	900		
D 1106	1956	1	11	L	85 × 94	534	2600	770	Triumph-Lanz
D 4016	1956	1	40	W	160 × 210	4220	1000	3520	
D 5016	1956	1	50	W	190 × 260	7368	630	3920	
D 6016/07	1956	1	60	W	190 × 260	7368	800	3750	
D 1206	1958	1	12	L	85 × 94	534	2600	779	
D 2402	1958	1	24	W	140 × 170	2616	1050	1425	Weinbergschl.
DLT 300	1960	4	28	W	89 × 92	2367	2000	1760	
DLT 500	1960	4	36	W	89 × 92	2367	2400	1830	
DLT 100	1961	2	18	W	89 × 92	1183	2500	1300	
T 700	1961	4	50	W	89 × 98	2437	2400	2300	
3010	1961	4	65	W	98 × 110	3320	2500	3160	
310/510	1965	3	32/40	W	98 × 110	2490	2400	2100	
710	1965	4	50	W	98 × 110	3320	2400		
3020	1965	4	65	W	108 × 121	4425	2500		
4020	1965	6	92	W	108 × 121	7293	2500		
5020	1965	6	143	W	121 × 127	8703	2200		
200	1966	2	25	W	98 × 110	1658	2500		
820	1967	3	32	W	98 × 110	2490	2100	1850	auch Schmalspur
920	1967	3	37	W	98 × 110	2490	2300	1975	
1020	1967	3	44	W	98 × 100	2490	2500	2020	auch Schmalspur
1120	1967	3	49	W	102 × 110	2695	2500	2155	
2020	1967	4	60	W	98 × 110	3220	2500	2445	
3020	1967	4	78	W	102 × 110	3590	2500	3345	
4020	1967	6	100	W	108 × 120	6637	2500	4415	
5020	1967	6	145	W	120 × 130	8700	2500	7460	
2120	1968	4	72	W	102 × 110	3590	2500	3000	

30-PS-Lanz-Hackfruchtschlepper

25-PS-Lanz-Allzweckbulldog

12/20-PS-Lanz-Bulldog (1)

55-PS-Lanz-Ackerluftbulldog (1)

55-PS-Lanz-Eilbulldog (1)

Der neuerschienene, 25 PS starke „Allzweck-Bulldog" besaß eine große Bodenfreiheit und zusätzliche Lenkbremsen.
Der überaus große Erfolg der einfachen, unverwüstlichen und in der Treibstoffqualität anspruchslosen Glühkopfschlepper hatte der Firma Lanz einen großartigen Aufschwung gebracht. Dabei stellte das Unternehmen nahezu sämtliche Teile der Fahrzeuge selbst her. Etwa 20 Prozent der Fahrzeuge gingen in den Export. Auch in anderen Ländern, so in Polen, wurde der Glühkopfschlepper bis weit in die 50er Jahre gefertigt. Bis zum Jahre 1942 konnte Lanz als größte Landmaschinenfabrik in Europa den 100 000. Schlepper ausliefern.
Kurz vor dem Kriegsausbruch stellte Lanz die Typen „D 4506" (15 PS), „D 3506" (20 PS), „D 7506" (25 PS), „D 8506" (35 PS), „D 9506" (45 PS) und „D 1506" (55 PS) als Acker- und Straßenschlepper in verschiedenen Ausstattungsversionen her. Dazu gehörten u. a. Mähbalken, Eisen- oder Gummibereifung; Spurweitenverstellung.
Nachdem schon seit 1934 „Bulldog"-Typen mit → Ritscher-Anbauraupen zu Halb- oder Vollkettenfahrzeugen umgerüstet werden konnten, stellte Lanz ab 1942 mit Teilen des 55-PS-Schleppers die Raupe *„HRK"* her. Ein Rollenkastengehäuse enthielt sechs Bodenrollen sowie das Leit- und hintere Treibrad. Über eine querliegende Blattfeder wurde das Fahrgestell gegenüber dem Motor-Getriebeblock abgestützt. Mit Lenkkupplungen und Lenkbremsen wurde die Raupe gesteuert, von der bis 1945 2437 Exemplare gefertigt werden konnten.

35-PS-Lanz-Verkehrsbulldog

15-PS-Lanz-Bauernbulldog D 1706

40-PS-Lanz-Holzgasbulldog HRO

55-PS-Lanz-Raupe HRK

25-PS-Lanz D 7506

17-PS-Lanz D 1706

28-PS-Lanz D 2806 Mitteldruck

20-PS-Lanz D 2016

16-PS-Lanz D 1616 (1)

18-PS-Lanz-Alldog

Während des Krieges rüstete das Unternehmen die 35-, 45- und 55-PS-Typen zu Zweistoff-Generatorschleppern um. Das Zweistoffgemisch bestand aus etwa 20 Prozent Dieselöl und 80 Prozent Gaskonzentrat. Durch eine Gasschleuse konnte auf Grund erhöhter Saugwirkung das Gemisch so angesaugt werden, daß es nicht in das Kurbelgehäuse gelangte und den Zündraum verschmutzte. Der Generator war vor den Motorblock bzw. beim 55-PS-Typ hinter das Fahrerhaus gesetzt worden.
1945 war das Werk als Landmaschinen- und Rüstungshersteller zu 90 % zerstört. Nachdem die dringendste Ersatzteilversorgung wieder in Gang gekommen war, folgte 1949 nach mühseliger Aufbauarbeit wieder die Auslieferung der „Bulldog"-Typen. Der 15-PS-Schlepper erhielt einen auf 16 PS gesteigerten Motor, nun mit einem Druckknopfanlasser.
Als vollständige Neukonstruktion folgte 1951 der Geräteträger **„Lanz-Alldog"**, der zunächst durch seine unkonventionelle Konstruktion großes Aufsehen errregt hatte, aber mit einem unausgereiften und überforderten Motor ausgestattet worden war. Auf einem rechteckigen Rohrrahmenfahrgestell war am linken Heck anfänglich der TWN-Otto-Motor, ab 1953 ein daraus entwickelter, luftgekühlter Triumph-Lanz-Mitteldruckmotor (Diesel) mit 12 PS angebracht. Auf der rechten hinteren Fahrzeughälfte saß der Fahrzeugführer. Die hintere Achse war schwenkbar ausgeführt; die Räder waren an Portalachsträgern aufgehängt. Auf und unter dem Rahmen konnten verschiedene Bodenbearbeitungsgeräte befestigt werden. Drei getrennt schaltbare Zapfwellen und ein hydraulischer Kraftheber gehörten zur Ausstattung. Im Jahre 1955 konnte auch ein 18 PS starker Zweizylinder-MWM-Motor eingebaut werden. Der Fehlschlag mit dem Triumph-Lanz-Motor hatte aber den Absatz dieses Fahrzeugs so stark zurückgehen lassen, daß auch diese Korrektur nicht mehr half, und der „Alldog" im Jahre 1960 eingestellt werden mußte.
Im Jahre 1952 stellte Lanz das Glühkopfsystem auf das sogenannte Mitteldruckverfahren um. Hier handelte es sich bei einer erhöhten Kompression letztlich um eine Anlaßerleichterung und Wirkungsverbesserung.
Nachdem eine Glühkerze vorgeheizt worden war, wurde Benzin aus einem zusätzlichen Tank für den Startvorgang eingespritzt. Anschließend wurde der Motor dann als sogenannter Halbdiesel auf den schweren Treibstoff umgeschaltet. Die ersten Typen, die dieses System erhielten, waren der „D 1706", der „D 2206" und „D 2806".
Mit modernerer Formgebung, vorderer Pendel- und hinterer Portalachse, Riemenscheibe, Zapfwelle und Lenkbremsen sowie einem erweiterten Federungskomfort für den Fahrer, um die stoßartigen Erschütterungen durch die Einzylinder-Maschine zu mildern, war die Mitteldruck-Schleppergeneration ausgestattet. Die kleineren *„Bulli"*-Typen wurden dagegen mit dem

ebenfalls nach dem Mitteldrucksystem arbeitenden Triumph-Lanz-Motor ausgerüstet. Ein Jahr später konnte Lanz den 150 000. Schlepper produzieren; davon waren 30 000 „Bulldog"-Fahrzeuge in den Export gelangt. Auch das neu aufgebaute spanische Werk Lanz-Iberica nahm die Fertigung des „Bulldogs" in verschiedenen Versionen auf.
Im Jahre 1955 erschienen die ersten Lanz-Volldiesel-Fahrzeuge, die nun dem modernen Diesel-Standard entsprechen sollten, denn der Benzinstart hatte sich als zu umständlich erwiesen. Jedoch war dieser Motor, vor allem im 50-PS-Typ, nicht ausgereift, und die Verkaufszahlen sanken erneut.
Inzwischen hatte die *US-Traktorenfabrik John Deere* in Moline die Aktienmehrheit der Heinrich Lanz AG erworben. Lanz war es trotz vielfacher Anstrengungen nicht mehr möglich gewesen, nach den kräfteverschlingenden Wiederaufbauarbeiten, dem nahezu starrsinnigen Festhalten an dem überholten Motor sowie dem Mißerfolg mit dem „Alldog" eine eigene, moderne Motorenreihe zur Serienreife zu bringen.
Insgesamt 219 253 „Bulldog"-Fahrzeuge mit jeweils nur wenigen Einzylinder-Motorbaureihen mit unterschiedlichen Drehzahlen wurden bis 1960 gefertigt.
Die neuen, von Deere entworfenen „D 300"- und „D 500"-Schlepper besaßen 28 und 36 PS starke Zwei- und Dreizylindermotoren. Sie waren mit einer Kombinations-Regelhydraulik, einem Zehnganggetriebe, Scheibenbremsen, Zapfwellen sowie einem dem Zeitgeschmack entsprechenden Fahrkomfort ausgestattet. Gegenüber der alten blau-grauen Lanz-Farbgebung waren die Deere-Lanz-Schlepper in grün-gelben Farbtönen gehalten.
In den Jahren 1962/63 erweiterte John-Deere-Lanz die angefangene Modellreihe mit den Typen „100", „700" und „3010". Die Motoren waren nunmehr elastisch aufgehängt. Der große 65-PS-Typ „3010" erhielt, wie später auch andere John-Deere-Lanz-Schlepper, ein synchronisiertes Getriebe, eine motorhydraulisch gesteuerte Bremsanlage, eine hydraulische Lenkung sowie eine Regelhydraulik. Mit einer neuen Motorenausstattung erschien schon 1965 die „Zehner"-Baureihe. Eine neuartige Verteilereinspritzpumpe und Bleistiftdüsen kam in diese Motoren.
Noch einmal wurde ein kleiner Schlepper vom Typ „200" mit einem Zweizylinder-25-PS-Motor im Jahre 1966 vorgestellt, der mit einem Mähwerk und einer Regelhydraulik für den Einsatz in der Grünlandwirtschaft gedacht war.
Nachdem John Deere 1967 die Aktien der Heinrich Lanz AG vollständig erworben hatte, wurde im gleichen Jahr eine neue Traktorenreihe mit den Typen „810", „920", „1020", „1120" und „2020" vorgestellt. Mit einer umfangreichen Hydraulik, hydraulisch betätigten Scheibenbremsen sowie überarbeiteten Motoren wurden diese Traktoren versehen. Auch als Planta-

40-PS-Lanz D 4016 (1)

32-PS-Lanz D 3206 (1)

60-PS-Lanz D 6006 (1)

100-PS-John Deere 3140 (1)

genschlepper konnten die Typen „1020“ und „2020“ mit 44 bzw. 60 PS geliefert werden. Die Motoren der Sechszylinder-Fahrzeuge wurden aus dem amerikanischen John-Deere-Werk bezogen. 1968 erschienen noch die 68 und 81 PS starken Typen „2120“ und 3120“, die dann das Programm dieser Baureihe abrundeten.
1972 kam John Deere abermals mit neuen Typen heraus. Die Motoren der „Dreißiger“-Baureihe erhielten neue Verbrennungssysteme mit Vierlocheinspritzdüsen. Eine kupplungsunabhängige Zapfwelle, unter Last schaltbar, teilweise ein hydraulisch betätigter Frontantrieb sowie eine integrierte Kabine erhielten diese Schlepper.
Hinzuweisen ist an dieser Stelle darauf, daß John Deere den Exportanteil der Fahrzeuge von einst 20 % auf 80 % der Gesamtfertigung von Mannheim gesteigert hat.
1975 wurden die Fahrzeuge äußerlich durch eine kompaktere Gestaltung überarbeitet. Der neuerschienene Typ „1630“ rundete diese Deere-Mittelklasse ab.
Die 1976 erschienenen 118- und 145-PS-Typen erhielten wiederum amerikanische Sechszylindermotoren. Im gleichen Jahr war der Exportanteil auf 84 % der gefertigten Traktoren gestiegen.
Nachdem 1977 die ersten über 100 PS starken Schlepper mit Mannheimer Motoren der Serie „Vierzig“ vorgestellt worden waren, folgte 1979 die komplette neue Modellreihe mit Leistungen von 38 bis 182 PS. Hydraulik und Synchronisation wurden verbessert, ab Motorleistungen von 62 PS kann wahlweise auch ein Frontantrieb eingebaut werden. Auch äußerlich wurden die Fahrzeuge dieser Generation überarbeitet.
Neben den Radschleppern hat John Deere im Jahre 1959 im Mannheimer Werk auch wieder die Raupenproduktion aufgenommen. Erster Typ war die mittlere Lade- und Planierraupe „440 C“ mit einem Dreizylinder-Perkins-Motor. 1961 wurde dieser Typ durch die Raupen „JD 1010“ und „JD 2010“ abgelöst, die eigene 40- bzw. 52-PS-Motoren erhielten. Im Jahre 1976 ist die 73 PS starke Raupe „JD 555“ mit Turbolader hinzugekommen. Die Steuerung der Raupen erfolgt über Lamellen-Lenkkupplungen und Außenbandbremsen.
Die „JD 555“ ist mit einem hydraulisch gesteuerten Umkehrgetriebe ausgerüstet, so daß der Kettenschlepper unter Last ohne Kuppelvorgang von Vor- auf Rückwärtsfahrt und umgekehrt geschaltet werden kann.
Nachdem 1984 der 750 000. Radschlepper ausgeliefert worden war, stehen Mitte der 80er Jahre aus dem größten europäischen Landmaschinenherstellerwerk 23 Grundtypen in 50 Ausstattungsvarianten zur Verfügung. Mit 4450 Mitarbeitern werden pro Tag 130 bis 140 Traktoren in dem größten, außerhalb der USA gelegenen John-Deere-Werk hergestellt.

Technische Daten der Lanz/Deere-Schlepper

Typ	SP	Z	PS	K	B × H	Hubr.	D	Gew.	Mot.
3120	1969	6	81	W	98 × 110	4976	2200	3450	
2030	1972	4	68	W				2640	
2130	1972	4	75	W					
3130	1972	6	89	W				3970	
830	1974	3	35	W	98 × 110	2490	2400	2070	
930	1974	3	41	W	98 × 110	2490	2400	2070	
1030	1974	3	46	W	102 × 110	2690	2500	2200	
1130	1974	3	51	W	102 × 110	2690	2500	2230	
2030	1974	4	60	W	98 × 110	3320	2500	2300	
2130	1974	4	68	W	102 × 110	3590	2500	2560	
3130	1974	6	81	W	98 × 110	4976	2200	3400	
4030	1974	6	118	W	108 × 121	6650	2200	4525	
6040	1974	6	135	W	108 × 121	6650	2500	4835	
1630	1975	3	56	W	106,5 × 110	2938	2500	2225	
4430	1976	6	145	W	108 × 121	6622	2200	5560	Turbo
4040	1977	6	110	W				4900	
4240	1977	6	128	W				7740	
4440	1977	6	155	W					
3030	1978	6	89	W					
840	1978	3	38	W	106,5 × 110	2940	2400	2450	
940	1978	3	44	W	106,5 × 110	2940	2400	2490	
1040	1978	3	50	W	106,5 × 110	2940	2600	2570	
1140	1978	3	56	W	106,5 × 110	2940	2500	2682	
1640	1978	4	62	W	106,5 × 110	3920	2500	2937	auch Allrad
2040	1978	4	70	W	106,5 × 110	3920	2500	3025	
2040 S	1978	4	75	W	106,5 × 110	3920	2500	3125	
2140	1978	4	82	W	106,5 × 110	3920	2500	3408	Turbo
3040	1978	6	92	W	106,5 × 110	5883	2500	4782	
3140	1978	6	100	W	106,5 × 110	5883	2500	4782	
3640	1978	6	112	W	106,5 × 110	5883	2400	5155	
4040 S	1978	6	115	W	106,5 × 110	5883	2500	6160	Turbo
4240 S	1978	6	132	W	116 × 120,6	7640	2200	6680	Turbo
4450	1978		160	W				7740	Turbo
4650	1978		182	W				9085	Turbo, Ladeluft
4850	1978		210	W				10445	Turbo, Ladeluft

Technische Daten der Lanz-Schlepper

Typ	SP	Z	PS	K	B × H	Hubr.	D	Gew.	Mot.
Alldog	1954	1	17	W	130 × 170	2260	950	1310	
Alldog 1315	1954	1	12/13	L	85 × 94	534	3000	980	Triumph-Lanz
Alldog 1806	1955	2	18	W	85 × 110	1250	2000	1310	MWM

Technische Daten der Lanz/Deere-Raupen

Typ	SP	Z	PS	K	B × H	Hubr.	D	Gew.	Mot.
HRK/ D 1561	1940	1	55	W	225 × 260	10332	750	5280	Glühkopf
440 IC	1959	3	32	W	90 × 105	2010	2500	2835	Perkins
JD 1010	1961	4	40	W	79 × 89	1760	2600	2900	Perkins
JD 2010	1963	4	52	W	89 × 127	3150	2000		Perkins
JD 350	1966	3	43	W	98 × 110	2490	2400		
JD 450	1966	4	58	W	98 × 110	3220	2400		
JD 555	1976	4	73	W	106,5 × 110	3920	2400		Turbo

Theodor Lehmbeck, Berlin-Friedenau, Menzelstr. 11; 1900–1903

Theodor LEHMBECK, Ingenieur und Motorjournalist, konstruierte 1900 mit seiner „schienenlosen Acker- und Straßenlokomotive“ eine universelle Zugmaschine nach den Prinzipien späterer Radschlepper. Die fehlenden finanziellen Voraussetzungen verhinderten jedoch die weitere Entwicklung und die Produktion dieses Schleppertyps. Die ersten beiden Varianten besaßen Marienfelder Zweizylinder-Spiritusmotoren („Phönix-Motor“) mit 10 bzw. 24 PS. Kettenantrieb mit vorgelagertem Differential, mit Blattfedern versehene Vorderachse in Achsschenkelausführung, Anhängevorrichtung, die an den äußeren Radnaben und am Fahrzeugheck befestigt war, stirnseitige Riemenscheibe und ein großer Kühlwasserbehälter über der Hinterachse waren technische Attribute dieser frühen Schlepper. Den geringen Motorleistungen entsprechend verwendete LEHMBECK zu schwache Fahrgestelle für die 1,6 t wiegenden *„Trakteure“*. Auch die Räder mit nur 1 m Durchmesser waren für den praktischen Betrieb auf dem Acker nicht

24-PS-Lehmbeck Ackerlokomotive

geeignet. Die dritte Version hatte einen Vierzylinder-40-PS-Motor („Simplex-Motor"), der bei 6,8 l Hubraum mit 800 U/min arbeitete. Die Hinterräder hatten nun einen Durchmesser von 1,8 m und konnten mit Sporen versehen werden. Stirnseitige Riemenscheibe, Seiltrommel und ein Ballastkasten über der Hinterachse waren vorhanden. Die Geschwindigkeiten von 6 und 12 km/h des Zweiganggetriebes deuten darauf hin, daß das Fahrzeug mehr für den Straßenverkehr geeignet war.

Technische Daten der Lehmbeck-Schlepper

Typ	SP	Z	PS	K	B × H	Hubr.	D	Gew.	Mot.
Ackerlok.	1900	2	10	W	75 × 120	1060	700	1600	Marienfelde
dto.	1900	4	24	W	106 × 156	5507	800	1600	Marienfelde
dto.	1903	4	40	W	120 × 150	6800	1300		Marienfelde

Liebherr-Hydraulikbagger GmbH, Kirchdorf/Iller, 1977–1978

Das Baumaschinenunternehmen stieg 1977 auch in den Markt für Planierraupen ein. Der Typ 731 mit einem 190-PS-Sechszylinder-Motor von Mercedes-Benz erhielt ein hydrostatisches Antriebssystem und eine Seilwinde. Die Raupenschlepperfertigung übernahm 1978 das österreichische Liebherr-Werk in Telfs.

Technische Daten der Liebherr-Schlepper

Typ	SP	Z	PS	K	B × H	Hubr.	D	Gew.	Mot.
731	1977	6	150	W	128 × 142	10960	2100	19000	DB, Turbo

Linke-Hofmann-Busch AG, Breslau, Grundstr. 12

1. 1927–1929 **Linke-Hofmann-Werke AG**
2. 1929–1935 **Linke-Hofmann-Busch AG**
3. 1949–1951 **Linke-Hofmann AG,** Salzgitter-Watenstedt
4. 1951–1956 **Linke-Hofmann-Busch Waggon-Fahrzeug-Maschinen GmbH**

Die im Bau von Lokomotiven, Eisenbahnwaggons und Bergwerksausrüstungen tätige Breslauer Firma brachte 1927 ihren ersten Raupenschlepper nach einer Konstruktion des Dipl.-Ing. STUMPF heraus. Der mit einem 50-PS-Kämper-Motor ausgestattete, 3 t schwere Raupenschlepper besaß ein neuartiges, zunächst mit Lenkstöcken, ab 1929 mit einem Lenkrad betätigtes Cletrac-Doppeldifferential-Lenksystem, das eine Verzögerung des bogeninneren und eine Beschleunigung des bogenäußeren Treibrades bei Kurvenfahrten bewirkte. Da hierdurch die unterschiedlichen Drehmomente kompensiert wurden, trat bei der Kurvenfahrt kein Kraftverlust auf, und die Kette sowie der Ackerboden wurden vor allzu großer Abnutzung bzw. Beschädigung geschützt. Ein tieferliegendes zweites Lenkrad diente dem Anziehen der Bremsbänder an beiden Kegelrädern des Differentials, so daß das Fahrzeug gebremst wurde.
Das auch nach dem Konstrukteur als *„Stumpf-Raupe"* bezeichnete Modell war in Blockbauart mit Laufrollenkästen ausgeführt. Diese konnten sich über

50-PS-LHW Kettenschlepper

Kurbelzapfen am Fahrzeugheck in der Senkrechten bewegen und wurden über ein vorderes Querfederblatt abgestützt. Riemenscheibe und Seilwinde konnten auf Wunsch angebracht werden. Der Kämper-Benzolmotor ließ sich mit einer Bezinanlaßvorrichtung leicht starten.

Zu Beginn der 30er Jahre bestand das Programm aus dem überarbeiteten Anfangsmodell mit der neuen Bezeichnung *„Boxer"* und dem hinzugekommenen *„Rübezahl"*-Typ. Von Kämper entwickelte und vom eigenen Motorenbau hergestellte Vierzylindermaschinen mit Dreiganggetrieben kamen zum Einbau. Die Dieselmotoren arbeiteten nach dem Wälzkammerprinzip und leisteten 40/42 bzw. 60 PS. Für kurze Zeit ließen sie sich auf 45 bzw. 65 PS Höchstleistung steigern.

Der 3,5 t schwere „Boxer" besaß mit drei Rollen versehene Laufrollenkästen, die hinten durch die Antriebsachse ungefedert mit dem Motor-Getriebeblock verbunden waren. Dafür stützte sich die vorne liegende Leiträderachse am Ende des Laufrollenkastens über Querblattfedern gegenüber dem Fahrzeug

50-PS-LHB-Raupe Typ F

20/22-PS-LHB-Schlepper

25-PS-LHB Robot

ab, so daß die Rollenkästen mit hinterem Drehpunkt pendeln und Bodenunebenheiten ausgleichen konnten.
Nach einem anderen Bauprinzip war die 4,7 t schwere „Rübezahl"-Raupe konstruiert. Die Rollenkästen mit je sechs Rollen waren vorne und hinten über Querblattfedern am Motor-Getriebeblock abgestützt.
Seilwinde, Zapfwelle und Riemenscheibe konnten auf Wunsch bei den beiden Raupentypen angebracht werden. Gestartet wurden die Motoren mit elektrischen Anlassern. Der stärkere Typ erhielt zusätzlich eine Benzin-Anlaßvorrichtung.
1935 wurde der Maschinenbaubereich und damit auch die Raupen-Fertigung an den Junkers-Konzern verkauft, der diesen Fertigungszweig unter dem Firmennamen → *FAMO Fahrzeug- und Motorenwerke GmbH* weiterführte.
Nach dem Zweiten Weltkrieg nahm die Linke-Hofmann AG mit neuem Firmensitz in Salzgitter den Bau eines neu entwickelten Radschleppers und einer neuartigen Kleinraupe auf.
In Konstruktionsgemeinschaft mit der Münchener Firma → Kögel baute das Werk einen Ackerschlepper vom Typ „LHS 25", der von einem Zweizylinder-

Technische Daten der LHB-Schlepper

Typ	SP	Z	PS	K	B × H	Hubr.	D	Gew.	Mot.
Stumpf	1927	4	50	W	103 × 166	5530	1200	2800-3100	Kämper
„F"	1929	4	50	W	155 × 165	6850	1200		LH-Diesel
Rübezahl	1932	4	60	W	125 × 175	8585	1150	4700	LH-Diesel
Boxer	1932	4	42	W	105 × 145	5019	1200	3500	LH-Diesel
LHS	1949	2	20/22	W	90 × 125	1590	1800	1300	Henschel
Robot	1951	2	25	W	105 × 120	2077	1800	1925	Modag
Robot	1958	2	20	W	105 × 120	2077	1620	1925	Modag/Primus

22-PS-Henschel-Motor angetrieben wurde. Das in Blockbauart und mit einer pendelnd angebrachten Portalachse ausgeführte Fahrzeug wurde jedoch nur für kurze Zeit gefertigt.
Die Leichtraupe *„Robot"* erhielt ein dem ehemaligen NSU-Kettenkrad ähnliches Schachtellaufwerk mit drei torsionsgefederten Doppellaufrollen in einem Stahlrohrrahmen. Eine gleiche Druckverteilung und damit ein geringer spezifischer Bodendruck insgesamt wurden dadurch erzielt. Für den Straßenbetrieb konnten Gummistollen auf die Kettenglieder montiert werden. Nach Experimenten mit Ford- und Primus-Motoren entschied sich das Werk für den Modag-Zweizylindermotor mit zunächst 25, später 20 PS. Dieser Motor brachte die 2 t schwere Raupe über ein Fünfganggetriebe auf 16,4 km/h. Der Antrieb erfolgte über die vorne angebrachten Treibräder. Nach dem Vorbild der ehemaligen LHB-Raupen der 20er und 30er Jahre wurde das Fahrzeug mit einem Lenkrad und einem Cletrac-Doppeldifferential-Lenkgetriebe versehen. Riemenscheibe, Seilwinde und Zapfwelle gehörten zur Ausstattung der anfänglich recht erfolgreich verkauften „Robot"-Raupe.

Lippische Werkstätten AG, Detmold, Orbkastraße, 1920–1923

Weiterbau des vierrädrigen → Klose-Schleppers mit 35- und 60-PS-Motoren unter der Bezeichnung „Damig".

Technische Daten der Damig-Schlepper

Typ	SP	Z	PS	K	B × H	Hubr.	D	Gew.	Mot.
Damig	1920	4	35	W	114 × 160	6529	800	3500	Adler
Damig	1920	4	60	W	140 × 190	11693	800	4200	Kämper

Löcknitzer Eisenwerk, Löcknitz b. Stettin

1. 1917–1918 **Löcknitzer Eisenwerke,** Löcknitz b. Stettin
2. 1919–1920 **Oberschles. Eisenindustrie AG für Bergbau und Hüttenbetriebe; Zweigniederlassung Abt. Riebe-Werke,** Berlin-Weissensee, Riebestraße

Der Löcknitzer Moor-Motorpflug arbeitete nach dem Zweimaschinensystem mit zwei Motorwagen und einem Moor-Kippflug. In der ersten Version trieb der 33-PS-Kämper-Motor nur die waagerecht liegende Seiltrommel des 2,2 t schweren Fahrzeugs an. Diese Einrichtung hatte den Vorteil, daß sich das Seil vom Spillkopf lösen konnte, wenn die Pflugkörper auf ein Hindernis im Moor auftreffen sollten und die Belastung zu groß wurde. Um das Fahrzeug für den Moorbetrieb nicht zu schwer werden zu lassen, war zunächst auf einen Eigenantrieb verzichtet worden, so daß Pferde zum Vorspann dienten. Nachdem die Kugellager- und Werkzeugmaschinenfabrik Riebe die Löcknitzer Konstruktion zur Auslastung ihrer Betriebsanlagen nach der stillgelegten Rüstungsproduktion übernommen hatte, konstruierte sie die Maschine mit einem 50-PS-Kämper-Motor um, so daß der neue *„Riebe"-Seilpflug* selbstfahrend wurde und für Moor- und normalen Ackerbetrieb benutzt werden konnte.

Technische Daten der Löcknitzer-Schlepper

Typ	SP	Z	PS	K	B × H	Hubr.	D	Gew.	Mot.
	1917	4	33	W	110 × 160	6079	800		Kämper
	1919	4	50	W	103 × 166	5530	1200	2200	Kämper

33-PS-Löcknitzer-Moor-Motorpflug

Lythall-Schlepper

Luftfahrzeug Gesellschaft mbH, Berlin, 1921

Unbekannt gebliebener Schlepper mit einem Antriebsrad.

Lythall AG, Neubrandenburg/Mecklenburg-Strelitz, 1912

Die 1880 gegründete Landmaschinenfabrik konstruierte in der Bauart einer Lokomotive eine schwere Zugmaschine mit Seilwinde und Riemenscheibe. Der Fahrerstand war mit einem Dach und seitlichen Holzplanken verkleidet. Ein großer Wassertank war zur Beschwerung des Fahrzeugvorderteils über der Drehschemelachse angebracht. Ein Zwölfschar-Pflug konnte angehängt werden.

M

Märkische Motorpflug-Fabrik GmbH, Berlin

1. 1911–1912 **Märkische Motorpflug-Fabrik GmbH,** Berlin
2. 1912–1914 **Standard Motorpflug Gesellschaft mbh,** Berlin-Weissensee
3. 1914–1918 **Oberbau-Bedarf,** Gleiwitz
4. 1918–1921 **Oberschlesische Eisenbahn-Bedarfs-Aktien-Gesellschaft – Sollingerhütte,** Uslar im Solling

Für die Märkische Motorpflug-Fabrik konstruierte der Oberingenieur und später bekannte Fachjournalist Otto Barsch den *„Arator"*, der als eine der ersten deutschen Schlepperkonstruktionen angesehen werden kann. Anregung für Barsch war das Vordringen der amerikanischen IHC-Pflüge. Ein 50-PS-Vierzylinder-Argusmotor mit 500 bis 600 U/min trieb die 1,8 m hohen Hinterräder an. Auch Kämper-Motoren mit 50/55 PS kamen zum Einbau. Die Vorderachse war pendelnd in einem Drehschemel angebracht. Eine große und eine kleine Riemenscheibe befanden sich über der Vorderachse.
Ein von Barsch konstruierter kleiner „Arator" gelangte über das Versuchsstadium nicht hinaus.
Nach dem Bau von acht großen Schleppern übernahm die Standard Motorpflug Gesellschaft die Konstruktion und ließ sie verbessern. Während des Krieges ging die Fertigung an eine Eisenbahnmaterialfabrik in Gleiwitz, die den „Arator" als schwere Zugmaschine für Geschütze oder mit einer kleinen Pritsche als Lastwagen an die Militärbehörden verkaufte.
Bei Kriegsende übernahm eine weitere Firma die „Arator"-Konstruktion und ließ dann nach wenigen Exemplaren die Fertigung einstellen.
Barsch überarbeitete sein ursprüngliches Modell und konnte es bei den → Stoewer-Werken als Typ „3 S 17" weiterbauen lassen.

Technische Daten der Märkischen Motorpflug-Schlepper

Typ	SP	Z	PS	K	B × H	Hubr.	D	Gew.	Mot.
Arator I	1911	4	50	W			600		Argus, Kämper
Arator II	1918	4	50/55	W	140 × 190	11693	700		Kämper

Märkischer Motorpflug Arator I (50 PS)

50/55-PS-Arator II

Staatliches Hüttenamt Malapane, Malapane, 1918–1920

Diese Eisengießerei und Maschinenfabrik stellte einen von Dipl.-Ing. STUMPF, dem späteren Schöpfer der → Linke-Hofmann-Raupe, entwickelten Motorpflug mit einem eigenartigen Treibrad und einer Luftdruckvorrichtung zum Bewegen der drei Pflugkörper her. Das Fahrzeug, auch *„Stumpf-Schlepper"* genannt, wurde wegen seiner Kompliziertheit und geringen Betriebssicherheit nur in geringer Stückzahl gebaut.

Manhardt, Wutha, 1957

Die Firma Manhardt, eine Werkstatt für Wagen- und Pflugbau, entwickelte einen 9/10-PS-Diesel-Kleinschlepper der Marke *„Raubautz"* mit einem Drei- oder Vierganggetriebe. Um eine aufwendige Achsschenkellenkung zu sparen, waren die beiden Vorderräder in geringem Abstand nebeneinander in einer Drehschemellenkung angebracht. Ein Warchalowski-Lizenz-Dieselmotor mit Luftkühlung kam zum Einbau.

Mannesmann-Mulag AG, Remscheid, 1919–1924

Erstes Modell war der kleine, zweischarige Motorpflug, der in größerer Stückzahl gefertigt wurde.
Der kombinierbare Trag- und Schlepppflug des Baujahres 1921 mit zwei Vorwärts- und zwei Rückwärtsgängen war dagegen eine Fehlkonstruktion. Der Schlepper konnte nach Demontage der Vorderräder und durch das Versetzen der Antriebsräder an schwenkbaren Kurbelträgern in aufwendiger Eigenarbeit zu einem Tragpflug umgebaut werden. Ein Pfluggestell kam unter den Fahrzeugrahmen. Zur Lenkung diente ein anbaubares Stützrad am Fahrzeugheck. Ein Vierzylindermotor mit 53 PS aus der Lkw-Baureihe trieb das Fahrzeug an.

Technische Daten der Mannesmann-Schlepper

Typ	SP	Z	PS	K	B × H	Hubr.	D	Gew.	Mot.
	1919	4	53	W	125 × 150	7360	900		

53-PS-Mannesmann-Trag- und Schlepppflug

Markranstädter Automobil-Fabrik Hugo Ruppe GmbH, Markranstädt bei Leipzig, 1916–1921

Hugo RUPPE (1879–1949), Sohn des Automobilfabrikanten Arthur RUPPE (→ Apollo-Werke), gründete 1907 seine eigene Automobilfabrik. Spezialität der Markranstädter Automobil-Fabrik (MAF) waren leichte Vierzylinder-Fahrzeuge mit luftgekühlten Motoren. Während der Kriegszeit ließ der Besitzer durch den Landwirt CORDES und den Automobilingenieur KÖRBS zwei Universalzugmaschinen auf verstärkten Pkw-Fahrgestellen entwickeln. Der 1,5 t schwere Schlepper „MAF I" besaß einen 25-PS-Motor (2000 U/min). Über eine Kardanwelle gab er seine Kraft auf die Hinterachse ab. Der 2,25 t schwere „MAF II" hatte einen 35-PS-Motor mit Königswellenantrieb für die Ventile. Der Motor war dem 38-PS-Spitzenmodell der Markranstädter Pkw-Produktion entnommen. Rollenketten wurden hier zur Kraftübertragung auf die 1,5 m hohen Hinterräder verwandt. Riemenscheibe und Seilwinde besaßen beide Typen.
Die Luftkühlung war bei dem damaligen Entwicklungsstand jedoch noch nicht für die schwere Belastung bei der Ackerarbeit geeignet. Auch die Staubaufwirbelungen machten den Motoren zu schaffen, so daß die MAF-Schlepper als recht anfällig angesehen wurden.

14/35-PS-MAF Typ II

Nach der Übernahme des glücklos arbeitenden Betriebes durch die Apoldaer Apollo-Werke widmete sich Hugo RUPPE der Weiterentwicklung der Luftkühlung und dem Kleinmotorenbau. Der DKW-Zweitaktmotor geht auf seine Entwicklungsarbeit zurück.

Technische Daten der MAF-Schlepper

Typ	SP	Z	PS	K	B × H	Hubr.	D	Gew.	Mot.
MAF I	1916	4	8/25	L	78 × 110	2100	2000	1500	
MAF II	1917	4	14/35	L	86 × 150	3410	2000	2250	

22-PS-Martin (1)

Otto Martin, Bayerische Landmaschinenfabrik AG, Ottobeuren
1936–1949

Das 1909 gegründete Landmaschinenunternehmen begann in den 30er Jahren mit dem Bau von 20 PS und ab 1941 von 22 PS starken Schleppern mit Deutz-Motoren. Die Fahrzeuge waren in Blockbauart ausgeführt und konnten wahlweise mit Eisen- oder Luftbereifung geliefert werden. Serienmäßig war die Ausrüstung mit Zapfwelle, Riemenscheibe und Mähbalken. Der ohne großen Erfolg angebotene Nachkriegstyp „S 11" des Baujahres

Technische Daten der Martin-Schlepper

Typ	SP	Z	PS	K	B × H	Hubr.	D	Gew.	Mot.
Martin	1936	2	20	V	100 × 130	2041	1500	1650	Deutz
Martin	1941	2	22	W	100 × 140	2198	1500	1550	Deutz
S 11	1949	1	11	V	100 × 140	1099	1100	1270	Deutz

1949 war in einfacher Rahmenbauart konstruiert. Ein Einzylinder-11-PS-Deutz-Motor gelangte zum Einbau.
Bis heute existiert die Firma noch mit inzwischen nach Ottobeuren verlegtem Firmensitz.

Maschinenbau AG Starke u. Hoffmann, Hirschberg/Schlesien

1. 1919–1920 **Maschinenbau AG Starke u. Hoffmann,** Hirschberg/Schlesien
2. 1921–1925 **Bussard Motorpfluggesellschaft mbH,** vorm. Maschinenbau AG Starke u. Hoffmann, Breslau u. Hannover (ab 1924 Breslau u. Hirschberg/S.)

Die „*Bussard*"-Tragpflüge waren Nachbauten der → Stock-Motorpflugtypen. Das erste Baumuster besaß bei einem Gewicht von 3,8 t einen Vierzylinder-32-PS-Motor, das zweite Modell bei 4,75 t einen 40-PS-Motor. Die Motoren stammten von Kämper und von Büssing.

40-PS-Bussard-Tragpflug

Technische Daten der Maschinenbau AG-Schlepper

Typ	SP	Z	PS	K	B × H	Hubr.	D	Gew.	Mot.
Bussard	1919	4	32	W	110 × 160	6079	800	3800	Kämper
Bussard	1919	4	40	W	125 × 160	7850	850	4750	Büssing

Maschinen-Centrale, Landmaschinenfabrik AG, Rathenow

1. 1911–1913 **Hermann Gierke,** Rathenow
2. 1924 **Maschinen-Centrale,** Landmaschinenfabrik AG

Der Kaufmann Hermann GIERKE, Teilhaber der Dreschmaschinenfabrik → Richter u. Co., gründete ein Konkurrenzunternehmen, aus dem 1917 die Maschinen-Centrale hervorging. Nachdem in den Jahren 1911 bis 1913 einige Tragpflüge unter der Marke *„Armin"* hergestellt worden waren, entwickelte der Landmaschinenbetrieb einen Schlepper, der im Seilpflugsystem einen 1,9 t schweren Kipppflug über das Feld ziehen konnte. Ein 35, später 40 PS starker Motor trieb mit 325 U/min die Seiltrommel bzw. die Antriebsachse des 8,5 t schweren Schleppers an. Für das Seilpflugsystem war die Motorleistung jedoch zu schwach, dafür erwies sich das Fahrzeug aufgrund seiner guten Bodenhaftung als einfacher und besser als Schlepper mit einem angehängten Pflug. Der Kapitalmangel der Firma verhinderte eine größere Produktion des „MC"-Schleppers.

Technische Daten der MC-Schlepper

Typ	SP	Z	PS	K	B × H	Hubr.	D	Gew.	Mot.
Armin	1911								
MC	1924	4	35	W			325	8500	
MC	1924	4	40	W	110 × 160	6079	800		Kämper
MC	1924	4	40	W	125 × 160	7850	850		Kämper, auch 60 PS

Maschinenfabrik Augsburg-Nürnberg AG, München-Allach, Dachauer Str. 665–667

1. 1921–1927 **Maschinenfabrik Augsburg-Nürnberg AG,** Nürnberg, Katzwanger Str. 101
2. 1938–1945 **Maschinenfabrik Augsburg-Nürnberg GmbH,** Nürnberg, Katzwanger Str. 101
3. 1946–1955 **Maschinenfabrik Augsburg-Nürnberg AG,** Nürnberg, Katzwanger Str. 101
4. 1956–1964 **Maschinenfabrik Augsburg-Nürnberg AG,** München-Allach, Dachauer Str. 665–667

Das Augsburger Werk der späteren Maschinenfabrik Augsburg-Nürnberg (MAN) wurde 1840 von dem Mechaniker und Kaufmann Carl August REICHENBACH, einem Verwandten Friedrich Königs, des Erfinders der Schnelldruckpresse, als *Reichenbach'sche Maschinenfabrik* gegründet. Der Schwager Reichenbachs, der Brückenbauingenieur Carl BUZ, richtete schließlich neben dem noch heute weiterbestehenden Druckmaschinenbereich den Bau von Dampfmaschinen, Dampfkesseln, Wasserturbinen ein. Unter der Führung seines Sohnes Heinrich Buz fanden dann in den Jahren 1887 bis 1892 die erfolgreichen Versuche Rudolf Diesels mit seinem Hochdruck-Selbstzündermotor statt.
Der Nürnberger Werksteil ging aus der 1841 von dem Kaufmann Friedrich KLETT gegründeten Schwermaschinen-, Brückenbau- und Waggonfabrik hervor.
Im Jahre 1898 wurde die Zusammenlegung der beiden Unternehmen zur *Vereinigten Maschinenfabrik Augsburg und Maschinenbaugesellschaft Nürnberg AG* beschlossen. 1908 erhielt dann das Unternehmen den noch heute geführten Namen mit der aktuellen Abkürzung M.A.N.
Während des Ersten Weltkrieges nahm auch die MAN mit dem Erwerb und der Verlegung des Saurer Lkw-Zweigwerkes von Lindau nach Nürnberg den Bau von Lastkraftwagen auf. Gleichzeitig experimentierte das Unternehmen mit Tragpflugmodellen, die jedoch wegen der Auslastung des Werkes durch den Motoren- und Lastwagenbau nicht in den Serienbau gingen.
Nach dem Krieg wandte sich die Maschinenfabrik, zumal das Waggonbau- und Schiffsmotorengeschäft zurückgegangen war, mit dem Bau von Motorpflügen der Motorisierung der Landwirtschaft zu.
Nach den Entwürfen des Hallenser Privatdozenten Dr. Rudolf BERNSTEIN fertigte MAN eine solide und in ihrer Pflugleistung hervorragende Konstruktion. Technische Besonderheit des 2,26 t schweren Fahrzeugs war die asymmetrische Ausbildung des Differentials, wodurch das rechte in der Furche laufende Rad stärker als das Landrad angetrieben wurde, so daß der

25/30-PS-MAN-Tragpflug

50-PS-MAN AS 250

sonst übliche schräge Zug bei der Pflugarbeit vermieden wurde. Darüber hinaus wurde durch den unterschiedlichen Durchmesser der Räder ein horizontales Arbeiten erreicht.
Mit einem Vierzylinder-Benzol- oder Rohölmotor von zunächst 20, später 30 PS und einem Zweiganggetriebe erreichte der Tragpflug Geschwindigkeiten von 2,8 und 4,2 km/h. Bemerkenswert ist noch, daß schließlich einige Fahrzeuge den ersten Serien-Dieselmotor, wie ihn auch der MAN-3,5-t-Lkw erhielt, eingebaut bekamen.
Der Getriebeblock des einachsigen, mit einem kleinen Stützrad versehenen Tragpfluges diente gleichzeitig als Rahmen für den Motor, das Triebwerk und das angebaute Pflugsystem. Bis zum Jahre 1924/25 wurden rund 300 Exemplare montiert.
Ein weiteres Modell war der 1923 vorgestellte „MAN-Gespannschlepper", der einen querliegenden Vierzylinder-Motor mit 20 PS und eine einfache Zügellenkung besaß. Der Schlepper war mit einer Knicklenkung konstruiert, die kurz hinter der Vorderachse am Motorteil ihren Drehpunkt hatte, wodurch ein sicheres, wenn auch umständliches Rückwärtsfahren ermöglicht wurde. Auch hier konnte entweder ein Benzol-, Rohöl- oder ein richtiger Dieselmotor eingebaut werden.
Nachdem der Schlepperbau für zwölf Jahre durch die günstige Auslastung des Werkes durch den Lkw-Bau ruhte, nahm das Werk im Zuge der verstärkten Motorisierung der deutschen Landwirtschaft in der zweiten Hälfte der 30er Jahre erneut den Schlepperbau auf. Das MAN-Erzeugnis „AS 250" war ein überaus modern konstruierter Ackerschlepper mit doppelt gefederter Vorderachse, Mähbalken, Windschutzscheibe, Zapfwelle, Riemenscheibe und auf Wunsch einem Überrollbügel. Der 50-PS-Dieselmotor aus der 3-t-Lkw-Baureihe gab dem Schlepper eine überdurchschnittliche Antriebsleistung, so daß nach der Erprobung von 20 Prototypen mit Gummi- oder Eisenbereifung viele Bestellungen aus dem ostdeutschen und schlesischen Raum mit seinen Großbauernhöfen eintrafen.
Weiter ist zu vermerken, daß durch das patentierte MAN-Kugelbrennraumverfahren mit direkter Strahleinspritzung ein geräuscharmer Motorlauf und ein geringer Kraftstoffverbrauch erzielt wurden.
Der Kriegsausbruch verhinderte aber zunächst einen Serienbau. 1941 wurde die französische Zugmaschinenfabrik Latil in Suresnes bei Paris für die Fertigung des MAN-Schleppers gewonnen. Etwa 1000 Exemplare, darunter auch einige Fahrzeuge mit Holzvergaser, wurden dort bis 1944 gebaut.
Nach Behebung der Kriegsschäden und der Verluste durch die Demontage richtete das Werk einen eigenen Traktorenbau ein; eine weitere Zusammenarbeit mit der Firma Latil hatte ein alliiertes Verbot verhindert. Den Nach-

25-PS-MAN AS 325 ▲

▼ *AS 325 mit Moorbereifung*

30-PS-MAN A 32 A ▲

▼ 18-PS-MAN B 18 A

18-PS-MAN 2 K 1 ▲

▼ 13-PS-MAN 2 F 1

kriegsverhältnissen entsprechend mit dem Fortfall der ostelbischen Güter wurde mit einem kleineren Motor die Leistung auf 25 PS festgesetzt. Dafür erhielt das Fahrzeug als erster deutscher Serienschlepper einen zuschaltbaren Allradantrieb mit vorderer Faustachse, der dem Schlepper eine großartige Zugleistung und Steigfähigkeit auch bei schwierigem Gelände ermöglichte.
Nach dem Erfolg dieses Schleppers, der auch mit hinterer und vorderer Doppelbereifung für den Moorbetrieb gebaut wurde, weitete MAN das Schlepperprogramm aus. Ab 1953/54 folgten die Allradschlepper „AS 430", „AS 542" und mit der neuen Bezeichnung die Modelle „C 40 A", „B 45 A". 1955/56 kam ein 18 PS starker Allradschlepper mit einem Zweizylindermotor hinzu. Auch mit luftgekühlten Güldner-Motoren experimentierte MAN. Als Typ „2 F 1" fertigte 1957/58 das Unternehmen einen 13 PS starken Zweizylinderschlepper mit Hinterachsenantrieb. Bei anderen Modellen kam erstmals auch das moderne Mittelkugel-Brennraumverfahren (M-Verfahren) der MAN zum Einsatz, das den Kraftstoffverbrauch weiter senkte. Gleichzeitig mit dem Ausbau der München-Allacher Werksanlagen wurde die Schlepperfertigung dorthin verlegt.
Mit dem Baujahr 1960 überarbeitete MAN die äußere Form der Schlepper. Mit abgerundeten, langgestreckten Hauben wurden nun die 28, 35 und 45 PS starken Universalschlepper gebaut. Zur Rationalisierung der Produktion trug dabei das Baukastensystem der Motorenfertigung bei.
Im Jahre 1963 vereinbarte MAN mit der → Porsche-Diesel-Motorenbau GmbH eine Zusammenarbeit für die Fertigung und den Vertrieb. Die MAN-Allradschlepper wurden nun im Friedrichshafener Porsche-Werk gefertigt, so daß dort die großzügig ausgebauten Montagebänder ausgelastet werden konnten. MAN hatte wiederum freie Kapazitäten für den Lkw-Bau.
Nachdem die deutsche Schlepperproduktion allgemein stark zurückgegangen war, gab MAN nach weiteren, nun erfolglosen Verhandlungen mit Porsche um die Aufteilung der Größenklassen und die Zusammenlegung des Filialnetzes die Schlepperfertigung im Jahre 1964 auf.
Trotz ausgereifter Serienfertigung, dem entsprechenden Markenimage sowie dem ansprechenden Styling gelang es der MAN – bei allerdings hohen Verkaufspreisen – nie, die 5-Prozent-Zulassungsmarke zu überspringen. Etwa 40 000 der überaus zuverlässigen und leistungsstarken MAN-Allrad- und Hinterradantriebsschlepper verließen die Nürnberger, Münchener und Friedrichshafener Werkshallen.
Die Ersatzteilversorgung sowie das Filialnetz übernahm die Renault Traktoren GmbH, um auf dem deutschen Markt einen größeren Anteil zu erreichen, was sich jedoch als unmöglich für den französischen Hersteller erwies.

18/24-PS-MAN 2 L 1

25-PS-MAN 4 N 2

Technische Daten der MAN-Schlepper

Typ	SP	Z	PS	K	B × H	Hubr.	D	Gew.	Mot.
Motorpflug	1921	4	20	W	110 × 140	5319	700	1970	Benzol
	1925	4	20/30	W	110 × 140/160	5319/6080	800	2260	Benzol
Gespann-schlepper	1924	4	20	W	115 × 180	7474	700	1500	Diesel
AS 250	1938	4	50	W	105 × 120	4154	1400	3700	
AS 325	1949	4	25	W	88 × 110	2676	1500	1920	Allrad
AS 325 H	1949	4	25	W	88 × 110	2676	1500	1860	Hinterradantrieb
AS 430 A	1953	4	30	W	92 × 110	2925	1500	2100	Allrad
AS 542 A	1953	4	42	W	92 × 110	2925	2000	2650	Allrad
A 32 A	1954	4	30	W	92 × 110	2925	1500	2260	Allrad
C 40 A	1954	4	40	W	92 × 110	2925	2000	2260	Allrad
B 45 A	1954	4	45	W	92 × 110	2925	2200	2880	Allrad
B 18 A	1955	2	18	W	85 × 115	1300	1800	1630	Allr., Güldner
2 K 1	1956	2	18	W	85 × 115	1300	1800	1250	Allr., Güldner
A 25 A	1956	4	25	W	88 × 110	2676	1500	1980	Allrad
4 N 1	1956	4	30	W	92 × 110	2925	1500	2100	Allrad
D 40 A	1956	4	40	W	92 × 110	2925	2000	2620	Allrad
2 F 1	1957	2	13	L	75 × 100	885	2000	850	Hinterr. Güldner
2 L 1	1957	2	18/24	W	85 × 115	1305	1800	1250	Hinterr. Güldner
4 S 1	1957	4	50	W	125 × 100	4906	1900	3170	Allrad
2 F 1	1958	2	14	L	75 × 100	885	2300	880	Hinterradantrieb
2 K 3	1958	2	18	W	85 × 115	1305	1800	1210	Hinterr. Güldner
4 L 1	1959	2	25	W	94 × 120	1670	1800	1585	Allrad
2 N 1	1959	2	28	W	94 × 120	1670	2000	1480	Hinterradantrieb
4 N 2	1960	2	28	W	94 × 120	1670	2000	1720	Allrad
2 P 1	1961	3	35	W	86 × 110	1900	2400	1670	Hinterradantrieb
4 P 1	1961	3	35	W	86 × 110	1900	2400	1920	Allrad
2 R 3	1961	4	45	W	86 × 110	2560	2200	2350	Hinterradantrieb
4 R 3	1961	4	45	W	86 × 110	2560	2200	2500	Allrad

Metallwerk Creussen, Carl Tabel, Creussen/Ofr., 1949–1955

Das Unternehmen nahm 1949 die Montage des *„Unitrak"*-Schleppers der Firma → Walter Hofmann auf. Eigene 15-PS-Dieselmotoren kamen zum Einbau in das auch als „Landbaumaschine" bezeichnete Fahrzeug. 1954 folgte ein Vierradschlepper vom Typ „MWC 15 Treff" in Blockbauart, der

12-PS-MWC Unitrak ▲

▼ *15-PS-MWC Treff 15*

den gleichen Motor erhielt. Außergewöhnlich war die große Bodenfreiheit sowie die serienmäßige Ausrüstung dieses Kleinschleppers mit einer Zapfwelle. Ein 1954 entwickelter Geräteträger gelangte nicht mehr zum Serienbau.

Technische Daten der Creussen-Schlepper

Typ	SP	Z	PS	K	B × H	Hubr.	D	Gew.	Mot.
Unitrak	1949	1	12	L	90 × 120	763	1850	780	F & S
Unitrak	1954	1	15	L	85 × 120	681	1800	990	
MWC 15 Treff	1954	1	15	L	85 × 120	681	1800	955	

MIAG Mühlenbau und Industrie AG, Braunschweig, Amme-Luther-Str. 19

1. 1936–1938 **MIAG Mühlenbau und Industrie AG,**
2. 1938–1952 **MIAG Mühlenbau und Industrie AG,** Abt. Fahrzeugbau GmbH, Frankfurt a. Main, Mainzer Landstr. 331; Werk Ober-Ramstadt, Im Ochsenbruch

Das Mühlenbauunternehmen erschien 1936 erstmals mit einem Ackerschlepper auf dem im Aufschwung befindlichen deutschen Landmaschinenmarkt. Der „LD 20“, der in Anlehnung an die MIAG-Straßenschlepper auf einem Rahmenfahrgestell aufgebaut war, erhielt einen 20-PS-Zweizylinder-MWM-Motor unter einer klobigen Haube. Riemenscheibe, Zapfwelle und Mähbalken gehörten zur serienmäßigen Ausstattung des Fahrzeugs. Die Vorderachse mit den durchbrochenen Scheibenrädern wurde durch doppelte Querblattfedern abgestützt.
1938 verlegte die MIAG ihre Fahrzeugfertigung, darunter auch Gabelstapler, Mobilkräne, Elektrofahrzeuge und die erwähnten Straßenschlepper, in das neu erworbene, ehemalige Röhr-Automobilwerk in Ober-Ramstadt.
Das Schell-Programm beschränkte während des Krieges die MIAG-Schlepperfertigung auf den Bau einer traktorähnlichen Zugmaschine, die mit einem Ford-Lkw-Motor und einem eigenen Holzvergaser ausgestattet wurde, der 25 PS leistete.
Nach dem Krieg brachte die Firma einen Zweizylindertyp heraus. Der „AD 22“ war nun in Blockbauart und mit einer aufwendigen vorderen Doppellen-

20-PS-MIAG LD 20

25-PS-MIAG LD 25 mit Generator

22/24-PS-MIAG AD 22 *16/18-PS-Baumi Glühkopf* ▶

kerachse ausgeführt. Hinzu kamen ein leichter Typ „AD 17" und ein größerer Typ „AD 33" mit 17- bzw. 36-PS-Motoren. Die Spurweiten ließen sich durch das umgekehrte Montieren der Räder auf den Achsen verändern. Riemenscheibe und Zapfwelle waren vorhanden.
Da die US-Streitkräfte einen großen Teil des 1945 besetzten Werkes in Ober-Ramstadt auch nach 1949 nutzen wollten, konnten die MIAG-Schlepper nicht in größeren Stückzahlen kostengünstig gefertigt werden, so daß die MIAG das Werk Ober-Ramstadt und damit auch die gesamte Fahrzeugfertigung im Jahre 1952 aufgab.

Technische Daten der MIAG-Schlepper

Typ	SP	Z	PS	K	B × H	Hubr.	D	Gew.	Mot.
LD 20	1936	2	20	W	95 × 150	2120	1500	1800	MWM
LD 25	1941	4	25	W	98 × 108	3290	2000		Ford, Holzvergaser
AD 22	1949	2	22/24	W	95 × 120	1700	2000	1760	MWM
AD 17	1949	3	17	W	85 × 110	1250	2000	1500	MWM
AD 33	1949	3	36	W	95 × 120	2250	2000	2665	MWM

Baugesellschaft Michelsohn, Minden, Karlstr. 25–31, 1924–1934

Das um 1900 gegründete Unternehmen für Lokomotiv-Ausbesserungen stellte für ein Jahrzehnt einen dem Lanz-Bulldog ähnlich konzipierten Einzylinder-Glühkopf-Schlepper vom Typ „Baumi" her. Der Zweitaktmotor lieferte bei 470 U/min 16/18 PS, später 20 PS. Mit einer Zündkapsel, die mit einer Anwärmlampe auf ca. 500 Grad Celsius erhitzt werden mußte, konnte der Motor gestartet werden. Schlitze im Glühkopf sorgten für einen ununterbrochenen Lauf des Motors.
Das Fahrgestell war in einem Stück gegossen und enthielt den Hinterachsantrieb. Zur Ausstattung der äußerst einfach gestalteten Konstruktion gehörten eine Riemenscheibe und auf Wunsch eine Drahtseilwinde. Zwei Vorwärtsgänge ermöglichten Geschwindigkeiten bis zu 7,5 km/h. Vierradgummibereifung und eine Bergstütze waren vorhanden.
1934 mußten die Inhaber der Firma, Hermann und Nathan MICHELSOHN, ihren Betrieb aufgeben.

Hüttenwerk, Eisengießerei und Maschinenfabrik Michelstadt AG,
Michelstadt, Unterer Hammer 5, 1954–1962

Diese Michelstädter Maschinenfabrik mit einer seit über 100 Jahren andauernden Fertigung landwirtschaftlicher Geräte begann im Jahre 1954, die Kleinraupe *„Unirag“* für die Landwirtschaft, für Weinbaubetriebe und für die gewerbliche Wirtschaft zu bauen, nachdem eine Lizenz von der Konstruktionsfirma → Blank erworben worden war.
Über zwei große Räder und zwei kleine Bodenrollen wurden die vorne angetriebenen Raupenbänder geführt. Die Fahrzeugbreite betrug nur 62,5 oder 77 cm. Die Richtungsänderung erfolgte durch Lenkbremsen mit Lenkkupplungen.
Zunächst kam ein 10 PS starker Einzylinder-ILO-Zweitakt-Dieselmotor mit Luftkühlung in das 850 kg schwere Fahrzeug. 1956 gelangte der 12 PS starke ILO-Motor zum Einbau. Ab 1959 konnten auch ein 12 PS starker Fichtel & Sachs- oder ein 14 PS starker Stihl-Zweitakt-Dieselmotor eingebaut werden. Gleichzeitig wurde die Schwerpunktlage des Fahrzeugs verbessert; eine Bosch-Hydraulik und eine Zapfwelle gehörten nun zur Ausstattung des inzwischen auch vollverkleideten Raupenfahrzeugs. Eine angepaßte Gerätebaureihe zur Bodenbearbeitung bot das Hüttenwerk ebenfalls an.

10-PS-HWM Unirag

12-PS-HWM Unirag Büffel

Ab 1956, bzw. ab 1959 erhielten die Raupen die Bezeichnung „URG 12“ und „URG 14“. Ein Jahr später wurden die Achsen mit einer Vorrichtung versehen, die es ermöglichte, für den schnellen Straßentransport luftbereifte Aufsteckräder anzubringen. Mit dem Modelljahr 1961 bekamen die Raupen die Bezeichnung „H. W. M. Büffel“. Die Lenkung erfolgte nun über Doppelscheibenbremsen am Differential. Die Motorverkleidung wurde durch eine kantige Gestaltung dem Zeitgeschmack angepaßt.
Nach der Übernahme des Werkes durch den britischen Landmaschinenhersteller Howard Rotavator wurde die Fertigung der Raupe aus Kostengründen eingestellt. Ungefähr 600 Exemplare dieser Kleinraupe wurden in Michelstadt gebaut.

Technische Daten der Michelstadt-Schlepper

Typ	SP	Z	PS	K	B × H	Hubr.	D	Gew.	Mot.
Unirag	1954	1	10	L	90 × 104	660	2000	850	ILO, Diesel
URG 12	1956	1	12	L	90 × 104	660	2000	950	ILO, Diesel
URG 14	1959	1	14	L	90 × 120	763	1850	1000	Stihl, Diesel
HWM Büffel	1959	1	12	L	88 × 100	604	2200	850	F & S, Diesel
HWM 280	1961	1	12	L	90 × 104	660	2000		ILO, Diesel

Mig-Auto Motorpflug, Berlin, 1919

Versuchsmodell eines Motorpfluges.

Moorkultur-Kraftpflug Gesellschaft mbH, Berlin W 35, 1922

Nach dem System Hintze wollte dieses Unternehmen spezielle Moorschlepper mit Kämper-Motoren bauen.

Motorenfabrik Darmstadt AG, Darmstadt, Kirschenallee 7/9, 1916–1931

Die 1902 von dem Ingenieur August KOCH gegründete Molkereimaschinenfabrik wurde 1904 mit dem Geschäftspartner, dem Schlossermeister GRÄB, in eine Motoren- (und später auch) Dreschlokomobilenfabrik umgewandelt. Ab 1916 unternahm der Betrieb mehrere Versuche, Schlepper zu konstruieren, nachdem der Gespannmangel im kaiserlichen Heer den Einsatz des Ottomotorantriebs immer stärker anregte.
Die ersten Modelle waren in der Form einer Lokomobile ausgeführt. Ein langsamlaufender 20-PS-Einzylinder-Benzolmotor kam zum Einbau und brachte das Fahrzeug über einen Rollenkettenantrieb auf 2,5 oder 5,5 km/h. Eine Riemenscheibe war vorhanden.
1924 gelang es dann der inzwischen in Motorenfabrik Darmstadt umbenannten Firma, den Typ *„Modag 1"* mit einem kompressorlosen, wassergekühlten *„Colo"-Dieselmotor* (→ Ansbacher Eisengießerei und Maschinenfabrik und Motorenbau Carl Bachmann) herauszubringen. Der langsamlaufende Zweizylindermotor mit 16 PS war auf einem kräftigen Fahrgestell aufgebaut und trieb über Ritzel die vollgummibereiften Zwillings-Hinterräder an. Eine hintenliegende Riemenscheibe, eine Bergstütze und auf Wunsch eine Seiltrommel standen zur Verfügung. Die Höchstgeschwindigkeit lag bei 8 km/h.

Technische Daten der Modag-Schlepper

Typ	SP	Z	PS	K	B × H	Hubr.	D	Gew.	Mot.
Modag	1916	1	20	V					
Modag 1	1924	2	16/18	W	125 × 180	4415	750	2200	Colo-Diesel
Modag 2	1927	2	20	V	125 × 180	4415	1220		Colo-Diesel

16/18-PS-Modag Typ 1

Der Typ *„Modag 2"* besaß eine moderne Verkleidung und erhielt einen auf 20 PS gesteigerten „Colo"-Dieselmotor. Das Anlassen erfolgte ohne Vorwärmung durch eine Handkurbel und eine Zündpapierpatrone. Bei diesem Modell wurde auf eine Kühlwasserpumpe verzichtet; eine Verdampfungskühlanlage kam unter der kantigen Haube zum Einbau.
Auch unter dem Markennamen „Modaag" gelangten die Fahrzeuge zum Verkauf. Heute ist das Unternehmen ein Zweigbetrieb des Maschinenkonzerns Demag.

Motorenfabrik München-Sendling, O. Vollnhals KG, München-Sendling, Gmunderstr. 14/16, 1909–1957 mit Unterbrechungen

Die 1899 von Kommerzienrat Otto Vollnhals gegründete Motorenfabrik baute im Jahre 1909 den ersten in mehreren Exemplaren gefertigten deutschen Schlepper. Es handelte sich hierbei um ein 5 t schweres Fahrzeug mit einem 70/80-PS-Motor, das mit einer Drehschemelvorderachse ausge-

70/80-PS-München-Sendling Typ I

rüstet war. Ein siebenschariger Pflug konnte angehängt werden. Der Schlepper war in der typischen Form einer Dampflokomobile gestaltet; der Motor saß unter einer gewaltigen Blechattrappe, um so eine imposante Größe des Schleppers zu demonstrieren.
Die zweite Version war ein 4 t schwerer Schlepper mit einem Zweizylinder-40/45-PS-Motor, der mit einem oder mit zwei Vorderrädern geliefert werden konnte. Durch die Vorderlastigkeit des Fahrzeugs sollte der dreirädrige Schlepper stark auf den Boden gepreßt werden, um dadurch einen guten Kurvengang zu ermöglichen. Wegen der großen Kippgefahr durch den hohen Schwerpunkt des Fahrzeugs gab das Unternehmen diese Konstruktion bald wieder auf.
Von 1910 bis 1913 kamen noch Zwei- und Vierzylinderschlepper mit 24-, 48- und 60-PS-Motoren hinzu. Während des Ersten Weltkrieges wurde der 80-PS-Schlepper als schwere Artilleriezugmaschine für das bayerische Heer weitergebaut.
Mit der Firma Benz u. Cie. (→ Daimler-Benz) ging die Motorenfabrik eine Bau- und Vertriebsgemeinschaft unter der hierzu gegründeten Firma *Benz-Sendling Motorpflug GmbH* von 1919 bis 1930 ein. Die Münchener Motorenfabrik lieferte für den *„Benz-Sendling-Dieselschlepper"* die Bauvorlagen für den Zweizylinder-Dieselmotor.

40/45-PS-München-Sendling Typ II

12-PS-München-Sendling D 12

15/16-PS-München-Sendling AS 7

Technische Daten der München-Sendling-Schlepper

Typ	SP	Z	PS	K	B × H	Hubr.	D	Gew.	Mot.
MS I	1909	4	70/80	W			600	5000	
MS II	1909	2	40/45	W				4200	
	1910	2	24	W					
	1910	4	48	W					
	1910	4	60	W					
D 12	1938	1	12	W	118 × 165	1800	1500	1200	
AS 22	1938	2	20	W					
AS 7	1949	1	15/16	V	105 × 146	1263	1500	1250	
KS 12	1949	1	16	W	120 × 165	1865	1500	1250	
KS 12	1952	1	12	W	90 × 110	699	2000		
AS 18	1952	1	18	W	105 × 146	1263	1800		

1938 versuchte das Unternehmen vergeblich, mit den Ein- und Zweizylindertypen „D 12“ und „AS 22“ mit 12 und 20 PS Anschluß an die prosperierende Traktorenindustrie zu gewinnen; im Schell-Programm wurde sie jedoch nicht berücksichtigt. Schwerpunkt blieb weiterhin die Fertigung von Kleindieselmotoren für die Landwirtschaft und für die Industrie.
Erneut wagte das Münchener Unternehmen, nach schweren Kriegsschäden, 1949 mit dem Typ „AS 7“, der einen Einzylinder-15/16-PS-Motor besaß, den Wiedereinstieg in das Traktorengeschäft. Mit wenig Erfolg bot die Firma bis 1957 schließlich die wassergekühlten Einzylinder-Modelle „KS 12“ und „AS 18“ an. Im Jahre 1975 ist das Unternehmen, eine der ältesten Motorenfabriken Deutschlands, erloschen.

Motorenfabrik Oberursel, Actien-Gesellschaft, Oberursel, Hohemarkstr. 60, 1903–1910

Die Motorenfabrik Oberursel wurde 1898 auf dem Gelände einer stillgelegten Mühle gegründet, nachdem der dort vom Studenten und späteren Automobil- und Motorenkonstrukteur Wilhelm SECK entworfene Einzylinder-Viertaktmotor „Gnom“ eine stürmische Nachfrage gefunden hatte.
Neben dem Bau von Motoren verschiedenster Größen wagte sich die Motorenfabrik auch an den Bau von selbstfahrenden Lokomobilen. Erster Typ war ein 10-PS-Fahrzeug für Schleppzwecke und für den Antrieb von

MO-Spirituslokomobile

Dreschmaschinen. Zweiter Typ war ein 25/30, später 50/56 PS starkes Fahrzeug mit einem Spiritusmotor und einer großen Seiltrommel für das Kipppflugsystem. Über Ketten wurde die Hinterachse angetrieben; das große Schwungrad diente zum Dreschmaschinenantrieb.
Auch in einer Version mit einem zusätzlich aufgesetzten 5-PS-„Gnom"-Spiritusmotor für den Bandsägenantrieb wurde die „Oberurseler selbstfahrende Lokomobile" gebaut.
Während des Zweiten Weltkrieges entwickelte die inzwischen zum Klöckner-Humboldt-Deutz-Konzern gehörende Motorenfabrik den luftgekühlten Dieselmotor. Heute stehen vor allem Strahltriebwerke im Programm der traditionsreichen Oberurseler Motorenfabrik.

Motoren-Werke Mannheim AG, vorm. Benz u. Cie., Abt. Stationärer Gasmotorenbau, Mannheim, Waldhofstraße, 1924–1925

Die aus der Benz u. Cie. AG, Abt. Stationärer Gasmotorenbau, im Jahre 1922 hervorgegangenen *Motoren-Werke Mannheim (MWM)* begannen 1923 mit der Serienfertigung von Vorkammer-Dieselmotoren nach den Patenten von Prosper L'Orange. Darunter waren auch Zwei- und Dreizylindermaschinen, die unter der Bezeichnung *„Colo"-Dieselmotoren"* gemeinsam mit der Firma → Ansbacher Eisengießerei und Maschinenfabrik und Motorenbau Carl Bachmann und der Firma → Süddeutsche Bremsen AG entwickelt worden war. Darauf hinzuweisen ist hier, daß die 45 PS starke Vierzylinder-Version dieser Motorenbaureihe im Jahre 1923 den ersten serienmäßigen Diesel-Lastkraftwagen vom Typ „5 K 3" der Benz u. Cie. AG antrieb.
Ab 1924 bauten die MWM mit dem stehenden, kompressorlosen Zweizylinder-„Colo"-Dieselmotor das **„MWM-Motorpferd"** mit einer Leistung von 18 PS. Mit verminderter Kompression mußte der Motor von Hand durchgedreht und mit einem in die Vorkammer eingesetzten Zündpapier in Gang gesetzt werden. Zwei Gänge ermöglichten über eine Kardanwelle Geschwindigkeiten von 8 und 12 km/h. Die Richtungsänderung des 2,5 t schweren Fahrzeuges erfolgte durch eine einfache Drehschemellenkung. Eine Riemenscheibe befand sich auf der Vorgelegewelle zwischen Motor- und Antriebswelle.
Da die Motoren-Werke nicht die Fertigungsmöglichkeiten für den Fahrzeugbau besaßen, erfolgte die Montage bei der Maschinenfabrik Karlsruhe.
359 Exemplare wurden bis zur Firmenübernahme durch die Knorr-Gruppe (Süddeutsche Bremsen AG) gebaut. Hervorzuheben ist, daß das „MWM-

18-PS-MWM-Motorpferd

Motorpferd" als erster Produktions- und Verkaufserfolg eines Dieselfahrzeugs angesehen wird.
1985 ist die Mannheimer Motorenfabrik, eine der größten Produktionsstätten von luft- und wassergekühlten Motoren insbesondere für die Traktorenindustrie, von der Klöckner-Humboldt-Deutz AG übernommen worden.

Technische Daten der MWM-Schlepper

Typ	SP	Z	PS	K	B × H	Hubr.	D	Gew.	Mot.
Motorpferd	1924	2	18	V	125 × 180	4415	750	2700	

Motorpflugfabrik Vorwärts, Aschersleben, 1918

Diese kleine Maschinenfabrik baute mit wenig Erfolg den schwedischen *„Avance"-Motorpflug* in Lizenz mit einem schweren und recht störanfälligen Rohölmotor nach.

Motorpfluggesellschaft mbH, Magdeburg, 1917

Konstruktion eines unbekannt gebliebenen Tragpfluges.

Motorpflug-Fabrik GmbH, Berlin NW 52, Calvin Str. 21, 1908–1910

Nur ein Prototyp eines Tragpfluges wurde nach einer Konstruktion von Dipl.-Ing. STUMPF hergestellt.

Motorpflugwerke München GmbH, München-Giesing, Perlacher-Straße, 1918–1920

Versuchsmodell eines zweischarigen Kleinmotorpfluges mit einem 18-PS-Motor. 1924 ist die Firma erloschen.

Maschinenfabrik Gottwald Müller GmbH, Berlin, Rheinsteinstraße, ehem. Flughafen, 1920

Um 1920 versuchte diese Firma erfolglos, einen 80 PS starken Schlepper auf die Räder zu stellen.

MULAG Fahrzeugwerk Heinz Wössner KG, Bad Peterstal-Griesbach, Stöckmatt 1

1. 1957–1962 **Huber u. Wössner oHG, Kraftfahrzeuge, Fahrzeugbau, Schlosserei und Kohlenhandlung**
2. 1962–1964 **Huber u. Wössner, Inh. Heinz Wössner Fahrzeug- u. Transportgerätefabrik**
3. 1964–heute **MULAG Fahrzeugwerk Heinz Wössner KG**

Das 1957 gegründete Kraftfahrzeugunternehmen nahm im gleichen Jahr die Fertigung von leichten Transportfahrzeugen mit Ein- und Zweizylindermotoren auf. Die Fahrzeuge waren mit Schlepperrädern unterschiedlicher Größen und einem Rahmenfahrgestell konstruiert. Ein Mähbalken gehörte zu den mit einer Pritsche ausgestatteten Fahrzeugen der Typenbezeichnung *„MULAG“* (Motor-Universal-Lasten-Arbeits-Gerät). ILO- und MWM-Motoren kamen zum Einbau.

22-PS-Mulag-Dieselschlepper

Eine vom Fahrersitz aus oder über Funksteuerung bedienbare Mähraupe vom Typ „RM 40" stellt MULAG auf einem Alu-Rahmen mit einem 45-PS-VW-Dieselmotor her. Das Alu-Spezialraupenband wird über fünf Rollen geführt.
Hauptbeschäftigungsbereich der Firma ist seit 1953 die Herstellung von Industrie- und Flugzeugschleppern, kleinen Pritschenfahrzeugen für kommunale und landwirtschaftliche Zwecke.

Technische Daten der Mulag-Schlepper

Typ	SP	Z	PS	K	B × H	Hubr.	D	Gew.	Mot.
DM 3	1957	1	12	L	90 × 104	660	2000		ILO
M 5	1958	2	15	L	80 × 100	1004	3000	850	MWM
D 22	1959	2	22	L	85 × 90	1020	3000	1175	Warchalowski
MD 22-4	1960	3	22	L	80 × 100	1004	3000		MWM
RM 40	1978	4	45	W	76 × 86	1559	4000	1600	VW

N

Nahag AG, vorm. Norddeutsche Mühlenbauanstalt, Atos, Herkules-Motorpflug-Werk AG, Berlin-Lichtenberg, Krimhildstr. 5–12

1. 1920–1921 **Herkules-Motorpflug-Werke,** Berlin-Waidmannslust
2. 1921–1923 **Nahag AG,** vorm. Norddeutsche Mühlenbauanstalt, Atos, Herkules-Motorpflug-Werk AG, Berlin-Lichtenberg, Krimhildstr. 5–12

Die vom → Vereinigten Motoren- und Flugzeugbau Paul Dahl übernommene *„Atos"-Konstruktion* wurde verbessert und unter der Marke *„Herkules"* als

Technische Daten der Nahag-Schlepper

Typ	SP	Z	PS	K	B × H	Hubr.	D	Gew.	Mot.
Herkules Typ I	1920	4	35/40	W	120 × 200	9043	800	3600	Kämper
Herkules Typ II	1920	4	24/30	W	110 × 140	5319	800	2500	Kämper

24/30-PS-NAHAG Herkules II

„Typ I" mit einem Vierzylindermotor mit 35/40 PS und 9 l Hubraum weiterproduziert. Ein neuentwickelter, kleinerer „Typ II" war mit einem 24/30-PS-Motor ausgerüstet. Die Motoren der 3,6 und 2,5 t schweren Maschinen wurden von Kämper bezogen. Die → Neumeyer AG übernahm 1923 diese Modelle.

Neukirch, 1912

Kleiner Zugmaschinentyp mit Seilwinde.

Fritz Neumeyer AG, Nürnberg u. München-Freimann

1. 1920–1923 **Fritz Neumeyer AG**
2. 1923–1925 **Fritz Neumeyer AG u. Co. KG**

Das aus den Bayerischen Hüttenwerken Fritz Neumeyer AG entstandene Unternehmen baute zunächst den 1,6 t schweren *„Szakats"-Motorpflug* mit einem Zweizylinder-26-PS-Motor. 1923 wurde der *„Herkules"-Schlepper* von der → Nahag übernommen. Die Motorleistung des großen Typs wurde mit einem Kämper-Motor auf 45/46 PS erhöht, die des kleinen Typs

45/46-PS-Neumeyer Herkules

ungünstigerweise auf 25 PS gesenkt. Zu den Verbesserungen zählten ein geändertes Luftansaugsystem und verbreiterte Treibräder mit Ritzelantrieb. Eine Seilwinde gehörte nun zur Grundausstattung. Auch als Gelenkpflug konnte der große Typ mit einem hinteren Treibrad geliefert werden.
Mehr Erfolg hatte der Kommerzienrat Fritz NEUMEYER mit seiner 1917 gegründeten Zünder- und Apparatebau GmbH in Nürnberg, aus der die spätere Zündapp-Motorradfabrik hervorging.

Technische Daten der Neumeyer-Schlepper

Typ	SP	Z	PS	K	B × H	Hubr.	D	Gew.	Mot.
Szakats	1920	2	26	W	120 × 180	4069	900	2800	Kämper
Typ I	1923	4	45/46	W	120 × 180	8138	700	3600	Kämper
Typ II	1923	2	25	W	90 × 140	1780	800	2500	Kämper

Nodu, Berlin, 1921

Versuchskonstruktion eines Radschleppers.

Norddeutsche Traktorenfabrik Franz Westermann, Hamburg-Lohbrügge, Bergedorfer Str. 12

1. 1947–1950 **Georg R. Wille oHG,** Hamburg-Bergedorf, Mönckebergstr. 17 und Weidenbaumsweg
2. 1950–1956 **Norddeutsche Traktorenfabrik Franz Westermann,** Hamburg-Bergedorf, Neuer Deich 1–5; ab 1955 Hamburg-Lohbrügge, Bergedorfer Str. 12

Der aus Pommern vertriebene Maschinenbauingenieur Georg R. WILLE gründete 1946 in einer stillgelegten Hamburger Gießerei eine Spezialfabrik für Landmaschinen und Mühlengürtel mit Schlauchweberei und Eisengießerei. Unter Verwendung von Jeep-Teilen stellte Wille im Jahre 1947/48 einachsige Schlepper bzw. Kleinmotorpflüge der Marke **„Gerwi-Stier"** her. Mit einem hinteren Stützrad und einer Sitzschale sowie einer Knicklenkung konnte das Fahrzeug auch als Behelfsschlepper dienen. Ein Zweizylinder-Horex-Motor mit 12 PS diente zum Antrieb. 1948 folgte auf dem verkürzten Fahrgestell des Jeeps ein allradgetriebener Vierradschlepper mit Riemen-

12-PS-Nordtrak Gerwi Stier

30-PS-Nordtrak Stier 30

24-PS-Nordtrak Stier 241

Technische Daten der Nordtrak-Schlepper

Typ	SP	Z	PS	K	B × H	Hubr.	D	Gew.	Mot.
Motor-Stier	1947	1	12	W	90 × 80	500	3000	750	ILO, Vergaser
Motor-Stier	1947	1	12	L	80 × 117,5	590	3000	750	Horex, Vergaser
Motor-Stier	1949	1	11	V	100 × 140	1099	1000	1000	Deutz
Motor-Stier	1949	1	12	W	100 × 130	1020	1500	1000	Zanker
Motor-Stier	1949	2	12,5	L	67 × 70	248	3000	1000	Zündapp, Vergaser
Motor-Stier	1949	1	15	V	110 × 145	1384	1500	1000	Bauscher
Stier 20	1949	1	11	L	90 × 120	763	2100	1400	Deutz
Stier 21 (Bullo)	1949	2	22	W	100 × 130	2041	1500	1650	Hatz
Stier 18	1951	2	16	W	120 × 130	1470	1500	1600	Hatz
Stier 30	1951	2	30	W	100 × 150	2356	1500	2100	MWM
Stier 45	1953	3	40	W	100 × 150	3534	1500	2500	MWM
Stier 240	1954	2	20	L	98 × 120	1810	1500	1640	MWM
Stier 360	1954	3	36	L	98 × 120	2715	2000	2140	MWM
Stier 241	1955	2	24	L	98 × 120	1810	2000	1800	MWM
Stier 480	1955	4	48	L	98 × 120	3620	2000	2900	MWM

scheibe und Zapfwelle, der mit Motoren verschiedener Hersteller ausgerüstet wurde. Dabei kamen 12 PS starke, luftgekühlte ILO-, Horex- und Zündapp-Vergaser-, Zanker-Zweitaktdiesel-, Bauscher-Diesel- oder wassergekühlte 11-PS-Deutz-Einzylindermotoren zum Einbau.
1949 kam noch für kurze Zeit nach gleichem Prinzip ein 22 PS starker, zweisitziger Behelfsschlepper mit der Bezeichnung *„Bullof"* hinzu. Hier trieb ein Zweizylinder-Hatz-Zweitakt-Dieselmotor das Fahrzeug an, das aus Teilen des Dodge-Kommandowagens zusammengebastelt war.
Nachdem das Unternehmen in größere Räumlichkeiten verlegt wurde, trat als Kapitalgeber der Kaufmann Franz WESTERMANN in die Firma ein. Nach dem Ausscheiden von Georg R. WILLE führte er das Landmaschinenunternehmen in eigener Regie weiter. Die Jeep-Umbauten wurden eingestellt, und eine neu entwickelte Modellreihe allradgetriebener Schlepper in Halbrahmenbauweise mit gleichgroßen Rädern und der Bezeichnung **„Stier"** wurde herausgebracht. Der „Stier 18" bekam einen wassergekühlten 16-PS-Einzylinder-, der „Stier 21" einen wassergekühlten 22-PS-Zweizylinder-Hatz-Dieselmotor. Der „Stier 30" war mit einem 28-PS-MWM-Motor bestückt. 1953 wurde das Programm mit dem „Stier 45" erweitert. Ein Dreizylinder-MWM-Motor mit 40 PS gelangte hier zum Einbau.
Eine Leistungssteigerung erhielten die Motoren der Modelle der Baujahre 1954/1955. Luftgekühlte MWM-Motoren mit 20, 24, 36 und 48 PS kamen in die neu bezeichneten Typen „Stier 240, 241, 360 und 480".
Ein Großteil der „Stier"-Schlepper wurde stets ins Ausland, vor allem nach Südamerika verkauft. Als die großen Schlepperfirmen in der Mitte der 50er Jahre wieder ausreichend lieferfähig waren, mußte auch Franz Westermann aufgeben. Nach einem Konkursverfahren wurden von der neugegründeten Lohbrügger Maschinenfabrik noch die Restbestellungen ausgeführt, das Teilelager wurde nach Südamerika verkauft.

Nordhäuser Maschinenbau GmbH, Schmidt und Kranz u. Co., Nordhausen (Harz), Ullrichstr. 1–2

1. 1938–1941 **Nordhäuser Maschinenbau GmbH,** Schmidt und Kranz u. Co., Nordhausen (Harz), Ullrichstr. 1–2
2. 1941–1945 **Nordhäuser Maschinenbau AG,** Schmidt und Kranz u. Co.
3. 1947–1955 **Normag-Zorge GmbH,** Zorge/Niederharz und Hattingen/Ruhr, Bruchstr. 78
4. 1955–1957 **Normag GmbH,** Hattingen/Ruhr, Bruchstr. 78

22-PS-Normag NG 10

Die Nordhäuser Maschinenbau GmbH konnte auf ihr 100jähriges Bestehen zurückblicken, als sie 1938 den Bau von Acker- und Verkehrsschleppern aufnahm. Ein zweizylindriger MWM-20/22-PS-Motor gelangte zum Einbau in den als *„NG 22"* bezeichneten Schlepper. Als reiner Ackerschlepper konnte er auch unter der Bezeichnung *„N 10"* mit einem 22-PS-Zweizylinder-Deutz-Motor geliefert werden. Konstruktiv waren die Fahrzeuge in Blockbauart mit vorderen Pendelschwingachsen und einem Rohrrahmen zwischen Hinterachse und Motor-Getriebeblock ausgeführt.
Nachdem der „NG 22" Berücksichtigung im Schell-Programm gefunden hatte, wurde er 1942 auch als *„NG 25"* mit einem MWM-Motor und einem Einheitsgenerator in geschlossener Bauweise gefertigt. Eine kurze Baulänge des Fahrzeugs wurde durch einen verkürzten Getriebeblock und durch die Anbringung des Generators über der Vorderachse erzielt.
Nach dem Krieg erfolgte die Beschlagnahme und Demontage der Nordhäuser Betriebsanlagen. Die Firmenleitung baute daher in den Westzonen-Niederlassungen in Zorge und in Hattingen neue Fabrikationsstätten auf. (Auf dem Nordhäuser Firmengelände wurde 1948/1949 der → VEB IFA Schlepperwerk Nordhausen errichtet.) 1948 konnte schon wieder der

1000. Schlepper vom Typ *„NG 23 K"* mit einem eigenen Dieselmotor ausgeliefert werden; allerdings mußte bis zur Währungsreform fast die gesamte Produktion für Exportverpflichtungen bereitgestellt werden.
Eine Besonderheit des mit Zapfwelle, Riemenscheibe, Mähbalken, mechanischem Kraftheber und einer Seilwinde ausgestattetem „NG 23 K" war die mitgeführte Reifenfüllanlage, die es ermöglichte, je nach Bodenbeschaffenheit den Luftdruck und damit die Auflagefläche der Reifen zu ändern.
Zu Beginn der 50er Jahre kam für kurze Zeit das Modell *„C 10"* mit einem 10-PS-Faryman-Dieselmotor hinzu.
Mit einer neuen Verkleidung erschienen 1950/51 die Schlepper der *„Faktor"*-Baureihe. Der „Faktor I" mit einem eigenen, wassergekühlten Einzylindermotor mit 15/17 PS war als leichter Zwischentyp zwischen dem „C 10" und dem neuen „Faktor II" gedacht. Dieses Modell wiederum löste den „NG 23" mit der Standardgröße von 22 PS ab. Der bisherige „NG 23 K" erhielt nun in der Version „Faktor II" einen 28-PS-Motor, der nach dem Baukastensystem die gleichen beweglichen Motorteile wie der „Faktor I" besaß. Mit dem „NG 35", der zunächst noch mit einem MWM-Motor präsentiert wurde, im Serienbau dann aber einen eigenen Zweizylindermotor erhielt, sowie mit

25-PS-Normag NG 23 K

dem „NG 45“, der von einem Henschel-Vierzylindermotor angetrieben wurde, stieg das Unternehmen auch in die damalige mittelschwere Schlepperklasse auf.
Den in den 50er Jahren lebhaft geführten Streit zwischen Luft- und Wasserkühlung sowie zwischen Viertakt- und Zweitaktdieselmotoren nahm auch Normag-Zorge auf. 1953 erschienen die leichten Tragschlepper der *„Kornett“*-Baureihe. Der „Kornett I“ war mit einem Einzylinder-Zweitaktmotor mit einer Leistung von 12 PS ausgestattet und löste den „C 10“ ab. Mit dem auf 15/16 PS gesteigerten Motor gleicher Dimensionen wurde der 1954 erschienene „Kornett II“ bestückt.
Eine Besonderheit der Normag-Zweitakter war der Einbau eines Spülkolbens, der bei der hohen Literleistung eine erhöhte Betriebssicherheit und einen geringen Kraftstoffverbrauch gewährleisten sollte.
Alle in die Normag-Schlepper eingebauten Motoren errreichten schon bei niedriger Drehzahl ihre höchste Leistung, was eine lange Lebensdauer und einen ruhigen Lauf gewährleisten sollte. Die wasser- und luftgekühlten Motoren sollten nach dem Baukastensystem kostengünstig gefertigt werden; bei den zu geringen Stückzahlen wirkte sich die Zweigleisigkeit des Normag-Motorenbaus schließlich doch kostenungünstig aus.

30-PS-Normag Faktor III

12-PS-Normag F 12b (2)

Äußerlich unterschieden sich die „Kornett"-Schlepper durch eine abgerundete Vorderseite der Motorhauben gegenüber den mit kantigen Hauben ausgestatteten „Faktor"-Modellen.
Zu erwähnen ist noch eine technische Besonderheit des „Faktor I". Er besaß gegenüber den Hydraulikanlagen der übrigen Modelle einen kombinierten Zapfwellenkraftheber, der von Normag entwickelt worden war.
Bautechnisch waren die Normag-Schlepper mit einer hinteren Portalachse niedriger Bauart, die die Kippsicherheit gewährleisten sollte, und der Tragrohrverbindung zwischen Hinterachse und Motorteil ausgestattet. Die Vorderachse wurde über zwei querliegende Blattfedern abgestützt; der „Faktor I" konnte auch mit einer Portal-Vorderachse geliefert werden.
Das letzte Normag-Programm bestand aus Schleppern mit 10/12, 12, 15, 18, 22, 28, 35 und 45 PS, die ILO- und Farny- und Weidmann-Einzylinder-, eigene Ein- und Zweizylinder- und Henschel-Vierzylindermotoren besaßen.
Neben dem Schlepperbau fertigten die Normag-Werke mit ihren robusten Zweitaktdieselmotoren Notstromaggregate und Bootsantriebe.
1955 übernahm die Maschinen- und Schlepperfabrik → Orenstein und Koppel und Lübecker Maschinenbau AG das Normag-Zorge-Unternehmen, das in Maschinenbaugesellschaft Normag-Zorge umbenannt wurde. Oren-

stein und Koppel ließ zunächst den eigenen Schlepperbau einstellen; im Jahre 1957 wurde auch das Ende der Normag-Schlepperfertigung beschlossen. Zwei 1956/57 vorgestellte Leichtschlepper mit ILO- und Farny- und Weidmann-Motoren kamen kaum noch zum Serienbau. Einzig ein Kompressorschlepper aus dem ehemaligen Orenstein und Koppel-Programm wurde mit geänderter Motorbestückung noch bis in die 60er Jahre in geringer Stückzahl montiert. Nachdem die Ackerschlepperfertigung im Jahre 1958 ausgelaufen war, übernahm zunächst die → Porsche-Diesel-Motorenbau GmbH und später die Renault Traktoren GmbH die Ersatzteilversorgung sowie das Filialnetz. 1966 erlosch das schließlich als Normag GmbH bezeichnete Unternehmen. Rolltreppen und Flurfördergeräte der Firma Orenstein und Koppel werden seitdem in den ehemaligen Normag-Fabrikanlagen hergestellt.

Technische Daten der Normag-Schlepper

Typ	SP	Z	PS	K	B × H	Hubr.	D	Gew.	Mot.
NG 22	1938	2	20/22	W	95 × 150	2125	1500	1800	MWM
NG 10	1940	2	20	W	100 × 130	2041	1500	1600	Deutz
NG 25	1941	2	25	W	150 × 130	4592	1550		Deutz, Generator
NG 23	1948	2	22	W	95 × 150	2135	1500	1720	MWM
NG 23 K	1948	2	25	W	100 × 150	2355	1500	1620	Normag
NG 35 M	1950	2	35	W	115 × 150	3120	1500	2060	Normag
C 10	1950	1	10	V	90 × 120	763	1750	820	Farymann
Faktor I (F 16)	1950	1	15/17	W	110 × 135	1282	1500	1260	Normag
dto. II (F 22)	1951	2	20/22	W	100 × 150	2112	1500	1450	Normag
NG 45 L	1952	4	45	W	90 × 125	3180	2000	2265	Henschel
Kornett I (F 12b)	1953	1	12	L	110 × 135	1282	1500	940	Normag-Zweitakt
Kornett II	1954	1	16	L	110 × 135	1282	1500	1070	Normag-Zweitakt
NG 16c	1954	1	16	W	105 × 150	1298	1500	1010	Normag
NG 20b	1954	2	20	W	95 × 120	2115	1500	1300	Normag
Faktor III (NG 28)	1954	2	28	W	105 × 150	2580	1500	1520	Normag
Faktor III	1956	2	30	W	105 × 150	2580	1550	1520	Normag
N 12	1957	1	10/12	L	90 × 104	660	2000		ILO
N 12	1957	1	12	L	105 × 130	1125	1500		Farymann
UK I	1956	2	40	W	120 × 160	3617	1300	3210	O & K-Kompressor-Schlepper

O

Odenbach-Motorpflug, 1916

Odenbach baute für kurze Zeit den 1913 in Deutschland vorgestellten Fowler-Motorpflug nach. Die wenig geglückte Konstruktion besaß einen anfälligen offenen Kettenantrieb sowie ein schwebend angebrachtes Getriebe am vorderen Rahmenende.

Adam Opel KG, Rüsselsheim, Darmstädter Straße 37, 1912

Die Opel-Werke entwickelten einen großen Motorpflug, dessen sechs Schare mit Motorkraft gehoben werden konnten. Der Prototyp besaß einen Vierzylinder-60-PS-Motor.

Technische Daten der Opel-Schlepper

Typ	SP	Z	PS	K	B × H	Hubr.	D	Gew.	Mot.
Großpflug (6schar.)	1912	4	60/100	W	140 × 165	10200	1300		

Orenstein und Koppel (O & K) und Lübecker Maschinenbau AG, Abt. Schlepperbau Montana, Nordhausen/Harz

1. 1920 **Orenstein und Koppel AG,** Berlin SW 61, Tempelhofer Ufer 23/24
2. 1938–1941 **Orenstein und Koppel (O & K) und Lübecker Maschinenbau AG,** Abt. Schlepperwerk Montana, Nordhausen/Harz
3. 1941–1950 **MBA, Maschinenbau- und Bahnbedarf AG,** vorm. Orenstein und Koppel, Berlin SW 61; Werk Montana, Nordhausen/Harz; ab 1945 Werk Lübeck-Siems
4. 1950–1954 **Orenstein und Koppel (O & K) – Lübecker Maschinenbau AG,** Düsseldorf-Dorstfeld, Bakenstraße 14–20 u. Adalbertstraße 16–18

Benno ORENSTEIN und Arthur KOPPEL gründeten 1876 in Berlin ein Unternehmen für Feldbahnausrüstungen, das nach verschiedenen Änderungen der Firmenbezeichnung heute wieder unter dem Ursprungsnamen Orenstein und Koppel geführt wird. Während der Kriegszeit mußte durch Zwangsumbenennung die Bezeichnung Maschinenbau- und Bahnbedarf (MBA) benutzt werden. Nach dem Krieg schlossen sich die MBA und ihr Tochterunternehmen Lübecker Maschinenbau AG zur Orenstein und Koppel und Lübecker Maschinenbau AG zusammen. In den 50er Jahren nahm das Unternehmen wieder den Traditionsnamen Orenstein und Koppel (O & K) an.
Zu den Unternehmen aus der Fahrzeug- bzw. Schlepperbranche, die von O & K im Laufe der Zeit erworben oder gegründet wurden, gehörten 1905 die Freibahn-Gesellschaft in Seegefeld bei Berlin, die nach den Plänen von Boguslaw WENDLER die dampfbetriebenen Freibahn-Straßenzüge herstellte. Wendler schuf später die → Hanomag Rad- und Raupenschlepper. 1912 wurde die Maschinenfabrik Montana in Nordhausen erworben, die 1938 für den O & K-Schlepperbau eingerichtet wurde. Nach dem Krieg verlor O & K bzw. MBA dieses Werk, das Ende der 40er Jahre mit dem ehemaligen → Normag Traktorenwerk zum → VEB IFA Schlepperwerk Nordhausen zusammengelegt wurde. 1930 erwarb das Unternehmen die Dessauer und Gothaer Waggonfabriken, schließlich kamen nach dem Krieg die nun in Hattingen und Zorge ansässigen Normag-Zorge-Schlepperwerke hinzu.
Den ersten Einstieg in die Landmaschinenindustrie vollzog das Unternehmen 1920 mit der Versuchskonstruktion eine Tragpfluges.
Im Zuge der verstärkten Motorisierung der Landwirtschaft begann O & K 1938 im Zweigbetrieb Montana den Bau von Dieselschleppern. Haupttyp war ein Zweizylinder-Universalschlepper mit einem eigenen 28/30-PS-Motor, der sich in den O & K-Kleinlokomotiven bewährt hatte. Ein Einzylinder-15-PS-Typ kam rasch hinzu. Riemenscheibe und Zapfwelle waren bei den in Blockbauart und mit einer vorderen Pendelachse ausgeführten Fahrzeugen vorhanden.
Ein zunächst geplanter und in mehreren Exemplaren erprobter Generatorschlepper mit einem Ford-Vierzylindermotor, der eine ungünstige Baulänge des Fahrzeugs zur Folge hatte, mußte von der inzwischen in MBA umbenannten Firma wieder aufgegeben werden. Zum Anlassen wurden zwei Zylinder mit Benzin versorgt, während die beiden anderen Zylinder saugend das Anfachen des Generators bewirkten. Nach einigen Minuten wurde dann das gesamte Ansaugsystem auf den Holzvergaserbetrieb umgestellt.
Auch der Dreizylinder-Generatorschlepper „MBA 754“ mit einem eigenen 35-PS-Motor ging nicht in den Serienbau.
Anstelle dieser beiden Schlepper mußte ab 1941 ein mittelstarker Generator-

28/30-PS-MBA SA 751

schlepper vom Typ „MBA 35" mit einer über und vor der Vorderachse angebrachten Einheits-Holzvergaseranlage gebaut werden. Ein großvolumiger Zweizylindermotor mit einer Leistung von 35 PS kam zum Einbau. Um die kompakte Bauweise der O & K- bzw. jetzt MBA-Schlepper beizubehalten, wurden ein weniger breit bauender V-Motor und ein verkürztes Spezialgetriebe verwendet. Der Holzvergaser war in die Blockkonstruktion integriert. Zusätzliche Lenkbremsen ermöglichten eine gute Wendemöglichkeit.
Nach dem Verlust von 80% der Fertigungsanlagen in der damaligen Sowjetzone errichtete O & K im Lübecker Werk eine neue Fertigungsmöglichkeit für Traktoren. 1949 erschien der Typ „532 A" mit wiederum einem eigenen Zweizylinder-32-PS-Motor.
1953 bot dann O & K ein breites Programm mit 18-, 36-, 40- und 75-PS-Schleppern an, die alle mit eigenen Dieselmotoren ausgestattet waren. Der

15-PS-MBA-Bauernschlepper

35-PS-MBA mit Generator

32-PS-O & K Typ 532 A

16-PS-Schlepper „T 18“ und der für die damalige Zeit ungewöhnlich starke 75-PS-Schlepper „S 75 A“ erhielten eine Portalachse; die anderen Typen waren mit doppelt gefederten Zentralachsen ausgestattet.
Eine Sonderbauart waren die O & K-Universal-Kompressorschlepper. Der Typ „UK I“ wurde mit einem Vierzylinder-40-PS-Motor ausgerüstet. Das Kombinationsfahrzeug enthielt eine Kompressor-, eine Schweißanlage, ein Schmiedeaggregat sowie einen Stromerzeuger. 1951 und 1954 kamen noch die Modelle „UK 85“ und „S 32 K“ hinzu. Bei diesen Kompressorschleppern ließen sich ein oder zwei Zylinder vom Verbrennungsbetrieb abschalten, so daß diese als Kompressor weiterarbeiteten.
Mit der Auslastung des Werkes durch andere Produktionsbereiche gab O & K schon 1954 die Schlepperfertigung auf. Der Kompressorschlepper „UK I“ wurde noch einige Jahre lang bei den Normag-Werken unter dem O & K-Markenzeichen weitergebaut.

Technische Daten der O & K-Schlepper

Typ	SP	Z	PS	K	B × H	Hubr.	D	Gew.	Mot.
O & K (MBA) SA 751	1938	2	28/30	W	115 × 170	3529	1300	2340	
O & K (MBA) 15	1938	1	15	W	115 × 170	1764	1300		
MBA 35	1941	4	28/30	W	98 × 108	3290	2200	2600	Ford, Generator
MBA 35	1941	2	35	W	130 × 160	4245	1500	2600	V-Motor, Gen.
MBA 754	1941	3	35	W	115 × 170	5300	1500		Generator
S 16A	1950	1	16	W	115 × 160	1662	1620	1300	
O & K 532 A	1949	2	32	W	115 × 160	3324	1400		
S 32 A	1949	2	36	W	115 × 160	3324	1500	1270	
T 18	1953	1	18	W	115 × 160	1662	1500	1270	
S 40 A	1953	2	40	W	115 × 160	3324	1850	2120	
S 75 A	1953	4	75	W	115 × 160	6648	1500	3550	
S 50 A	1954	2	50	W	120 × 160	3619	1500		
UK I	1950	4	40	W	115 × 160	6648	1000 bis 1500	2660 bis 3340	Kompressor-schlepper
UK 85	1951			W				1350	Kompressor-schlepper
S 32 K	1954	2	36	W	115 × 160	3324	1500	2680	dto.

P

Phönix Maschinenfabrik und Eisengießerei GmbH, Sorau/Niederlausitz, 1912–1919

Einen äußerst stabilen Motorwagen mit einer großen Seiltrommel für das Kipppflugsystem und eine schwere Zugmaschine in der Form einer Lokomobile stellte diese Firma her. Die Zugmaschine besaß gleich große Räder, Segeltuchdach, Ballastkasten auf der Hinterachse und eine Riemenscheibe. Eine turmartige Kühlanlage vorne oder hinter dem Fahrersitz sollte vor Verschmutzung schützen. Gegen Kriegsende übernahm das Unternehmen noch den Nachbau der → Ruhrthaler-Gelenkpflüge.

Phönix Kipppflug-Motorwagen

Pionier, 1919

Dieser vierscharige Motorpflug war ein mißglückter Nachbau des Stockschen Motorpfluges.

Planet Maschinenfabrik und Eisengießerei Kadach u. Braunsberg GmbH, Schöningen bei Braunschweig und Magdeburg, 1919

Fehlkonstruktion eines in technischen Details unbekannt gebliebenen Motorpfluges.

Ernst Platten u. Söhne KG, Fahrzeugbau, Bad Peterstal, 1959–heute

Dieses Unternehmen stellt einen Landwirtschafts- und Kommunalschlepper mit Ladepritsche und Zapfwellenanschluß sowie mit traktorähnlicher Bereifung her. MWM-Motoren gelangen zum Einbau.

Platten-Pritschenschlepper Ponny

Technische Daten der Platten-Schlepper

Typ	SP	Z	PS	K	B × H	Hubr.	D	Gew.	Mot.
Ponny II	1959	1	7,5	L	75 × 90	396	3000	480	MWM
Ponny III	1959	2	15	L	80 × 100	1004	3000	745	MWM
Ponny IV	1959	2	15	L	80 × 100	1004	3000	950	MWM
Ponny IV	1967	2	16	L	80 × 100	1004	2800	2100	MWM
Ponny IV	1975	2	23	L	95 × 105	1487	2300	1200	MWM

Motorpflugfabrik Paul H. Podeus, Wismar, Lindenstr. 24

1. 1912–1922 **Motorpflugfabrik Paul H. Podeus**
2. 1922–1926 **Maschinenfabrik Podeus AG**

Im Jahre 1870 gründete der Kapitän Paul H. Podeus eine Kohlenhandlung und ein Holzunternehmen, zu denen bald eine Eisengießerei, eine Maschinen- und eine Waggonfabrik hinzukamen. Die Söhne des Firmengründers erweiterten das Unternehmen im Jahre 1910 um eine Lastwagen- und eine Landmaschinenabteilung, letztere mit der Marke *„Obotrit"*.
Einen ersten Schlepper mit einer Spillwinde für das Kipppflugsystem brachte Podeus im Jahre 1912 heraus. Nachfolgendes Modell war der *„Podeus-Motorpflug"*, der während des Ersten Weltkrieges von Josef VOLLMER (Deutsche Automobil-Konstruktions-GbmH) als schwere Artillerie-Zugma-

75/80-PS-Podeus Motorpflug II

schine mit 65- und 80-PS-Kämper-Motoren entwickelt worden war. Der Fahrer saß seitlich vor dem linken Hinterrad. Ballastkästen an den Seiten und im Heck sowie ein großer Tank über der Hinterachse sollten das Eigengewicht und damit die Bodenadhäsion erhöhen. In der Landwirtschaft bewährte sich der zu schnelle, mit 6,5 t auch zu schwere Motorpflug mit umständlichem Seilpflugsystem jedoch nicht, da sich das schwere Fahrzeug im Boden einwühlte.
Mehr Aufmerksamkeit gewann die Firma durch die Konstruktion von Kettenschleppern, die zum ersten Male die Bezeichnung *„Raupenschlepper"* trugen und ebenfalls von Josef Vollmer während der Kriegszeit entworfen worden waren. Ein eigener Vierzylinder-45-PS-Motor trieb die hinteren Räder über ein Dreiganggetriebe an. Die Kette wurde über zwei bewegliche Rollenwagen mit jeweils vier Rollen unten und einer Rolle oben, die durch kräftige Schraubenfedern auseinandergedrückt wurden, geführt. Eine doppelte Konuskupplung am Differential diente zur Lenkung. In der verbesserten Ausführung war das Laufwerk verkleidet, um der Verschmutzung vorzubeugen. Ein abnehmbares Dach konnte auf das 6,5 t schwere Fahrzeug aufgesteckt werden.
Gleichzeitig mit dem Produktionsbeginn des Kettenschleppers nahm die Firma zur Auslastung ihrer Fertigungsanlagen die Lizenzmontage der Fahr-

45-PS-Podeus-Raupe Typ 1

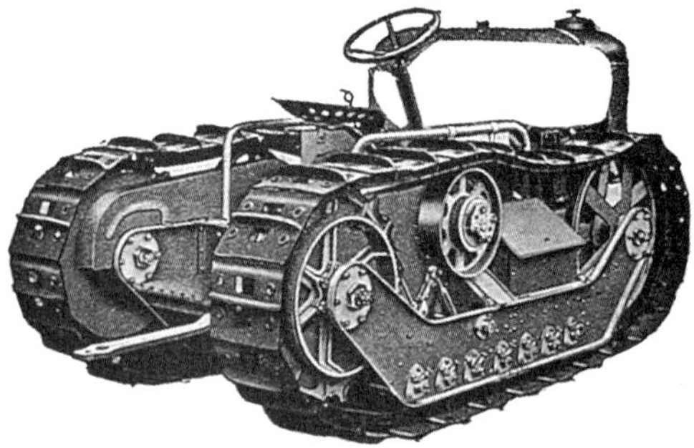

Podeus Anbauraupe

gestelle für den Fordson-Schlepper auf. Auch hatte stets eine starke Zusammenarbeit im Nutzfahrzeug- und im Schlepperbau mit den ostdeutschen Firmen → Stoewer und → Komnick bestanden.

Kurz vor der Produktionseinstellung bot Podeus eine Anbauraupe für Radschlepper an. Hierbei handelte es sich um einen Raupenwagen mit einer Steuerungseinrichtung mittels Lenkrad. Der Käufer mußte, um das Fahrzeug zu komplettieren, den Radschlepperrumpf mit dem Motor in den Raupenwagen einbauen. Durch den überhängenden Motor sollte eine gute Schwerpunktlage für das vervollständigte Fahrzeug erzielt werden. Über ein oberes Rad und durch sieben untere Bodenrollen wurde die Kette geführt.

Die wirtschaftlich schwierigen Verhältnisse jener Jahre konnte die zeitweise vom mächtigen *Kahn-Konzern* kontrollierte Firma nicht überstehen. Der hohe Preis der in Kleinserien gefertigten und noch recht anfälligen „Podeus-Raupenschlepper" verhinderte einen Erfolg in diesem Geschäftsbereich. Im Jahre 1926 wurde die Lkw-, Schlepper- und Landmaschinenfertigung nach einem Zwangsvergleich stillgelegt. Lediglich die Podeus-Waggonfabrik mit dem Bau von Kesselwagen konnte von der Eisenbahn Verkehrsmittel AG (EVA) weitergeführt werden.

Technische Daten der Podeus-Schlepper

Typ	SP	Z	PS	K	B × H	Hubr.	D	Gew.	Mot.
Motorpflug	1912	4	65	W	130 × 155	8225	700	6500	Kämper
	1918	4	75/80	W	155 × 200	15087	700		Kämper
Raupen-schlepper	1919	4	45	W	110 × 145	5509	900	6000	

Pöhl-Werke AG, Gößnitz, Schützenstraße, 1911–1932

Die Pöhl-Werke zählten in den 20er Jahren zu den bekanntesten Schlepperfirmen im Deutschen Reich. 1910 wurde die Firma in Glauchau zur Produktion von Ackerwagen gegründet. 1911 stellte das Unternehmen seinen ersten Tragpflug her, um dessen Hinterradaufhängung in einem hebbaren Dreiecksrahmen die Pflugschare angebracht waren. Ausklappbare Furchenabtaster sollten dem Fahrer ein exaktes Einhalten der Pflugspur gewährleisten. Ein Vierzylinder-Kämper-Motor mit 40 PS trieb über ein Gewirr von Rädern und Ketten die Vorderachse an. Die Betriebssicherheit dieses Typs war daher gering, und Pöhl entwickelte, nachdem das Unternehmen nach Gößnitz verlegt worden war, drei Typen von Radschleppern unter der Bezeichnung *„Universal-Landwirtschafts-Motorpflug"*.

40-PS-Pöhl Tragpflug Typ II

60-PS-Pöhl Gelenkpflug

Der große Pöhl-Schlepper besaß ein lenkbares Vorderrad mit zwei seitlichen, schmalen Stützrädern. Der Vierzylinder-60-, später 80-PS-Kämper-Motor trieb die Hinterachse an. Am Heck war ein langer Ausleger angebracht, der den Pflugrahmen heben und senken konnte. Über ein Zahnsegment konnte dieser Ausleger den Motor anlassen, wenn er schnell heruntergeklappt wurde. Anstelle des Kranes konnte auch eine Ladepritsche an den 3,25 t schweren Schlepper anmontiert werden; eine Handkurbel diente dann zum Anlassen des Motors. Die Hinterachse war für den Ausgleich beim Furchengang geteilt, so daß über ein Ritzelsystem eine Hälfte angehoben werden konnte. Stollen auf den Treibrädern erhöhten die Zugkraft des Fahrzeugs.

Der mittlere Pöhl-Schlepper besaß in ähnlicher Konzeption einen nur 25 PS starken Breuer-Motor. Auch mit einem 50-PS-Benz-Motor konnte dieses 2,75 t wiegende Fahrzeug geliefert werden.

Der kleine Schlepper des Baujahres 1915 erhielt einen 40-PS-Breuer- oder den 50-PS-Benz-Motor. Über der gefederten Hinterachse war eine 1,5 m^2 große Ladefläche angebracht. Die Vorderachse war zunächst in einfacher Drehschemel-, später in solider Achsschenkellenkung ausgeführt worden. Nach dem Krieg wurde dieser Lastenschleppertyp für lange Zeit ein erfolgreiches Modell im Programm der Pöhl-Werke.

Zum Antrieb von Dreschmaschinen besaßen alle Modelle Riemenscheiben. Während des Krieges rüstete die Firma den großen Schlepper mit dem 80-PS-Kämper-Motor und einer Seilwinde als Artilleriezugmaschine für das kaiserliche Heer aus. 83 Stück wurden für diesen Zweck gefertigt.

35/40-PS-Pöhl Ackerbaumaschine

Im Jahre 1922 erhielt der inzwischen verbesserte Lastenschlepper mit der Bezeichnung *„Ackerbaumaschine"* einen 35/40-PS-Motor nach einer Kämper-Lizenz. Der 2 t schwere Schlepper konnte als Transportfahrzeug, als dreischariger Motorpflug und als spezielle Trägermaschine für die Kartoffelpflanzung und -ernte verwendet werden. Der nach dem Prinzip des Gelenkpflugsystems angehängte Pflugrahmen konnte mittels Spindeln in der Höhe verstellt werden. Die Geschwindigkeitsstufen betrugen 3,5 und 5,5 km/h; durch den Einbau anderer Antriebsritzel konnte die Geschwindigkeit gesteigert werden. Später erhielt die „Ackerbaumaschine" einen Rollenkettenantrieb und eine Vollgummibereifung. Ein Bosch-Anlasser gehörte schon frühzeitig zur Ausstattung des Fahrzeugs. Schließlich konnte ab 1929 ein 28 PS starker Dorner-Dieselmotor anstelle des Benzolmotors eingebaut werden.
Nachdem die amerikanischen Fordson-Schlepper schon kurz nach dem Ersten Weltkrieg auch einen großen Erfolg in Deutschland errungen hatten, stellte die thüringische Firma 1920 die Produktion ihrer schweren und komplizierten dreirädrigen Gelenkpflüge ein und brachte einen Radschlepper mit der Bezeichnung *„Ackerzugmaschine"* heraus. Bei verschiedenen Schleppervorführungen und -prüfungen in den 20er Jahren konnte dieses Modell gegen starke ausländische, insbesondere amerikanische Konkur-

renz erfolgreich in der technischen Leistung bestehen; einen großen Absatz verhinderte aber der zu hohe Preis. Der amerikanische Fordson-Traktor kostete z. B. im Jahre 1929 4365 RM; für den Pöhl-Schlepper mußten dagegen zwischen 6500 und 7300 RM aufgebracht werden.
Der 1,75 t schwere Traktor besaß in der ersten Ausführung einen 25/30-PS-Benzolmotor. Die mit Ritzeln, zeitweise mit Ketten und schließlich mit einer Kardanwelle angetriebenen Hinterräder konnten für den Furchengang leicht geschwenkt werden, um den Höhenausgleich herzustellen. Die einzelnen Baugruppen ruhten auf einem stabilen Fahrzeugrahmen, der gegenüber der vorderen Pendelachse abgefedert war. Die Hinterräder hatten zunächst Eisenbereifung, die mit einer Vollgummidecke überzogen werden konnten. Ab 1925 wurde eine Luftbereifung mit jeweils zwei schmalen Reifen für die Hinterachse angeboten.
Nachdem eigene Versuche mit kompressorlosen Dieselmotoren ab dem Jahre 1922 nicht zum Erfolg geführt hatten, baute Pöhl von 1929 an in die Schlepper Vierzylinder-Dorner-Dieselmotoren mit 28 und 34 PS ein. Mit Kämper-Benzolmotoren konnten die Pöhl-Erzeugnisse bis zur Produktionseinstellung weiterhin ausgestattet werden.

25/30-PS-Pöhl Ackerbaumaschine

Ein 1928 entwickelter Raupenschleppertyp ging nicht mehr in die Serienproduktion. Hierbei handelte es sich um einen kompakten Kleinschlepper, der ähnlich dem Kombinationsfahrzeug der → Schwäbischen Hüttenwerke als Radfahrzeug oder mit über den Spezialrädern gelegten Ketten als Raupenfahrzeug fahren konnte. Der Fahrer saß auf einer überhängenden Sitzschale und steuerte das Fahrzeug mit einem Motorradlenker.
Die Auswirkungen der Weltwirtschaftkrise erzwangen 1932 die Einstellung der einst so berühmten Pöhl-Schlepper, nachdem die Maschinen-Kranbau AG in Düsseldorf, die die Aktienmehrheit seit Anfang 1920 besaß, das Interesse an der „ältesten Spezialschlepperfabrik Deutschlands“ (so der letzte Pöhl-Prospekt) verloren hatte.

Technische Daten der Pöhl-Schlepper

Typ	SP	Z	PS	K	B × H	Hubr.	D	Gew.	Mot.
Tragpflug	1911	4	40	W	125 × 160	7850	850	3500	Kämper
Dreischar-Typ		4	60	W		6300		5000	Kämper, auch 80 PS
Mittlerer Typ		2	25	W				2750	Breuer oder Benz 50 PS
Lasten-schlepper I	1918	4	40	W			910	3200	Breuer oder Benz 50 PS
Ackerbau-maschine (3-schar)	1922	4	35/40	W	126 × 200	9970	700	2000	Kämper, auch 45/53 PS
Ackerzug-maschine I	1920	4	25/30	W	90 × 140	3560	800	1750	Kämper
dto. II	1929	4	28	W	95 × 160	4534	800	3160	Dorner-Diesel
dto. III.	1931	4	35/40	W	110 × 160	6079	900	3480	Kämper
Ackerbau-masch. III	1929	4	28	W	95 × 160	4534	800	1800	Dorner-Diesel
dto. IV	1931	4	35/40	W	110 × 160	6079	900		Kämper
	1931	4	34	W	100 × 170	5338	1000		Dorner-Diesel
Zugmotor V	1931	4	25	W	90 × 140	3560	800		Kämper
(Radraupe)	1931	4	28	W	95 × 160	4534	900	1920	Dorner-Diesel

25-PS-Pöhl Zugmotor V ▲ ▼ Zugmotor V als Kleinraupe

Porsche-Diesel-Motorenbau GmbH, Friedrichshafen-Manzell, 1956–1964

Als sich herausgestellt hatte, daß die Porsche-Schlepper eine überaus gelungene Konstruktion waren, die Firma → Allgaier jedoch größere Fertigungsanlagen nicht einrichten wollte, übernahm in den Jahren 1954 bis 1956 die von der Mannesmann AG gegründete Porsche-Diesel-Motorenbau GmbH in Friedrichshafen den Bau der Porsche-Leichtbauschlepper. Eine Verbindung der Mannesmann AG zur Landwirtschaft bestand durch das Programm an Beregnungsanlagen, die aus nahtlos hergestellten Mannesmann-Röhren bestanden. Auf dem ehemaligen Gelände des Dornier-Flugzeugwerkes, das einst Allgaier erworben hatte, wurden moderne Werksanlagen eingerichtet, so daß ab 1956 die Porsche-Schlepper in ihren vier Leistungsklassen aus der Friedrichshafener Mannesmann-Produktion kommen konnten. Äußerlich war nur die Frontpartie mit dem Lufteinlaß geändert worden. Der Schriftzug „Allgaier-Porsche“ bzw. „Allgaier System Porsche“ wurde durch die Bezeichnung „Porsche Diesel“ ersetzt.

18-PS-Porsche AP 18

35-PS-Porsche Super Export

Im Jahre 1960/61 änderten die Porsche-Ingenieure den Hubraum der Schlepper mit den neuen Bezeichnungen „Junior", „Standard", „Super", „Master" noch einmal. Eine Version des „Master"-Typs mit der 50-PS-Maschine wurde in dieser Zeit als Schaufelradlader mit einem zusätzlichen Heckbagger hergestellt. Anstelle der üblichen roten Farbgebung wurde dieses Modell in der gelben Farbe für Baustellenfahrzeuge gehalten.
Nachdem die Porsche-Schlepper zu Ende der 50er Jahre noch zu 40 % ins Ausland, vor allem nach Frankreich und schließlich auch in die USA verkauft worden waren, brach der deutsche Schleppermarkt zusammen. Nach einem Zulassungsanteil von 12 % im Jahre 1958 (der Marktführer Deutz erzielte gerade 14 %!), sanken die Marktanteile immer stärker ab, so daß Porsche im Jahre 1962 bei nur noch 8 % lag.
Im Rahmen der 1958 geschlossenen Zusammenarbeit mit der → Maschinenfabrik Augsburg-Nürnberg (MAN) übernahm Porsche ab 1962 die Montage der MAN-Schlepper, um die Fertigungskapazitäten auszulasten. Nachdem weitere Verhandlungen mit MAN um eine Aufteilung der Leistungsklassen sowie um eine gemeinsame Absatzlinie gescheitert waren, löste Mannesmann im Jahre 1964 die Schlepperfertigung auf. Die französische Renault Traktoren GmbH erwarb wie bei den Marken MAN und → Normag

das Filialnetz und stellte die Ersatzteilversorgung der ca. 50 000 hergestellten Porsche-Diesel- und der 25 000 Allgaier-Porsche-Schlepper sicher.
Die Mannesmann AG verkaufte die Werksanlagen an die neugebildete Motoren- und Turbinen-Union (MTU), die dort seitdem schwere Dieselmotoren und Turbinen für Schiffe, Panzer, Lokomotiven und für stationäre Anlagen herstellt.

Technische Daten der Porsche-Diesel-Schlepper (ohne ehemalige Allgaier-Typen)

Typ	SP	Z	PS	K	B × H	Hubr.	D	Gew.	Mot.
AP 18	1956	2	18	L	95 × 108	1531	1950	1432	Tragschlepper
Junior V	1957	1	14	L	95 × 116	822	2250	910	Schmalspurschlepper
Standard	1957	2	25	L	95 × 116	1644	2000	1625	
Super	1957	3	38	L	95 × 116	2467	2000	1630	
P 144	1957	4	50	L	95 × 116	3289	2000	2120	
Standard V	1960	2	20	L	90 × 108	1374	2000	1125	Tragschlepper
Standard	1960	2	30	L	98 × 116	1750	2300	1520	
Junior	1961	1	15	L	98 × 116	875	2250	1000	
Super Export	1961	3	35	L	95 × 116	2467	2100	1778	
Super L	1961	3	40	L	98 × 116	2625	2300	2000	
Master	1961	4	50	L	98 × 116	3500	2100	2100	

Dr. Ing. h. c. F. Porsche GmbH, Konstruktion u. Beratung für Motoren- u. Fahrzeugbau, Stuttgart-Zuffenhausen, Spitalwaldstr. 2

1. 1938–1944 **Dr. Ing. h. c. F. Porsche GmbH, Konstruktion u. Beratung für Motoren- u. Fahrzeugbau,** Stuttgart-Zuffenhausen, Spitalwaldstr. 2
2. 1944–1950 **Porsche Konstruktionen GmbH,** Gmünd/Kärnten

Parallel zur Konstruktion des VW-Käfers arbeitete die Entwicklungsabteilung der Stuttgarter Porsche GmbH an einem leichten, preiswerten und äußerst einfach zu bedienenden *„Volksschlepper“*, auch zeitweise unter den Bezeichnungen „Volkspflug“ oder „Volkstraktor“.
Die ersten Modelle vom Typ „110“ und „111“ der Baujahre 1937 bis 1939 erhielten luftgekühlte Zweizylinder-Vergasermotoren in V-Stellung auf einem sich nach vorne verjüngenden Profilkastenrahmen. Bei dem noch

12-PS-Porsche 110-S 7 (1)

recht unausgereift wirkenden Typ war der Motor im Heck angeordnet. Der Schwerpunkt des Fahrzeugs befand sich über der Hinterachse, so daß vorne nur eine Hilfsachse vorgesehen war. Eine hydraulische Kupplung sorgte für ein weiches und ruckfreies Anfahren auch in höheren Gängen. Der Fahrer saß entweder in der Fahrzeugmitte vor einem senkrecht stehenden Lenkrad, oder er steuerte in einer anderen Version das Fahrzeug vom Heck aus.
Ausklappbare Metallgreifer, wie sie bei den Porsche-Schleppern der 50er Jahre noch verwendet wurden, und einfache, schmale Stahlscheibenräder vom VW-Käfer auf der Vorderachse gaben dem Fahrzeug ein eigenartiges Aussehen.
Die Version „S 7“ des Typs „110“ besaß vorne eine Ladepritsche, zusätzlich konnten ein zweischariger Pflug und ein Mähbalken angebracht werden.
Kurz vor Kriegsausbruch wurden Versuche mit Vergaser- oder Dieselmotoren mit dem weiterentwickelten Modell „111“ durchgeführt.
Für den Großserienbau von 300 000 Traktoren pro Jahr war von der Reichsregierung im Jahre 1940 ein „Volkstraktor-Werk“ analog dem Volkswagen-Werk in Waldbröl bei Köln geplant worden, das jedoch durch die Kriegsereignisse nicht aufgebaut wurde.
Während des Krieges entstanden entgegen einem Entwicklungsverbot für „nicht-kriegsentscheidende“ Fahrzeuge weitere Prototypen der Baureihen

15-PS-Porsche 112/3 (1)

„112“ und „113“, die mit luftgekühlten Dieselmotoren und einem vorgebauten oder unter der Haube integrierten Holzvergaser ausgestattet wurden. Eine schließlich genehmigte Erstserie der unter weitgehender Verwendung von Leichtmetallen konstruierten Schlepper sollte in den OM-Werken in Brescia/Italien montiert werden. Durch die Kriegsereignisse gingen 1944 sämtliche bereitliegenden Bauteile verloren. Lediglich einige Holzvergaser-Schlepper überstanden auf dem Porsche-Landgut in Zell am See den Krieg und standen für eine weitere Erprobung bereit.
Ein 1945 entwickelter Prototyp einer Schmalspurraupe mit einem Einzylinder-8-PS-Motor blieb ein in Details unbekanntes Fahrzeug der ein Jahr zuvor durch die Luftgefährdung nach Gmünd/Kärnten ausgelagerten Stuttgarter Planungs- und Konstruktionsanlagen der Porsche GmbH.
Erneut befaßte sich das Unternehmen mit dem Entwurf eines leichten Schleppers kurz nach dem Kriegsende. Ein luftgekühlter Zweizylindermotor mit 17 PS Leistung bei einer für die damalige Zeit ungewöhnlich hohen Drehzahl von 2000 U/min kam in den Schlepperprototyp mit der Bezeichnung „313“. Motor, Getriebe und Hinterachse waren als Block zusammengefaßt. An einem langen Träger, auf dem der Kraftstofftank ruhte, war die Vorderachse angebracht, so daß das Hauptgewicht des Fahrzeugs auf der

Technische Daten der Porsche-GmbH-Schlepper

Typ	SP	Z	PS	K	B × H	Hubr.	D	Gew.	Mot.
110	1937/38	2	12	L			2000		V-Motor, Vergaser
111	1939	2	12	L					V-Motor, Vergaser oder Diesel
112	1940/43	2	15	L					Diesel-V-Motor, Generator
113	1943/44	2	15	L					Diesel-V-Motor, Generator
309	1945	2		L					Zweitakt-Diesel
323	1945	1	8	L					Schmalspurraupe
312	1946	2		L					Vergaser
313	1946	2	17	L	90 × 108	1374	2000	950	Allgaier-Modell
425	1948	2	28	L	105 × 129	2165	2000		für Brasilien geplant

15-PS-Porsche 113 (1)

Hinterachse ruhte. Vordere und hintere Portalachsen gaben dem Schlepper eine besonders große Bodenfreiheit.
Nach weiterer Vervollkommnung, vor allem in Hinblick auf das Styling und die Verbesserung der Vorderachsanbringung, vergab die wieder nach Stuttgart zurückgekehrte Firma die Fertigungslizenz für diesen Schlepper an die Firma → Allgaier in Uhingen, die ihn als Typ „AP 17“ im Serienbau herstellte. In nahezu ähnlicher Gestaltung entwickelte Porsche die ein-, drei- und vierzylindrigen Allgaier-Porsche Schlepper, die unter der Firma Allgaier beschrieben werden.

Primus Traktoren-Gesellschaft mbH, Johannes Köhler, Berlin-Lichtenberg, Greifswalder Str. 140/141

1. 1934–1940 **Primus Traktoren-Gesellschaft mbh,** Johannes Köhler, Berlin-Lichtenberg, Greifswalder Str. 140/141
2. 1940–1945 **Primus Traktoren-Gesellschaft, Johannes Köhler u. Co. KG**
3. 1947–1960 **Primus Traktoren-Gesellschaft, Johannes Köhler u. Co. KG,** Miesbach/Obb., Rosenheimer Str. 9

Im Jahre 1934 entwickelte der Inhaber der 1932 gegründeten Primus-Werke, Oberingenieur Johannes KÖHLER, seinen ersten Ackerschlepper vom Typ „P 22“ mit einem 20/22-PS-Deutz-Motor. Zuvor hatte sich sein Unternehmen mit dem Bau von kleinen Straßenzugmaschinen mit Elektro- und Dieselantrieb befaßt. Ein Jahr nach dem Erscheinen des „P 22“ kam noch ein leichter 11-PS-Bauernschlepper hinzu, der durch eine spezielle Lenkung nahezu auf der Stelle drehen konnte. Riemenscheibe, Zapfwelle und Mähbalken gehörton zur Sonderausstattung der Primus-Schlepper.
Einen ganz neuen Weg im Schlepper- und landwirtschaftlichen Transportzeugbau schlug Primus mit dem 1941 vorgestellten, nach dem System Endres konstruierten *„Packesel“* ein. Der Motor-Getriebeblock war hinten an einem Viereckrahmen angeschraubt, über dem sich eine hydraulisch betätigte, nach drei Seiten kippbare Ladepritsche befand. Am Fahrzeugheck waren um das senkrecht stehende Lenkrad zwei Sitzbänke angebracht, so daß der Fahrer den 1,5 t schweren „Packesel“ je nach Sitzrichtung steuern und somit auf dem Acker ohne Wendemanöver hin- und herbewegen konnte. Wurde durch die hochbeladene Pritsche die Sicht nach vorne versperrt, so konnte das Fahrzeug in der rückwärtigen Fahrtrichtung davonfahren. Ein Wendegetriebe ermöglichte gleiche Geschwindigkeiten in beiden Fahrtrichtungen. Mit Riemenscheibe, Zapfwelle, Zughaken und einem elektrisch

11-PS-Primus Pony P II

16-PS-Primus Packesel

25-PS-Primus P 25 G

angetriebenen Mähbalken war der „Packesel" auch für die üblichen Aufgaben eines Schleppers ausgestattet.
Durch die Kriegszeit unterblieb der Serienbau des technisch interessanten Primus-„Packesels"; das Konstruktionsprinzip wurde nach dem Krieg von → Gutbrod wieder aufgegriffen.
Zu Beginn des Krieges wurde der Primus-Universal-Ackerschlepper „P 22" als mittlerer deutscher Einheitsschlepper im Rahmen des Schell-Planes ausgewählt und sollte aufgrund seiner gelungenen Konstruktion von drei weiteren Ackerschlepperproduzenten übernommen werden; die Kriegszeit verhinderte dann doch die Ausführung des Einheitsschlepper-Projektes.
Während des Krieges konnte nur noch ein aus dem „P 22" entwickelter Generatorschlepper vom Typ „P 25 G" in geschlossener Bauweise hergestellt werden. Der Deutz-Einheitsgenerator war über der Vorderachse angebracht. Durch einen verkürzten Getriebeblock konnte ein für den Ackerbetrieb noch günstigerer Radstand erreicht werden. Die Vorderachse wurde über zwei querliegende Federpakete gegen den Motor-Getriebeblock abgestützt.
Da nach dem Krieg der Berliner Betrieb verlorenging, baute Primus die Miesbacher Niederlassung in Oberbayern zum Schlepperwerk aus, so daß ab 1947 wieder Primus-Traktoren gefertigt werden konnten. Gleichzeitig

Technische Daten der Primus-Schlepper

Typ	SP	Z	PS	K	B × H	Hubr.	D	Gew.	Mot.
P 22	1934	2	20/22	W	100 × 140	2198	1500	1600	Deutz
Pony P 11	1935	1	11	W	100 × 140	1099	1100	1300	Deutz
Packesel	1941	1	16	W	120 × 160	1800	1200		Deutz
P 25 G	1941	2	25	W	150 × 130	4592	1550		Deutz
P 24 (PD 2)	1949	2	24	W	95 × 120	1700	1800	1550	MWM
P 28 (PD 3)	1949	3	35/36	W	100 × 120	2826	1800	1850	Primus
P 18	1949	1	18/20	W	112 × 150	1480	1600		Primus
P 15	1949	1	15	W	100 × 150	1178	1500	1250	MWM
PD 1 B	1954	1	12	L	98 × 120	905	2000	950	MWM
PD 1 E	1954	1	16	W	95 × 120	850	1600	1000	MWM
PD 1 Z	1954	2	18	W	85 × 110	1250	2000	1100	MWM
PD 2 L	1954	2	24	L	98 × 120	1810	2000	1300	MWM
PD 2	1954	2	20	W	100 × 120	1870	1500	1550	Primus
PD 3 L	1954	3	33/36	L	98 × 120	2715	1800	1850	MWM
PD 30	1954	3	30	W	100 × 120	2826	1500	1900	Primus
PD 1 ZL	1957	1	16	L	105 × 120	1500	2200	1100	MWM
PD 40	1957	3	40	W	105 × 120	3120	1500		MWM
PD 60	1957	4	60	W	105 × 120	4160	2200		MWM
BD 120	1951								Elektroschlepper

35/36-PS-Primus P 28

wurde in Worms ein Montagewerk eingerichtet, das unter dem Namen → Titus die Primus-Modelle mit der Typenbezeichnung „U“ (für Universal) und der Zahlenangabe für die entsprechende PS-Zahl fertigte.
Erstes Modell der Nachkriegsproduktion war der „P 24“ mit dem bewährten MWM-Zweizylindermotor. Wahlweise konnte der Schlepper auch mit einem neu entwickelten Primus-Motor geliefert werden. Hinzu kamen als neue Modelle der „P 18“ und der „P 28“ mit eigenen oder mit MWM-Zwei- oder Dreizylindermotoren. Auch ein Kleinschlepper vom Typ „P 15“ mit einem MWM-Einzylindermotor kam 1953 ins Programm.
1954 wurden die Schlepper mit luft- oder wassergekühlten Motoren gleicher Leistung ausgestattet. 1957 brachte Primus noch 30, 40 und 60 PS starke Traktoren mit wassergekühlten Drei- und Vierzylinder-Primus- oder MWM-Motoren heraus.
Neben den Dieselschleppern erschien 1951 noch der *„Primus-Elektro-Pionier“*, ein Elektroschlepper in Traktorenbauart, der an die Primus-Elektro-Zugmaschinen der Vorkriegszeit anknüpfen sollte. Dieser mehr für Industriezwecke gedachte Schlepper wurde bis 1954 in kleinen Stückzahlen gefertigt.
Mit Einsetzen der Absatzkrise im deutschen Schlepperhandel beendete Primus die Traktorenproduktion. Die Firma wurde noch bis 1977 als Miesbacher Maschinen- und Stahlbau, Hans Köhler u. Co. KG, weitergeführt.

R

Waggonfabrik Josef Rathgeber AG, München-Moosach, 1912 und 1952–1958

Vor dem Ersten Weltkrieg entwickelte Rathgeber einen Tragpflug, der jedoch nicht in den Serienbau ging. In den 50er Jahren übernahm das Unternehmen den Weiterbau der ehemaligen Breslauer → FAMO-Raupe *„Boxer"*. Auf der Basis des „Boxers" kamen die schwächeren Versionen „G 36 1" und „G 36" mit 36- und 40-PS-Motoren noch hinzu. Der Weiterbau der einstigen *„Rübezahl"*-Raupe wurde mehrfach angekündigt, der Serienbau wurde, abgesehen von einigen Versuchstypen, nicht mehr aufgenommen.
Bekannter ist Rathgeber mit dem Bau von Eisenbahnwaggons, Straßenbahnen, Oberleitungsomnibussen und Anhängern, Fahrzeugaufbauten und Rolltreppen geworden. 1986 ist das Unternehmen von dem Münchener Aufbautenhersteller F. X. Meiller übernommen worden.

54-PS-Rathgeber-FAMO Boxer

Reichsamt für Wirtschaftsausbau, 1941–1942

Versuchskonstruktionen mehrerer Holzgasschlepper mit Generatoranlage zwischen Motor und Hinterachse.

RfW Holzgasschlepper I

RfW Holzgasschlepper II

Carl Friedrich Richter u. Co., Rathenow, 1911

Gemeinsam mit den Brennabor-Werken konstruierte die einst berühmte Dreschmaschinenfabrik Richter u. Co., die von 1881 bis 1930 existierte, einen völlig untauglichen, 17,5 t schweren Schlepppflug mit einem eigenen Benzolmotor.
Weitere Schlepp- und Tragpflugkonstruktionen kamen nicht zu serienmäßigen Ausführungen.

Rische und Apitz „Eubu"-Motorpflugfabrik, Oederan, 1921–1922

Einen Drei- und einen Vierradschlepper mit Ladekasten sowie einen Kleinschlepper vom Typ „Zwerg" ließ dieser Hersteller über die Firma Max Eickemeyer in Berlin vertreiben. Ein Vierzylinder-32-PS-Motor trieb die 1850 und 1960 kg schweren Schlepper an. Der „Zwerg“ mit einem Gewicht von 1150 kg besaß einen Zweizylinder-Motor mit 18 PS. Die Motoren wurden von Kämper bezogen.

Technische Daten der Eubu-Schlepper

Typ	SP	Z	PS	K	B × H	Hubr.	D	Gew.	Mot.
Eubu	1921	4	32	W	110 × 160	6079	800	1850 bis 1900	Kämper
Zwerg	1921	2	18	W	90 × 140	1780	1000	1150	Kämper

32-PS-Rische und Apitz Eubu

Karl Ritscher GmbH, Sprötze bei Hamburg, **Abt. Moorburger Treckerwerke GmbH**

1. 1920–1928 **Karl Ritscher,** Hamburg-Moorburg, Elbdeich 12
2. 1928–1935 **Moorburger Treckerwerke GmbH, vorm. H. W. Ritscher**
3. 1935–1946 **Karl Ritscher Moorburger Treckerwerke GmbH, vorm. H. W. Ritscher**
4. 1946–1964 **Karl Ritscher GmbH,** Sprötze bei Hamburg, Abt. Moorburger Treckerwerke GmbH

Heinrich Wilhelm RITSCHER gründete 1883 eine Maschinenfabrik, die sich besonders dem Bau von Moorkultivierungsgeräten zuwandte. Erste motorisierte Grabenreiniger auf Kettenfahrgestellen entstanden um 1919. Technische Details liegen über diese Spezialgeräte jedoch nicht vor.
Die Firma, zunächst unter dem Namen Karl Ritscher, in den 20er und 30er Jahren unter dem Namen Moorburger Treckerwerke, dann unter der Doppelbezeichnung Karl Ritscher Moorburger Treckerwerke und schließlich wieder unter der ursprünglichen Bezeichnung, nahm dieses frühe Datum der Herstellung von Grabenreinigern als Anlaß, sich in der Vorkriegszeit als *„eine der ältesten Traktorenfabriken Deutschlands"* zu bezeichnen.
Den Serienbau einer Leichtraupe, die unter der Bezeichnung „MTW-Schlepper" oder „MTW-Büffel" vertrieben wurde, richtete das Unternehmen im Jahre 1920 ein. Die ersten Bauserien besaßen drei untere Laufrollen zum Andrücken der Kette; ab dem Jahre 1926 kam eine in der unteren Laufschiene angebrachte Rollenkette zum Einbau, so daß ein glattes und gleichmäßiges Andrücken der Kette ermöglicht wurde.
Die Laufkettenrahmen konnten sich in der Senkrechten um die hintere Achse unabhängig voneinander bewegen. Mit querliegenden Doppel-, später Spiralfedern waren die Kettenrahmen gegenüber dem Motorblock abgestützt. Mit einem Lenkrad wurden die Bremstrommeln an der Differentialachse betätigt. Dieser zwar einfache Lenkmechanismus hatte jedoch einen starken Verschleiß der Bremsbänder zur Folge. Ein Vierzylinder-Kämper-Motor mit zunächst 25, später 27 und schließlich 36 PS trieb über ein Dreiganggetriebe die 1,9 t schwere Kleinraupe an. Die Höchstgeschwindigkeit lag bei 6 km/h. Eine vordere Riemenscheibe an der Kurbelwelle war seit 1926 serienmäßig vorhanden; für Straßenfahrten konnten Gummipolster aufgezogen werden. Ein konstruktionsbedingter Nachteil, der öfters in der zeitgenössischen Literatur hervorgehoben wurde, war, daß die Kleinraupe zum „Springen" neigte, da die Antriebskraft an den hinteren Treibrädern bei starkem Pflugwiderstand den zu leichten Fahrzeugvorderwagen zum Aufbäumen brachte.
Neben den Raupen war in diesem Zeitraum die Fertigung von Ansteckrau-

27-PS-MTW Kleinraupe

36/42-PS-MTW Raupe Typ 2

14-PS-Ritscher Dreirad N 14

22/24-PS-Ritscher Dreirad 320

22/24-PS-Ritscher 420

pen für Traktoren verschiedener Hersteller eine Spezialität von Ritscher. Durch diese Kettenbänder konnten Schlepper zu sogenannten Halbraupen umgerüstet werden.
Auch dem Bau von Radschleppern wandte sich das Unternehmen zu. 1934 wurde der Schleppertyp „N 14" (später „N 12") vorgestellt, der ab 1936 im Serienbau hergestellt wurde. Die Besonderheit dieses Schleppers war die Dreiradkonstruktion nach amerikanischen Vorbildern, wobei das in einer Gabel geführte Vorderrad über eine waagerechte Lenksäule und eine Kegelradübertragung bewegt wurde. Der damit kostengünstig zu produzierende Schlepper konnte durch diese Einrichtung nahezu auf der Stelle drehen.
Die äußerst einfache, ungefederte, aber trotzdem standfeste Blockkonstruktion besaß einen Kämper-Einzylindermotor, der mit einem Hilfsvergaser angelassen und dann auf Dieselbetrieb umgeschaltet wurde. Riemenscheibe, Mähbalken und Spurweitenverstellmöglichkeit sowie auf Wunsch eine Zapfwelle waren für den vor allem im Hackfruchtbau einzusetzenden Schlepper vorhanden.

Mit einigen Verbesserungen sowie mit Motoren verschiedener Hersteller wurde dieses Modell schließlich unter der Bezeichnung „320" bis in die 50er Jahre gefertigt.
Als Ergänzung zum Dreiradschlepper baute Ritscher unter der Bezeichnung „N 20" mit einem Deutz-Zweizylindermotor den Ritscher-Vierradschlepper. Während des Krieges war die Fertigungskapazität des Werkes ab 1942 vollauf mit der Laufkettenfertigung für Panzer und Halbkettenfahrzeuge ausgelastet. Ein Fliegerangriff richtete schon im gleichen Jahr eine Totalzerstörung des Werkes an. Nachdem ein neues Werk in Sprötze bei Hamburg eingerichtet worden war, erschienen im Jahre 1949 wieder Grabenreinigungsmaschinen auf selbstgefertigten Halbkettenfahrzeugen. 40-PS-MWM- oder 45-PS-Deutz-Motoren trieben diese für die Moorkultivierung gebauten Fahrzeuge an.
Auch die Drei- und Vierradschlepper wurden ab 1949 wieder hergestellt. Die nun allerdings recht altertümlich wirkenden Fahrzeuge, die unter dem Ritscher-Leitsatz *„Keine Sensationen, aber solide Werkmannsarbeit"* angepriesen wurden, erhielten Ein-, Zwei- und Dreizylindermotoren von den Firmen Deutz, MWM, Primus, Bauscher und Güldner.

12-PS-Ritscher 518

Ritscher 536/540 Grabenreiniger (1)

Auch in Schmalspurausführung konnten in den frühen 50er Jahren diese Fahrzeuge für Weinbergarbeiten geliefert werden. Letztes Modell der vor allem im norddeutschen Raum verbreiteten Ritscher-Schlepper war dann neben den Zweizylindertypen „613" und „517" der Typ „830" mit einem Dreizylinder-30-PS-Motor von Güldner.
Zusätzlich zu den leichten und mittleren Schleppern nahm das Unternehmen 1954 den Lizenzbau eines Geräteträgers auf. Es handelte sich hier um das Güldner-Modell *„Multitrak"*, das mit einem luftgekühlten Güldner-Zweizylindermotor mit 17 oder 20 PS geliefert wurde.
Neben der Ausrüstung mit Pendelvorderachse, Riemenscheibe, Zapfwelle und Kraftheber an Front- und Heckseite war der Fahrzeugrahmen so konstruiert, daß sich durch die ausziehbaren Rundholme der Radstand für verschiedene Zwecke entsprechend verstellen ließ. Die Motorleistung wurde schließlich mit einem Deutz-Motor auf 25 PS erhöht.
Im Jahre 1964 gab Ritscher die Fertigung der Ackerschlepper, der Spezialgeräte für die Moorkultivierung sowie der Raupenketten auf. Das Werksgelände übernahm zunächst die Berliner Maschinenbau AG, vorm. L. Schwartzkopff, und im Jahre 1971 die Werkzeug- und Druckmaschinenfabrik Sprötze.

40-PS-Ritscher 536/540 (1)

20-PS-Ritscher Multitrac (1)

Technische Daten der Ritscher-Schlepper

Typ	SP	Z	PS	K	B × H	Hubr.	D	Gew.	Mot.
Moorkultivator	1919								
MTW-Büffel	1920	2	20/25	W	93 × 140	1900	1000	2000	Kämper
	1925	4	27	W	90 × 140	3560	900	2050	Kämper
	1928	4	28	W	90,5 × 140	3618	900		Kämper
„D“	1930	4	36/42	W	110 × 160	6079	900		Kämper
N 14	1936	1	14	W	105 × 142	1230	1500	1140	Kämper, Dreirad
N 12	1938	1	12	W	100 × 140	1099	1500	1140	Deutz
N 20	1939	2	20/22	W	100 × 140	2198	1500		Deutz
320	1947	2	22/24	W	100 × 150	2356	1500	1440	MWM, Dreirad
420	1947	2	22/24	W	100 × 150	2356	1500	1550	MWM
415	1948	1	15	W	100 × 150	1177	1500		MWM, ab 1955 Typ 515
524	1949	2	24	W	100 × 120	1870	1800	1600	Primus
524	1949	2	24	L	98 × 120	1810	2000	1600	MWM
525	1949	2	24	W	95 × 120	1700	2200	1550	MWM
528	1950	2	28	W	100 × 150	2356	1500	1680	MWM
832	1950	3	32	W	100 × 150	2356	1800	1345	MWM
518	1952	1	12	W	110 × 145	1380	1500		Bauscher
520	1952	3	32	W	100 × 120	2826	1600		Primus
536/40	1952	3	40	W	100 × 150	3534	1500	2130	MWM
536/45	1952	3	45	L	110 × 140	3990	1600		Deutz
412	1954	1	12	W	95 × 120	850	2000	960	MWM
412	1954	1	12	L	98 × 120	681	1800		MWM
528/20	1954	1	20	W	112 × 150	1480	1600	1580	MWM
613	1957	2	13	L	75 × 100	886	2300	850	Güldner
517	1957	2	17	L	85 × 115	1300	2000	1080	Güldner
832 Junior	1957	3	32/34	L	105 × 130	2600	1800	1750	MWM
936 Super	1957	3	36	W	100 × 120	2826	1800	2100	Primus
936 Super	1957	3	40	L	105 × 120	3120	2000	2100	MWM
615	1958	2	15	L	75 × 100	886	2300	850	Güldner
620	1959	2	20	L	85 × 115	1300	2200	1080	Güldner
830	1959	3	30	L	80 × 100	1506	3000	1360	MWM
613	1960	2	13	L	75 × 100	886	2200		Güldner
517	1960	2	17	L	85 × 115	1300	2000		Güldner
830	1960	3	30	L	100 × 100	2360	1500		Güldner
Multitrac	1954	2	20	L	85 × 115	1300	2200	1200	Güldner
S 17 G	1957	2	17	L	85 × 115	1300	2000	1120	Güldner
D 20	1957	2	18	L	95 × 120	1700	2000	1370	Deutz
517 GH	1960	2	20	L	85 × 115	1300	2200	1280	Güldner
D 25 P	1960	2	25	L	95 × 120	1700	2150	1410	Deutz

Erich Röhr Maschinenfabrik GmbH, Passau

1. 1948–1954 **Erich Röhr Maschinenfabrik GmbH,** Passau; ab Ende 1949 Landshut/Bayern, Industriegelände
2. 1954–1955 **Isaria Maschinenfabrik Hans Glas GmbH**

1948 stellte die Maschinenfabrik Röhr erstmals ihre Ackertypen „R 15", „R 22" und „R 35" mit Ein-, Zwei- und Dreizylinder-MWM-Motoren vor. Auch mit einem Hatz-Zweitakt-Dieselmotor konnte der „R 22" geliefert werden.
1949 verlegte das Unternehmen die Produktion in erheblich vergrößerte Räume nach Landshut/Bayern.
1953 bestand das Programm aus 15-, 20-, 28- und 40-PS-Fahrzeugen. Ende 1953 rundeten noch ein luft- oder wassergekühlter Einzylinder-12-PS-, ein wassergekühlter Einzylinder-17-PS- und ein wassergekühlter Vierzylinder-60-PS-Typ die Modellreihe ab. Der 12-PS-Kleinschlepper und der 17-PS-Zwischentyp waren hauptsächlich für die Motorisierung von Kleinbetrieben gedacht. Der 60 PS starke Schlepper war dagegen für größere landwirtschaftliche Betriebe sowie für die Forstwirtschaft vorgesehen. Mit einer

22-PS-Röhr R 22/25

doppelt gefederten Vorderachse wurde er ausgestattet; alle übrigen Schlepper besaßen pendelnde Vorderachsen. Die Hinterachsen der im süddeutschen Raum beliebten Röhr-Schlepper waren in Portalkonstruktionen ausgeführt.
Auch mit dem Bau eines mittleren Raupenschleppers mit besonders niedriger Bauhöhe befaßte sich Röhr im Jahre 1953. Ein Sechszylinder-Henschel-Motor mit 65 PS kam in das Kettenfahrzeug, das durch Lenkkupplung und Lenkbremsen gesteuert wurde. Nur wenige Exemplare dieses Schleppers scheinen gefertigt worden zu sein.
1954 übernahm die *Isaria Maschinenfabrik Hans Glas* in Dingolfing die Röhr-Werksanlagen. Der Traktorenbau wurde ein Jahr später zugunsten der Goggomobil-Kleinwagenfertigung eingestellt. Das unförmige Röhr-Motorrollermodell „Roletta" wurde dagegen überarbeitet und noch eine zeitlang von Glas weitergebaut. Der Landmaschinenbau unter der Marke *„Isaria"* wurde nach dem Ende der Hans Glas GmbH an die → Gebr. Eicher Traktoren- und Landmaschinenwerke abgegeben.
Die Firma Röhr wandte sich dem Autohandel zu und besteht heute noch als Volkswagen-Niederlassung in Passau.

20-PS-Röhr R 20

60-PS-Röhr R 60 ▲

▼ *65-PS-Röhr Raupe*

Technische Daten der Röhr-Schlepper

Typ	SP	Z	PS	K	B × H	Hubr.	D	Gew.	Mot.
R 15	1948	1	15	W	100 × 150	1178	1500	1250	MWM
R 22	1948	2	22	W	95 × 150	2125	1500	1650	MWM
R 35	1948	3	35	W	95 × 150	3188	1500	1920	MWM
R 18	1949	1	18	W	120 × 160	1808	1800		MWM
R 22/25	1949	2	22	W	100 × 130	2041	1500	1650	Hatz
R 20	1953	1	20	W	112 × 150	1480	1600	1500	MWM
R 28	1953	2	28	W	100 × 150	2356	1500	1700	MWM
R 40	1953	3	40	W	100 × 150	3532	1500	2210	MWM
R 12	1954	1	12	W	95 × 120	850	2000	1000	MWM
R 12	1954	1	12	L	98 × 120	905	2000	980	MWM
R 17	1954	2	17	W	85 × 110	1250	2000	1080	MWM
R 60	1954	4	60	W	105 × 120	4160	2200	3300	MWM
Raupe	1953	6	65	W	90 × 125	4768	1800		Henschel

Rotenburger Metallwerk, R. Stierlen KG, Schweinfurt; Zweigwerk Walter und Kuffer, Ernst-Sachs-Str. 5, 1950–1955

Das Rotenburger Metallwerk, einst bekannt für die Herstellung von Einachsschleppern, übernahm den 15-PS- und den 22-PS-Schlepper der Michelstädter Firma → Fahrzeugbau Christian Einsinger. Mitte der 50er Jahre bot das Unternehmen mit Werken in Schweinfurt und Rotenburg a. d. Fulda verschiedene Schlepper der Marke **„Fulda"** mit Leistungen von 12 und 60 PS an, wobei luft- und wassergekühlte MWM-Motoren und Getriebe verschiedener Hersteller zum Einbau kommen sollten. Auch ein 10 PS starker Geräteträger wurde in dieser Zeit vorgestellt.
Neben den Radschleppern sollten auch Raupenfahrzeuge unter der Bezeichnung „Saar" in fünf verschiedenen Leistungsklassen mit Drei-, Vier- und Sechszylindermotoren mit Leistungen von 40, 60, 75, 120 und 150 PS hinzukommen. Über die Ausführung dieser Projekte ist jedoch nichts bekannt geworden.
Anzumerken bleibt noch, daß unter dem Namen „Kuffer" in der Vorkriegszeit ein zweiachsiger Kleinschlepper entwickelt worden war, der durch die Kriegsereignisse nicht in den Serienbau ging.

15-PS-RMW Typ Fulda

Technische Daten der Rotenburger-Schlepper

Typ	SP	Z	PS	K	B × H	Hubr.	D	Gew.	Mot.
AS 15	1950	1	14	W	100 × 150	1178	1500	1370	MWM
AS 22	1950	2	22/24	W	95 × 150	2125	1500	1650	MWM
AS 12	1955	1	12	L	98 × 120	905	2000		MWM
AS 15	1955	1	15	W	100 × 150	1178	1550		MWM
AS 17	1955	1	17	L	110 × 140	1330	1700		Deutz
AS 18	1955	2	18	W	85 × 110	1250	2000		MWM
AS 24	1955	2	24	L	98 × 120	1810	2000		MWM
AS 25	1955	2	25	W	95 × 120	1700	2000		MWM
AS 40	1955	3	40	W	100 × 150	3534	1500		MWM
AS 60	1955	4	60	W	105 × 120	4160	2200		MWM
Geräte-träger	1955	1	10	L	85 × 100	570	2500		F & S
Raupen	1955	3	40	W	100 × 150	3534	1500		MWM
Saar	1955	4	60	W	105 × 120	4160	2200		MWM
	1955		75						
	1955		120						
	1955		150						

60-PS-RMW Raupe Typ Saar

Carl Rüttger Motorpflug- und Automobilwerk, Berlin-Hohenschöneberg, 1919–1920

Wenig taugliche Vollmer-Konstruktion eines 22/25-PS-Radschleppers mit angehängtem Pfluggestell, der von Carl Freiherr von Wangenheim in Berlin-Wilmersdorf vertrieben werden sollte.

Ruhrstahl AG, Annener Gußstahlwerk, Witten/Ruhr, 1951–1954

Die **„Ruhrstahl-Landmaschine“** war neben dem Lanz-Alldog der erste Geräteträger auf dem deutschen Markt. Ein U-förmig weit nach oben hochgezogener Kastenholm verband die Vorderachse mit dem Fahrzeugheck, das die Hinterachse mit dem Antriebsaggregat enthielt. Der Fahrer hatte durch diese Gestaltung ein sehr gutes Blickfeld auf die mit Schnellver-

schlüssen anmontierbaren Geräte vor und hinter der Vorderachse. Auch an das Fahrzeugheck konnten Geräte angebracht werden. Eine hydraulisch senkbare Ackerschiene mit Zugmaul und vorderer Plattform erleichterten dem Fahrer die Arbeit. Zum Antrieb diente ein 22 PS starker Henschel-Zweizylinder-Dieselmotor im Heck. Der Geschwindigkeitsbereich lag im Bereich von 0,65 bis 20 km/h. Die aufwendige Konstruktion erforderte jedoch einen hohen Verkaufspreis, so daß das Unternehmen, nachdem einige Prototypen an verschiedene Landmaschinenhändler ausgeliefert worden waren und sich nicht die erhofften Bestellungen abzeichneten, die Serienfertigung dieser außergewöhnlichen Konstruktion nicht aufnahm.
Heute ist das Unternehmen ein Betriebsteil der Thyssen AG.

Technische Daten der Ruhrstahl-Schlepper

Typ	SP	Z	PS	K	B × H	Hubr.	D	Gew.	Mot.
B 11	1951	2	20/22	W	90 × 125	1590	2000	1500	Henschel

20/22-PS-Ruhrstahl-Geräteträger

24/30-PS-Ruhrthaler Diesel-Schlepper

Ruhrtaler Maschinenfabrik Schwarz und Dyckerhoff GmbH, Mülheim/Ruhr, Scheffelstr. 14–28, 1918–1928

Die heute im Bau von Grubenbahnen tätige Maschinenfabrik, die 1899 von Heinrich SCHWARZ gegründet und 1909 mit der Beteiligung von Dr. Ernst DYCKERHOFF den heutigen Firmennamen erhielt, brachte im Jahre 1918 Motorgelenkpflüge unter der Marke *„Schwadyk"* heraus. Der kleine Typ besaß einen Vierzylinder-28-PS-, der große einen Vierzylinder-45-PS-Motor eigener Fertigung. Bis 1926 wurden diese Modelle gebaut.
Auch im Schlepperbau war diese Firma von 1919 bis 1928 mit einem Straßenschlepper vertreten, der eigene Zwei- oder Dreizylinder-Benzinmotoren mit 16 oder 24 PS besaß. Kurz vor der Produktionseinstellung hatte die Firma noch einen kompressorlosen Dieselschlepper mit einem Zweizylinder-24/30-PS-Motor entwickelt. Riemenscheibe und Seilwinde gehörten zur Fahrzeugausrüstung.

Technische Daten der Ruhrthaler-Schlepper

Typ	SP	Z	PS	K	B × H	Hubr.	D	Gew.	Mot.
Schwadyk I	1918	4	28	W	114 × 140	5713	800	2800	
Schwadyk II		4	45	W	120 × 180	8138		2900	
Schlepper	1919	2	16	W	155 × 180	6790	750		
		3	24	W	155 × 180	10184	750	4200	
	1928	3	24/30	W	125 × 180	6623	750	2650	

Ruhrwerke AG, Duisburg, 1913

Eine universell verwendbare Zugmaschine mit einem 80-PS-Motor wollte diese Firma bauen. Eine Riemenscheibe vor dem Kühler sollte dem Antrieb stationärer Maschinen dienen.

Rush, Gleiwitz, 1912

Dieser unbekannt gebliebene Hersteller stellte 1912 einen zweiachsigen Bodenfräser vor.

S

Rudolf Sack, Landmaschinenfabrik, Leipzig-Plagwitz, 1896

Versuchskonstruktion eines Motorseilpfluges mit einem Swiderski-Motor.

Karl Schaeff, Langenburg/Württ., 1951

Das heute durch Baumaschinen bekannte Unternehmen stellte Anfang der 50er Jahre einen selbstfahrenden Motormäher mit einem 6,5 PS starken Zweitakt-Vergasermotor und einem Zweiganggetriebe her.

6,5-PS-Schaeff Grasmäher

Schanzlin Maschinen und Traktoren GmbH, Weisweil/Baden, Köpfle 30

1. 1952–1958 **Gebr. Schanzlin, Maschinenfabrik,** Weisweil/Baden, Köpfle 30
2. 1958–heute **Schanzlin Maschinen und Taktoren GmbH**

Das im Jahre 1908 von Max SCHANZLIN gegründete Reparaturwerk für Landmaschinen wurde nach dem Zweiten Weltkrieg von Fahrnau nach Weisweil verlegt. In den frühen 50er Jahren stellte das Unternehmen Einachsschlepper her, die mit einem Hänger zu leichten Lastenschleppern mit der Typenbezeichnung *„KS-UNI"* erweitert werden konnten. Unter der automobilartigen Vorderhaube steckte entweder ein 8,5 PS starker Hirth-Vergaser- oder ein 10 PS starker Stihl-Zweitakt-Dieselmotor.
1958 kam der erste Vierradschlepper vom Typ „D 12 L" mit einem 12-PS-Fichtel & Sachs-Motor hinzu.
1960 wurde das Programm mit dem Spezial-Schlepper *„Kultimot"* erweitert. Der in Halbrahmenbauweise ausgeführte Schlepper erhielt einen 7-PS-Diesel- oder einen 8,5-PS-Vergasermotor von Hirth. Eine Zapfwelle und ein mechanischer Kraftheber waren bei dem kompakten, nur 480 kg schweren Fahrzeug vorhanden. Die Spurweite ließ sich von 70 auf 86 cm verstellen.

12-PS-Schanzlin Kultimot D 12 L

7-PS-Schanzlin Kultimot

Für Plantagen und für industrielle sowie kommunale Zwecke werden seit 1968 Schmalspurschlepper unter der Bezeichnung *„Gigant"* mit und ohne Allradantrieb gefertigt. Der erste „Gigant" besaß einen 25-PS-Zweizylindermotor von Farny und Weidmann. Die hinzugekommenen 30-, 33-, 42-, 50- und 55-PS-„Gigant"-Modelle sind mit luftgekühlten MWM-Motoren ausgestattet. Zapfwelle und Hydraulik sind bei allen Fahrzeugen vorhanden.
Nachdem im Jahre 1972 ein 52 PS starker Vierzylinder-Daimler-Benz-Motor in den „Gigant 500" gekommen ist, folgte 1975 der 60 PS starke „Gigant 600", der ebenfalls von einem wassergekühlten Daimler-Benz-Motor angetrieben wird.
Speziell für die Sportplatzpflege ist der Allradtyp „Golftrac" Anfang der 80er Jahre mit einem 35-PS-VW-Industriemotor entwickelt worden.

▲ *50-PS-Schanzlin Gigant 285*

35/50-PS-Schanzlin Gigant 350/450 ▼

Technische Daten der Schanzlin-Schlepper

Typ	SP	Z	PS	K	B × H	Hubr.	D	Gew.	Mot.
KS UNI	1952	1	8,5	L	75 × 68	300	3000		Hirth-Vergaser
D 10 L	1955	1	10	L	90 × 120	763	1500		Stihl
D 12 L	1958	1	12	L	88 × 100	604	2200	750	F & S
Kultimot	1960	1	7	L	77 × 96	447	2000	480	Hirth-Diesel
Kultimot	1960	1	8,5	L	75 × 68	300	3000	380	Hirth-Vergaser
Kultimot	1967	1	11	L	90 × 82	521	3000	580	Farymann
Gigant 250	1968	2	25	L	95 × 90	1276	2500	940	Farymann
Kultimot	1968	1	12	L	95 × 82	581	2800	660	MWM
Gigant 250/300	1969	2	30	L	105 × 90	1558	2500	970	MWM
Gigant 433	1970	2	30	L	105 × 120	2008	2200	1100	MWM
Gigant 350	1970	2	35	L	100 × 120	1881	1500	1265	MWM
Gigant 442	1970	3	42	L	95 × 105	2231	2400	1150	MWM
Gigant 285	1970	3	50	L	100 × 120	2826	2000	1150	MWM
Gigant 500	1970	3	55	L	100 × 120	2826	2400	1540	MWM
Gigant 500	1972	4	52	W	87 × 92	2197	3150	1550	Daimler-Benz
Gigant 600	1975	4	60	W	91 × 92,4	2402	3300	1600	Daimler Benz
Golftrac	1979	4	35	W	76 × 80	1450	2500	1165	VW-Diesel
Gigant 433	1982	2	30	L	95 × 105	1488	2500	1150	MWM
Gigant 442	1982	3	42	L	95 × 105	2231	2300	1220	MWM
Gigant 285	1983	2	35	L	100 × 120	1881	2500	1100	MWM
Gigant 295	1983	3	40	L	100 × 120	2826	2300	1150	MWM
Gigant 350	1983	2	35	L	100 × 120	1881	2500	1235	MWM
Gigant 450	1983	3	50	L	100 × 120	2826	2300	1285	MWM
Gigant 803A	1983	3	55	L	102 × 105	2574	3000	1540	Hatz, Allrad

Scheffeldt GmbH, Maschinen- und Motorpflugfabrik, Coburg, Hahnweg 68, 1916–1920

Eine Fehlkonstruktion war dieser 4 t schwere Tragpflug mit zunächst einem zu schwachen 40, später 60 PS starken Motor. Ein Bosch-Anlasser gehörte zur serienmäßigen Ausstattung des Fahrzeugs. Das ungeschickt angebrachte und zu kleine Furchenrad wühlte den Ackerboden stark auf. Der Pflugrahmen konnte motorisch angehoben werden.

40/60-PS-Scheffeldt Tragpflug

Motorenfabrik Anton Schlüter München GmbH, München-Freising (bis 1945), Balanstr. 30 u. Münchener Str. 32, 1937–heute

Die heutige Motoren- und Traktorenfabrik Schlüter wurde im Jahre 1899 von dem späteren königlichen Kommerzienrat Anton SCHLÜTER (1867–1949) in München gegründet. Nach anfänglicher Lizenzfertigung von Motoren begann die Firma im Jahre 1905 mit der selbständigen Entwicklung und Fertigung von Benzin- und Vielstoffmotoren. Während des Ersten Weltkrieges wurde das Zweigwerk Freising für die Herstellung von Glühkopf- und Dieselmotoren in den Größen von 2 bis 300 PS eingerichtet. Die Schlüter-Motoren wurden in Lokomobilen für die Landwirtschaft, in Schiffen als Haupt- und Hilfsaggregateantrieb sowie in Kraftwerken zum Antrieb der Dynamomaschinen verwendet.
Im Jahre 1937 nahm die Firma den Bau landwirtschaftlicher Traktoren auf, für die die eigenen stationären Dieselmotoren mit ihrem großen Hubraum, ihrer wirtschaftlichen Drehzahl und ihrem starken Drehmoment gut geeignet waren. Durch das patentierte Schwenkkammerprinzip konnten die Motoren ohne Zündmittel sicher und bequem auch bei niedrigen Außentemperaturen gestartet werden.

25-PS-Schlüter DZM 25

25-PS-Schlüter DZM 25 H

28-PS-Schlüter DS 25

22-PS-Schlüter AS 22

Neben den in nur geringster Stückzahl gebauten 15-PS- und 50-PS-Schleppern war der 25-PS-Universalschlepper für den Acker- und Straßenbetrieb das Hauptmodell von Schlüter in der Vorkriegszeit. Der Schlepper war in moderner Blockbauart konstruiert; dem Zeitgeschmack entsprechend war er mit durchgehenden Kotflügeln und einer kraftwagenähnlichen Motorverkleidung versehen. In der Ackerversion erreichte der Schlepper 17,3, in der Straßenversion 23,3 km/h. Riemenscheibe, Zapfwelle und auf Wunsch eine Seilwinde gehörten zur Fahrzeugausstattung.
Obwohl die Schlepperfertigung durch das Typenbegrenzungsprogramm des Schell-Planes aufgegeben werden sollte, konnte die Produktion des mittleren und in wenigen Stückzahlen auch des größeren Modells aufrechterhalten werden. Ab 1942 erhielten die Fahrzeuge eine Holzvergaseranlage.
Nach dem Krieg begann Schlüter in dem gegenüber den Münchener Werksteilen vor Totalzerstörung verschont gebliebenen Werk in Freising mit dem Bau der drei Vorkriegsmodelle sowie eines neuentwickelten 28-PS-Universalschleppers.
In den 50er Jahren vergrößerte das Unternehmen das nunmehr auf den Landwirtschaftsbereich ausgerichtete Programm mit den Typen „AS 18", „AS 22", „AS 24", „AS 30", „AS 45" und „AS 60". Mit den beiden letztgenannten Modellen leitete Schlüter die systematische Entwicklung großer und schwerer Schlepper ein, die das heutige Programm von Schlüter bestimmen.
Auch den Wettstreit zwischen luft- und wassergekühlten Motoren nahm die Firma 1955 mit zwei luftgekühlten Einzylinderschleppern mit 13 und 16 PS auf. Diese beiden mit einer Radialluftkühlung versehenen Fahrzeuge wurden vorwiegend als Weinbergschlepper mit enger Spurweite angeboten.
Mit dem Produktionsjahr 1957 überarbeitete Schlüter die äußere Gestaltung der Fahrzeuge. Zu Ende dieses Jahrzehnts bestand dann das Programm aus den luftgekühlten Einzylinder- und den wassergekühlten Schleppern mit 14, 22, 26, 30, 38/40, 50 und 60 PS. Etwa 30 000 Schlüter-Schlepper waren seit der Produktionsaufnahme in den 30er Jahren bis zu diesem Zeitpunkt gebaut worden.
Im Jahre 1965 erschien der 80 PS starke Typ „S 750 V" mit einem großvolumigen Sechszylindermotor. Technische Besonderheiten waren die Lenkradschaltung und das Zwölfganggetriebe.
Den Schwierigkeiten der Landmaschinenindustrie durch die Sättigung des Marktes in den 60er Jahren begegnete die Firma erfolgreich durch die Spezialisierung auf schwere und schwerste Schleppermodelle. So wagte Schlüter als erster deutscher Traktorenhersteller den Sprung in die 100-PS-Klasse. Unter dem Prädikat „Bärenstark" entstand ein umfangreiches Schlepperprogramm mit Typen von zunächst 80 bis 150 PS, ab 1977/78 mit

15-PS-Schlüter AS 15 A

13/16-PS-Schlüter ASL 130/160

60-PS-Schlüter AS 600 (1)

50-PS-Schlüter S 50

56-PS-Schlüter 650 V (1)

100-PS-Schlüter 1050 (1)

schweren Acker-Universalschleppern von 100 bis 160 PS und schließlich ab 1983/84 von 90 bis 320 PS.
Allradantrieb, Vollsynchronisierung der Getriebe und Differentialsperren für den Vorder- und Hinterradantrieb sind bei diesen Großschleppern serienmäßig. Hinzu kommen hydraulisch kippbare, schallisolierte und aufwendig ausgestattete Fahrerkabinen mit einem drehbaren Fahrerstand.
Die Schlepper der „Compact"-Baureihe sind mit freisaugenden und aufgeladenen MAN-Reihenmotoren ausgestattet. Die Fahrzeuge der „Super-Trac"-Baureihe, äußerlich kenntlich durch den vorgebauten Motor und die gleichgroßen Räder, werden mit Sechs- und Achtzylinder-Reihenmotoren gebaut. Die 165-PS- und die 200-PS-Version sind mit einer Turboaufladung versehen. Die 180 PS starke Variante ist zusätzlich mit einer Ladeluftkühlung ausgestattet. In den 240 PS starken „Super-Trac" wird wiederum ein großvolumiger Sechszylindermotor von MAN in freisaugender Motortechnik eingebaut. Ein Prototyp in dieser Baureihe blieb der 1985 vorgestellte Typ „Super-Trac 5000" mit einem Zwölfzylindermotor in V-Bauart von MAN, der 500 PS lieferte und als stärkster deutscher Traktor anzusehen ist.
Die dritte Baureihe besteht aus den Super-Traktomobilen mit freisaugendern, aufgeladenen und zusätzlich ladeluftgekühlten Sechs- und Achtzylindermotoren in Reihenbauart mit Leistungen von 100 bis 320 PS. Der Motor ist bei den Fahrzeugen ab 180 PS vorgebaut. Die Vorderräder dieser Schlepperbaureihe besitzen kleinere Dimensionen gegenüber den Hinterrädern. Das Spitzenmodell „Profi-Trac 3500 TVL" ist mit vorderer und hinterer Doppelbereifung und Allradlenkung ausgerüstet. Die Motoren dieser „Super-Traktomobile" kommen von Schlüter und von MAN.
Schlepper unterer und mittlerer Leistungsklassen fehlen seit den 70er Jahren im Schlüter-Programm; dafür versucht das Privatunternehmen mit ca. 600 Arbeitnehmern, nunmehr in der dritten Generation der Gründerfamilie, als exklusiver Hersteller von schweren und kompakten Komfortschleppern, auch Schlepperlimousinen genannt, mit Kleinserien in verbliebenen Marktlücken sowie im Export erfolgreich zu bleiben.
Eine besondere Werbeattraktion ist die jährliche Schleppervorführung auf dem Versuchszentrum Gut Schlüterhof mit über 30 000 Besuchern pro Jahr.
Hinzuzufügen ist, daß Schlüter mit Dieselmotoren von 8 bis 320 PS verschiedene Maschinen- und Fahrzeugproduzenten versorgt. So werden Schlüter-Motoren z. B. in die Baumaschinen von → Hanomag und → Hermann Lanz eingebaut.
Die Jahresproduktion an Traktoren ist in den letzten 10 Jahren ständig gesunken und liegt nun zwischen 400 und 500 Fahrzeugen. Der Zulassungsanteil in der Bundesrepublik beträgt (1985) gerade noch 1 Prozent.

240-PS-Schlüter 2500 VL (1)

300-PS-Schlüter Super-Trac 3500 TVL (1)

Technische Daten der Schlüter-Schlepper

Typ	SP	Z	PS	K	B × H	Hubr.	D	Gew.	Mot.
DZM 15	1937	1	15	W	115 × 170	1780	1250	1500	
DZM 25	1938	2	25	W	105 × 140	2450	1500	1800	
DZM 25	1938	2	25	W	110 × 140	2659	1500	1800	
DZM 50	1938	4	50	W	110 × 140	5318	1500		
DZM 25 H	1942	2	25	W	110 × 140	2659	1500		Generator
DZM 50 H	1942	4	50	W	110 × 140	5318	1500		Generator
DS 15	1946	1	15/17	W	110 × 140	1329	1500	1300	
DS 25	1948	2	28	W	110 × 140	2659	1500	2090	
DS 25	1949	2	25	W	115 × 150	3114	1500	1950	
DS 50	1950	4	50	W	115 × 150	6228	1500		
AS 15	1953	1	15/16	W	115 × 150	1557	1500		
AS 22	1953	2	22	W	100 × 150	2355	1500	1720	
AS 45	1953	3	45	W	115 × 150	4830	1500	3300	
AS 60	1953	4	60	W	115 × 150	6228	1500		
AS 15 A	1954	1	15	W	115 × 150	1506	1500		
AS 18	1954	1	18	W	115 × 155	1610	1500	1550	
AS 30	1954	2	28	W	115 × 150	3116	1500		
AS 45	1954	3	45/50	W	115 × 155	4830	1500/ 1650		
ASL 130	1955	1	13	L	105 × 145	1256	1500	1115	
ASL 160	1955	1	16	L	115 × 145	1506	1500	1240	
AS 22 A	1955	2	22/24	W	105 × 145	2425	1500		
AS 160	1957	1	16	W	115 × 150	1560	1500	1300	
AS 240 N	1957	2	24	W	105 × 140	2425	1500	1700	
AS 320	1957	2	32	W	115 × 150	3114	1500	2000	
AS 350	1957	2	35	W	115 × 155	3220	1650	2190	
AS 55	1957	3	55	W	115 × 155	4830	1650	3200	
AS 141	1958	1	14	W	115 × 150	1560	1500	1150	
ASL 141	1958	1	14	L	105 × 145	1256	1500	1125	
AS 180	1958	1	18	W	115 × 155	1610	1500		
AS 220	1958	2	22	W	105 × 145	2512	1650	1400	
AS 240	1958	2	24	W	105 × 145	2512	1500		
AS 260	1958	2	20/25	W	105 × 145	2512	1650	1575	
AS 300	1958	2	30	W	115 × 150	3114	1500	1700	
AS 400	1958	2	38/40	W	115 × 155	3220	1650	2200	
AS 500	1958	3	50	W	115 × 155	4830	1500	3000	
AS 600	1959	3	60	W	115 × 155	4830	1650	3100	
S 155	1959	1	16	L	115 × 145	1506	1500	1285	Weinbergschl.
SF 201/S 20	1961	2	20	W	105 × 145	2516	1750	1505	
SF 303/S 30	1961	2	32	W	115 × 145	3012	1800	1785	

Technische Daten der Schlüter-Schlepper

Typ	SP	Z	PS	K	B × H	Hubr.	D	Gew.	Mot.
SF 353/S 35	1961	2	38	W	115 × 145	3012	1800	1765	
S 503/S 50	1961	3	50	W	115 × 145	4830	1800	2450	
S 450	1962	3	42	W	105 × 125	3246	2000	2190	
S 350 V	1963	3	36	W	100 × 125	2946	2000	2120	auch Allrad
S 750 V	1965	6	80	W	105 × 125	6492	1900	2160	
S 450	1966	3	45	W	106 × 125	3209	2000	2550	
S 500 V	1966	4	52	W	100 × 125	3928	2000	3200	
S 650 V	1966	4	56	W	105 × 125	4328	2000	3955	
S 650 V	1966	6	65	W	100 × 125	5892	1900		
S 900 V	1966	6	95	W	110 × 125	7128	2000		
S 850 V	1968	6	85	W	106 × 125	6618	1900		
S 1500 TVL	1968	7	135	W	110 × 125	9504	2000		
S 350 V	1969	3	38	W	100 × 125	2946	2000		
S 450	1969	3	42	W	104 × 125	3186	2000		
S 650 V	1969	6	72	W	100 × 125	5892	1900		
S 750 V	1969	6	75/85	W	100 × 125	6372	1900	3600	
S 950	1969	6	95/105	W	108 × 125	6870	2000		
S 1050 V	1969	4	100	W	110 × 125	4752	1800	3400	
S 1250 V	1969	6	115	W	110 × 125	7128	2000	4725	
S 2000 V	1969	8	165	W	110 × 125	9504	1900	7400	
S 2000 TVL	1969	8	180	W	110 × 125	9504	2000	7075	Turbo
S 2500 VL	1970	8	240	W	125 × 155	11413	2200	9700	MAN
S 300 TVL	1970	8	280	W	125 × 155	11413	2000	10000	MAN, Turbo
Compact 550	1972	3	58	W	108 × 125	3435	1900	2765	auch Allrad
dto. 750	1972	3	68	W	110 × 125	3564	2100	3160	auch Allrad
dto. 850	1972	4	80	W	110 × 125	4752	1800	3265	
dto. 1150	1972	6	105	W	108 × 125	6870	1800	4545	
dto. 1250	1972	6	115	W	110 × 125	7128	1800	4865	
Super 1250	1972	6	125	W	110 × 125	7128	2000	5635	
dto. 1500TV	1972	6	135	W	110 × 125	7128	1800	5175	Turbo
Super 1500 TVL	1972	6	145	W	110 × 125	7128	2000	5275	
dto. 1800 VL	1972	8	165	W	110 × 125	9504	2000	6865	
dto. 750 V	1975	4	75	W	110 × 125	4752	2000	3160	
dto. 850 V	1975	4	85	W	110 × 125	4752	2000	3265	
dto. 2000 V	1975	8	185	W	110 × 125	9504	2000	7075	
Super-Trac 5000 TVL	1978	12	500	W	128 × 155	23922	2300		MAN-V-Motor, Turbo

Technische Daten der Schlüter-Schlepper

Typ	SP	Z	PS	K	B × H	Hubr.	D	Gew.	Mot.
Super 1300 VL	1980	6	130	W	110 × 125	7128	1800	5120	
Compact 950 V6	1980	6	90	W	102 × 116	5687	2000	4840	MAN
dto. 1050 V6	1980	6	100	W	102 × 116	5687	2200	4840	MAN
dto. 1150 TV6	1980	6	110	W	102 × 116	5687	2200	4920	MAN, Turbo
dto. 1250 TV6	1980	6	120	W	102 × 116	5687	2200	5120	MAN
Super-Trac 1050 VSp	1980	6	110	W	110 × 125	7128	2000	5300	
dto. 1250 VL	1980	6	125	W	110 × 125	7128	2000	6100	
dto. 1500 TVL Sp	1980	6	165	W		7389	2100	6700	
dto. 1800 TVL	1980	6	180	W		7389	2100	6900	
dto. 2000 TVL Sp	1980	8	200	W		9852	2100	7500	
dto. 3000 TVL	1980	6	300	W	125 × 155	11413	2200	10000	MAN, Turbo
Profi-Trac 350 TVL	1980	6	320	W	125 × 155	11413	2200	12250	MAN, Turbo Ladeluftk.

Schmiedag AG, Hagen/Westfalen, 1928 und 1954–1961

Schmiedag konstruierte in den 20er Jahren einen Kleinschlepper, der jedoch nicht in den Serienbau ging.
Im Jahre 1954 entwickelte das Unternehmen neben verschiedenen Einachsschleppern die „Hansa"-Kleinraupe mit einem 10-PS-F & S-Motor. Der Zweitakt-Diesel war im Heck angebracht und trieb die Vorderräder an. Der Fahrersitz und die Bedienelemente befanden sich an der Frontseite des Fahrzeugs. Die mit zwei kleinen Laufrollen auf den Boden gedrückten Laufketten bestanden aus einem profilierten Gummiband. Verschiedene

10-PS-Schmiedag-Raupe „Hansa“ ▲

▼ *10-PS-Geräteträger 600/20*

Arbeitsgeräte, darunter ein hydraulisch betätigtes Planierschild, konnten angebracht werden.
Mit der Überarbeitung des Fahrzeugs im Jahre 1956 kamen ein 12-PS-ILO- und kurz vor der Produktionseinstellung ein 12-PS-Hatz-Dieselmotor zum Einbau.
Die mit F & S-Diesel- oder Vergasermotoren ausgestatteten „Hansa 50"-Einachsschlepper nach dem System Fretter ließen sich mittels Schnellkupplungen mit zwei Längsholmen und einer Achsschenkellenkung zu leichten Geräteträgern umbauen.

Technische Daten der Schmiedag-Schlepper

Typ	SP	Z	PS	K	B × H	Hubr.	D	Gew.	Mot.
Hansa	1954	1	10	W	90 × 120	760	1750		F & S od. Hatz 12 PS
600/20	1956	1	12	L	90 × 104	660	2000	1450	ILO
600/22	1960	1	12	L	90 × 105	668	2600	1450	Hatz

Maschinenfabrik H. Schmotzer GmbH, Bad Windsheim, Rothenburger Str. 45, 1920, 1924, 1933, 1954–1958, 1967–1975

Nach einem erfolglosen Versuch im Jahre 1920 brachte das 1905 gegründete Landmaschinenunternehmen 1924 einen nur 1310 kg wiegenden Tragpflug mit einem 18-PS-Körting-Motor heraus. Nach einem weiteren erfolglosen Versuch im Jahre 1933 bot die Firma 1954 einen Universalschlepper vom Typ *„Kombi"* an. Hinter dem Fahrersitz befand sich eine kurze Ladepritsche; verschiedene Anbau- und Erntegeräte konnten an den Fahrzeugrahmen anmontiert werden. 14 PS starke Motoren von Stihl und von Farny und Weidmann sowie ein 18 PS starker VW-Industriemotor konnten eingebaut werden. Eine Zapfwelle und ein elektrischer Kraftheber waren vorhanden. Erneut baute das Unternehmen im Jahre 1967 ein landwirtschaftliches Nutzfahrzeug vom Typ *„Kombirecord"*, das als Geräteträger oder als Ladewagen eingesetzt werden konnte. Ein Zweizylinder-MWM-Motor mit 20 PS kam zum Einbau.
Schließlich stellte Schmotzer 1974 den überarbeiteten „Kombirecord" als Frontsitz-Geräteträger vor. Die Spurweite ließ sich auf 2,50 m verbreitern. Die gleich großen Räder waren an Portalachsen aufgehängt. Das allradge-

triebene Fahrzeug wurde von einem Vierzylinder-Perkins-Motor mit 45 PS angetrieben. Die Fertigung wurde an die österreichischen Reform-Werke Bauer in Wels/Tirol abgegeben, die auch schon den Ladewagen-Aufbau geliefert hatten.

Technische Daten der Schmotzer-Schlepper

Typ	SP	Z	PS	K	B × H	Hubr.	D	Gew.	Mot.
Tragpflug	1924	2	18	W	110 × 150	2849	1100	1310	Körting
Kombi	1954	1	14	L	90 × 120	763	1890		Stihl
Kombi	1954	1	14	L	105 × 130	1125	1750		Farymann
Kombi	1954	4	18	L	77 × 64	1192	1500		VW-Vergaser
Kombi-record	1967	2	20	L	80 × 100	1004	3000	1120	MWM
dto.	1974	4	45	W	91,4 × 127	2500	2200	2300	Perkins

Schmotzer Motorhackmaschine

18-PS-Schmotzer Kombi-Record

42-PS-Schneider-Geräteträger (1)

Hermann Schneider Maschinen- und Geräteträgerbau GmbH u. Co. KG,
Tamm/Württ., Brächterstr. 4, 1960–heute

Spezielle Geräteträger für den Gartenbau und für Baumschulen stellt diese 1948 gegründete Maschinenfabrik her.
Die „HR“-Baureihe umfaßt Baumschul-Geräteträger mit bis zu 1,6 m hochgesetzten Aufbauten in stabiler Rahmenbauweise. Die Lenkung erfolgt durch eine Hydraulik.
Geräteträger mit hydraulisch kippbaren Ladebrücken werden in den Baureihen „GT 27“, „GT 40“ und „GT 40 S“ gefertigt. Mit einem geschlossenen Fahrerhaus können diese Fahrzeuge ausgestattet werden. Zwei- und Dreizylinder-MWM- und Hatz-Motoren mit 27, 33, 40, 42 und 50 PS kommen zum Einbau.

40-PS-Schneider GT 40 S (1)

Technische Daten der Schneider-Schlepper

Typ	SP	Z	PS	K	B × H	Hubr.	D	Gew.	Mot.
HR 33	1969	2	33	L	100 × 120	1881	2300		MWM
HR 42	1969	3	42	L	95 × 105	2231	2400		MWM
HR 50	1969	3	50	L	100 × 120	2826	2400		MWM
GT 25 D	1969	2	25	L	90 × 100	1272	2000	1265	Deutz
GT 27	1972	2	27	L	95 × 105	1488	3000	1405	MWM
GT 40	1975	3	40	L	105 × 120	2008	2300	1740	MWM
GT 40 S	1975	3	40	L	95 × 100	2124	2600	1740	Hatz

Maschinen- und Traktorenbau Schneider, Warngau/Obb., 1949

Einen Zweizylinder-Schlepper vom Typ „Mo 22“ mit einem 22-PS-Hatz-Motor und einem angebauten Mähwerk stellte diese Firma vor. Ein Serienbau scheint nicht aufgenommen worden zu sein.

Technische Daten der Schneider-Schlepper

Typ	SP	Z	PS	K	B × H	Hubr.	D	Gew.	Mot.
MO 22	1949	2	22	W	100 × 130	2041	1500	1750	Hatz

Schröder und Wurr, Berlin 1918–1927, Hamburg 1937

Nach der Vorstellung eines Gelenkpflug-Prototyps gegen Ende des Ersten Weltkrieges folgte im Jahre 1927 ein kompakter Raupenschlepper vom Typ „Wurr“, der ebenfalls nicht in die Serienproduktion ging. Die Kette wurde über zwei gleich große Leit- und Antriebsräder geführt. Die Steuerung erfolgte durch ein Hebelsystem, das die Lenkbremsen betätigte.

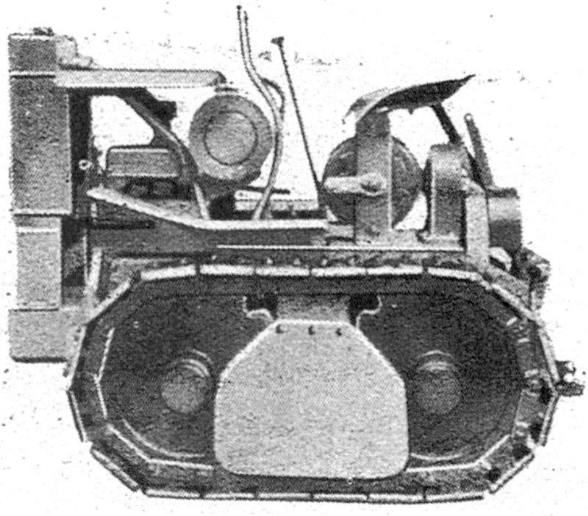

Wurr-Kleinraupe

1937 versuchte August Wurr erfolglos, im Schell-Programm mit seinen Diesel-Kleinschleppern berücksichtigt zu werden.

P. E. Schultz Motorpflug-Patent GmbH, Berlin-Weissensee, Charlottenburger Str. 34/35

1. 1916–1918 **P. E. Schultz Motorpflug-Patent GmbH,** Berlin-Weissensee, Charlottenburger Str. 34/35
2. 1918–1927 **Schwadyk und Schultz Motorpflug GmbH**

Zunächst wurden Tragpflüge nach einer Lizenz der → Ruhrthaler Maschinenfabrik, ab 1919 auch Gelenkpflüge hergestellt. Die Besonderheit der „Schultz-Schwadyk"-Motorpflüge bestand in der patentierten Pflugkupplung. Der lose angekoppelte Pflug wurde bei Rückwärtsfahrt starr angekuppelt und etwas angehoben, so daß der Schlepperfahrer ohne große Umstände rückwärts fahren konnte. Um 1927 wurde dieses Modell als reiner Acker- und Straßenschlepper gefertigt.

Schwäbische Hüttenwerke GmbH, Wasseralfingen/Württ., Wilhelmstr. 67 und Böblingen, Flughafen

1. 1912–1921 **Böblinger Werft AG,** Böblingen
2. 1925–1928 **Schwäbische Hüttenwerke GmbH,** Wasseralfingen, Wilhelmstr. 67, und Böblingen, Flughafen

Unter dem Namen *„Böblingen"* erschien ein leichter Tragpflug mit einem Vierzylinder-Deumo-Motor mit 18 PS, der gemeinsam mit den Österreichischen Werken in Wien X, Arsenal, gefertigt wurde. Zwei kleinere Stützräder waren über eine Knicklenkung mit dem Fahrzeugvorderteil verbunden. Mit zwei Lenkseilen steuerte der Bediener das 1,4 t schwere Fahrzeug. Auch ein Kämper-22-PS-Motor kam zum Einbau. Eine Riemenscheibe war vorhanden.

Eine technische Besonderheit baute die inzwischen von den Schwäbischen Hüttenwerken (SHW) übernommene Landmaschinenfabrik in den 20er Jahren auf der Werft des ehemaligen Militärflughafens Böblingen. Der SHW-Schlepper konnte als Radschlepper und mit einigen Umbauten auch als kleiner Raupenschlepper gefahren werden. Die Kraft des Zweizylinder-Kämper-Dieselmotors (16 PS) wurde beim Radschlepper durch eine Rollenkette von der in Höhe des Kühlers liegenden Antriebswelle des Kettentriebrades auf die gummibereiften Hinterräder übertragen. Bei der Verwendung des Fahrzeugs als Raupenschlepper lief die Kette über das Kettentriebrad und über die auf die Vorder- und Hinterachse aufgesteckten Kettenleiträder. Riemenscheibe und zwei Sitzschalen waren vorhanden. Das Zweiganggetriebe ermöglichte dem Raupenschlepper Geschwindigkeiten von 6 und 12 km/h. Auch mit einem Zweizylinder-15-PS-Benzolmotor konnte das 1,8 t schwere Fahrzeug angetrieben werden. Nur wenige Exemplare konnte die SHW, die sich 1927 auch durch Versuchsfahrzeuge mit selbsttragender Karosserie und Vorderradantrieb einen Namen gemacht hatte, fertigen und absetzen. Heute gehört die Firma zum Konzern der Gutehoffnungshütte.

Technische Daten der SHW-Schlepper

Typ	SP	Z	PS	K	B × H	Hubr.	D	Gew.	Mot.
Tragpflug	1912	4	18	W	80 × 130	2612	1200	1400	Deumo
	1915	2	22	W	93 × 140	1900	1000	1460	Kämper
Rad-Raupe	1920	2	16	W	90 × 140	1780	1000	1800	Kämper

22-PS-SHW Böblinger Motorpflug

16-PS-SHW Rad-Raupe

Schwalbe Maschinenfabrik, Chemnitz, 1920

In technischen Details unbekannt gebliebene Schlepperkonstruktion.

H. H. Sieben, Zornheim b. Mainz, Röhrbrunnengasse, 1969–1974

Einen Allradschlepper in Schmalspurbauweise für den Weinbau stellte dieses Unternehmen mit einem 30 PS starken Zweizylinder-MWM-Motor her, ebenso 35- und 50-PS-Typen.

Technische Daten der Sieben-Schlepper

Typ	SP	Z	PS	K	B × H	Hubr.	D	Gew.	Mot.
AL 3000	1969	2	30	L	95 × 120	1700	2300	1065	MWM

Siemens-Schuckert Werke Berlin; ab 1922 Abt. Bodenfräsen, Berlin-Tempelhof, 1910–1934

Neben der Firma → Lanz mit ihrer „Köszegi"-Fräse befaßten sich auch die Siemens-Schuckert Werke mit Konstruktionen für Fräserpflüge. Nach einer Lizenz des Schweizers K. v. Meyenburg baute der Siemens-Konzern einen gut durchdachten, dreirädrigen Schleppertyp mit einer fest anmontierten großen Krallenwalze. In die Prototypen mit der Bezeichnung *„Siemensfräse"* kam ein 12 PS starker Motor. Die serienmäßigen Modelle unter der Bezeichnung „Gutsfräse" erhielten dann einen 30 PS starken Kämper-Motor. Das Fahrzeug war in stabiler Halbrahmenbauweise konstruiert, wobei der hintere Getriebekasten mit der Achse verschraubt war. Der Geschwindigkeitsbereich lag bei 1,6, 2,2 und 3,8 km/h. Durch Differentialbremsen konnte die Fahrtrichtung leicht geändert werden. Eine Riemenscheibe war für den stationären Betrieb vorhanden. Die Fräswalze wurde über einen Kegelradantrieb in Bewegung gesetzt. Der Hebe- und Senkvorgang wurde ebenfalls durch den Motor bewirkt. Ab 1926 kam in das 2,3 t schwere Fahrzeug ein 35-PS-Kämper-Motor auf die freitragende Konsole. Bis zum Ende der 20er Jahre blieb dieses Modell im Programm von Siemens.
Neben diesen traktorähnlichen Fahrzeugen befaßte sich das Unternehmen seit der Mitte der 20er Jahre mit dem Bau von leichten einachsigen Fräsen.

30-PS-Siemens-Gutsfräse

35-PS-Siemens-Gutsfräse

Die „Plantagenfräse“ war mit einem 8-PS-Einzylinder-Zweitaktmotor ausgestattet. Mit Lenkstangen, die auf das Differential einwirkten, wurde das Fahrzeug geführt. Die leichtere „Gartenfräse“ bekam einen 4-PS-Einzylinder-Viertaktmotor.
Siemens beendete den Fräsenbau im Jahre 1934 und gab die Konstruktionsunterlagen und die Fertigungseinrichtungen der Kleinfräsen an die Firma → Bungartz ab.
Außer den ottomotorgetriebenen Fräsen stellte Siemens Seilpflüge mit elektrischem Antrieb her. Die umständliche Zuführung des Kabels stand einer erfolgreichen Verbreitung dieser Fahrzeuge entgegen, so daß dieser Produktionszweig nur kurzzeitig aufrechterhalten wurde.

Technische Daten der Siemens-Schlepper

Typ	SP	Z	PS	K	B × H	Hubr.	D	Gew.	Mot.
Siemens-fräse	1910	1	12						
Gutsfräse	1911	4	30	W	110 × 160	6079	800		Kämper
Gutsfräse	1926	4	35	W	110 × 160	6079	1100	2300	Kämper
Plantagen-fräse	1925	1	8					360	Zweitakt
Gartenfräse	1925	1	4				1500	200	Viertakt
dto.	1934	1	4		90 × 95	610	1500		Bungartz

Walter Steiger u. Cie., Burgrieden bei Laupheim, 1916

Die Maschinenfabrik des Schweizers Walter Steiger reparierte während des Ersten Weltkrieges Flugzeuge und Flugmotoren. Gleichzeitig beschäftigte sich der Firmeninhaber mit dem Fahrzeugbau. Ein Schlepper blieb im Prototypenstadium stecken; die Steiger-Personenwagen mit Hochleistungsmotoren gingen dagegen nach Kriegsende bis 1926 in den Serienbau.

Andreas Stihl Maschinenfabrik KG, Abt. Schlepperbau, Waiblingen, Badstr. 115, 1948–1963

Nach dem Krieg waren zunächst Motorsägen der Firma Stihl nicht allzu gefragt, umgekehrt bestand ein großer Nachholbedarf an Schleppern für die

12-PS-Stihl Typ 140 (1)

Landwirtschaft. Die Maschinenfabrik beschloß daher, den eigenen Fertigungsmöglichkeiten entsprechend, einen leichten und preiswerten Kleinschlepper für die stark parzellierte süddeutsche Landwirtschaft zu entwickeln.
Resultat war der 1948 entstandene Allzweck-Schlepper „S 140“, der auf einem Zentralrohrfahrgestell einen eigenen lufgekühlten Zweitakt-Dieselmotor von 12, ab 1957 von 14 PS besaß. Über ein Drei-, ab 1952 Vierganggetriebe wurde die Hinterachse angetrieben. Ein hydraulischer Kraftheber und eine Zapfwelle gehörten zur Fahrzeugausstattung. Der in sogenannter Wespentaillenbauart für den Zwischenachseinbau von Geräten konstruierte Schlepper mit vorderer Pendelachse wog nur 750 kg.
Ab 1959 konnte wahlweise der eigene Zweizylinder-Zweitaktmotor mit 20 PS oder ein gleichstarker MWM-Zweizylinder-Viertaktmotor mit Luftkühlung eingebaut werden.
Im landwirtschaftlichen Betrieb erwies sich der Schlepper jedoch als zu leicht, um eine ausreichende Zugkraft entwickeln zu können. Der Zweitakt-Dieselmotor, der auch an verschiedene Traktorenhersteller geliefert wurde,

14-PS-Stihl Typ 144 (1)

zeigte sich im Dauerbetrieb als eine sehr anfällige Konstruktion und schädigte vorübergehend den Markenruf der Firma Stihl.
Nachdem die großen Schlepperhersteller den Markt wieder vollständig beliefern konnten, geriet Stihl, abgesehen von den zusätzlichen Problemen mit dem Motor, unter zunehmenden Konkurrenzdruck und gab, zumal auch ein komplettes Schlepperprogramm fehlte, die Traktorenfertigung zugunsten der sich wieder günstig entwickelnden Kettensägenherstellung auf.

Technische Daten der Stihl-Schlepper

Typ	SP	Z	PS	K	B × H	Hubr.	D	Gew.	Mot.
S 140	1948	1	12	L	82 × 120	633	2000	723	(auch 80 × 120) Zweitakt
S 144/381	1954	1	14	L	90 × 120	763	1890	750	Zweitakt
S 20	1959	2	20	L	90 × 120	1530	1900	815	Zweitakt
S 20	1959	2	20	L	80 × 100	1004	3000	990	MWM-Viertakt

20-PS-Stihl Typ S 20

<u>**R. Stock u. Co. AG,**</u> Berlin-Niederschöneweide, Köpenickerstr. 48–49 u. Prinz-Albrecht-Str. 8

1. 1908–1909 **Deutsche Motordroschken Gesellschaft,** Berlin
2. 1909–1912 **R. Stock-Motorpflug AG**
3. 1912–1940 **R. Stock u. Co. AG,** Berlin-Niederschöneweide, Köpenickerstr. 48–49 u. Prinz-Albrecht-Str. 8
4. 1940–1945 **Stock-Motorpflug GmbH, H. Frese u. Co.,** Berlin-Charlottenburg

Das Unternehmen von Robert STOCK ist als die Firma hervorzuheben, die als erste in größerer Stückzahl spezielle motorisierte Pflüge für die deutsche Landwirtschaft herstellte. Bis in die Mitte der 20er Jahre wurden die Stock-Tragpflüge in verschiedenen Größen hergestellt. Wenn auch der Firma diese Pioniertat zusteht, so ist gleichzeitig zu berücksichtigen, daß der Bau der Tragpflüge eine zeitweilige Sonderentwicklung war, die nach dem Ersten Weltkrieg mit der Vervollkommnung und der universellen Einsetzbarkeit der

Traktoren keine Zukunftsentwicklung mehr besaß. Die Tragpflüge ließen sich aufgrund ihrer besonderen Bauart kaum als Zugmaschinen einsetzen. Auch das Rückwärtsfahren war eine problematische Angelegenheit.
Robert STOCK wurde 1858 als Sohn eines Schlossermeisters geboren und stellte nach anfänglicher Gesellenzeit bei den Berliner elektrotechnischen Firmen Ludwig Loewe u. Co. sowie bei Mix und Genest AG in seinem eigenen Betrieb Spezialteile für Telefonapparate, später auch vollständige Anlagen für die Reichspost her.
Mit Karl GLEICHE (1853–1924), einem Landwirt und Ingenieur, der die ungarische Staats-Gewehrfabrik und die belgische Gewehrfabrik (FN) in Herstal bei Lüttich eingerichtet hatte, baute Stock als nächstes Unternehmen die Deutschen Telephon-Werke auf, die erfolgreich Typendrucktelegraphen an die Post lieferten. Noch heute besteht dieses Unternehmen als DeTeWe in Berlin weiter.
In seiner rastlosen Tätigkeit als Konstrukteur und erfolgreicher Unternehmer der Gründerzeit schuf Stock, nachdem er auf der Chikagoer Weltausstellung von 1893 die Morse-Spiralbohrer kennengelernt hatte, in Berlin-Marienfelde die R. Stock u. Co. Spitalbohrer-, Werkzeug- und Maschinenfabrik AG, die dann ebenfalls Spiralbohrer und Präzisionswerkzeuge fertigte.

60-PS-Stock-Großpflug

22-PS-Stock-Peaboklei

20/25-PS-Wendestock

Nachdem dieses Unternehmen florierte, verkaufte er es wieder und errichtete die Stock-Kabelwerke in Berlin-Wilmersdorf. Auch dieses Unternehmen sowie die Telephonwerke verkaufte er und erwarb dann Landgüter in Pommern und in der Umgebung von Berlin.
In der aufkommenden Motorisierung sah Stock wieder eine Chance zur Firmengründung und bildete die Deutsche Motordroschken-Gesellschaft in Berlin, aus der dann später die Stock-Motorpflug AG hervorgegangen ist.
Mehrere Besuche auf den Stock'schen Landgütern regten Karl Gleiche nun an, ein Motorgerät für die Pflugarbeit zu konstruieren. Die erste Ausführung eines Tragpfluges im Jahre 1907 bestand aus einem Rahmenfahrgestell, über dessen starrer Achse ein 8 PS starker Benzinmotor angebracht war, der über Ketten die 1 m hohen, zwölfspeichigen Holzräder antrieb. Ein hinteres Leitrad war an der Pflugrahmenkonstruktion angebracht.
R. STOCK gründete im Hinblick auf eine Großfertigung der Tragpflüge im Jahre 1909 die R. Stock Motorpflug AG, obwohl noch keine serienfähige Maschine gebaut und ausprobiert war. Karl GLEICHE wurde Chefkonstrukteur und Geschäftsführer dieses Unternehmens.
Die nächste, ebenfalls unbefriedigende Konstruktion aus dem Jahre 1909 erhielt einen 24-PS-Motor und 1,8 m hohe Räder mit Greifern, die über eine Innenverzahnung durch Ritzel angetrieben wurde.

Der 1910 vorgestellte, 48 PS starke Tragpflug mit der späteren Bezeichnung *„Stokraft"* war dann eine unkomplizierte, leistungsfähige und brauchbare Konstruktion, von der bis 1912, dem Todesjahr Robert Stocks, ca. 360 Stück verkauft werden konnten.
Die Pflüge besaßen zwei Vorwärts- und einen Rückwärtsgang, die durch das Umstecken der Übersetzungszahnräder eingeschaltet wurden. Der Pflugkörper ließ sich über einen Kegelradtrieb mit Pedalbetätigung heben und senken. Eine automatische Endabschaltung war bei der zweiten Version vorhanden. Bruchstifte und Bruchfedern sollten die Maschinen vor Beschädigungen bewahren und das Aufbäumen des Tragpfluges bei großem Bodenwiderstand verhindern. Der Geschwindigkeitsbereich der Pflüge lag bei 3,5 und 5 km/h.
Ab 1912 konnte ein 42 PS oder auf Wunsch ein 60 PS starker Baer-Motor in das verbesserte, 8 t schwere Fahrzeug eingebaut werden. Weitere technische Details dieser Entwicklungsstufe waren das in der Höhe verstellbare Furchenrad und die Riemenübertragung zwischen Motor und Getriebe, so daß die Maschine vor extremen Belastungen geschützt wurde. Um die Bodenadhäsion des Tragpfluges zu erhöhen, verlagerte Gleiche den Motor weit nach vorn, so daß das Gewicht des hinteren Pflugrahmens und der 6 Pflugschare über der Antriebsachse ausgeglichen wurde. Dieser sechsscharige Motorpflug hatte eine Arbeitsbreite von 2 m.
Zu Beginn des Ersten Weltkrieges kam ein von Gleiche entwickelter, langsam laufender 56/60-PS-Motor zum Einbau. Auch mit einem 80-PS-

28-PS-Stock-Raupenstock

Motor eines fremden Herstellers und einem Vierganggetriebe wurden während dieser Zeit Stock-Motorpflüge ausgerüstet, die sich aber als zu schwer erwiesen.
Nach dem Ersten Weltkrieg bot dann das Unternehmen Tragpflüge in drei verschiedenen Größen an. Unter der Bezeichnung „Peaboklei" wurde ein 2,3 t schwerer, 25/30 PS starker Tragpflug mit drei Scharen angeboten. Als mittlere Größe wurde der „Peabimoho" mit einem 55-PS-Motor gefertigt. Schließlich kam noch für kurze Zeit der 65/70 PS starke, sechsscharige „Peabista" mit einem Gewicht von 6,5 t hinzu. Im Jahre 1927 diente dieses Modell Experimenten mit einer Holzvergaseranlage; eine Serienproduktion kam aber nicht zustande. Die wesentlichen technischen Verbesserungen der Nachkriegsproduktion waren verstärkte Fahrgestelle, geschicktere Höhenverstellungen des Furchenrades und viergängige Wendegetriebe.
Im Ackerbetrieb stellte sich jedoch heraus, daß ein gleich gutes Rückwärtsfahren, wie es die Vierradschlepper konnten, nicht erreicht wurde. Die Gefahr des Aufbäumens ließ sich nicht verhindern. Darüber hinaus waren die Motorleistungen im Vergleich zu den schwächer motorisierten, aber vielfältiger einsetzbaren Traktoren zu hoch und damit zu unwirtschaftlich.
Die Firma Stock ließ daher auch die Montage der schweren Typen in der Mitte der 20er Jahre einstellen und baute mit einem 30-, später 40-PS-Bayern- und schließlich mit einem eigenen 35/40-PS-Motor den nur 2,9 t schweren *„Stocklei"* (oder auch *„Stokraft"*).
Nachdem Karl Gleiche aus dem Unternehmen ausgeschieden war und für andere Firmen weitere, aber wenig erfolgreiche Tragpflüge entworfen hatte, übernahm der Ingenieur Heinrich Frese die Firmenleitung.
Er versuchte wiederum mit einem schwach motorisierten Fahrzeug das Tragpflugsystem für kleine und mittlere Bauernhöfe weiter zu entwickeln. Sein nur noch 1,75 t schwerer *„Wendestock"* besaß einen 20/25-PS-Deutz-Motor für nur einen Geschwindigkeitsbereich.
Auch dieser als „selbstfahrende Maschine" bezeichnete Tragpflug für die schwere Pflugarbeit und für das Ziehen angehängter Wagen oder eines Mähbinders überzeugte nicht; die Pflugleistungen wurden bei Vergleichspflugveranstaltungen sogar als „ungenügend" bezeichnet.
Durch die wirtschaftlichen Schwierigkeiten der 20er Jahre geriet das Unternehmen zeitweilig in den Besitz des schwedischen Kahn-Konzernes, der auch die → Podeus AG in diesen Jahren kontrollierte. Nach einem Zwangsvergleich im Jahre 1926 erwarb Heinrich Frese das Unternehmen mit Werken in Berlin-Niederschöneweide und in Berlin-Johannisthal.
Neben dem inzwischen aufgenommenen Motorradbau ließ Frese die von ihm 1925 entworfene *„Stock-Raupe"* mit großem Erfolg produzieren, die bis in die 30er Jahre in 4000 Exemplaren verkauft wurde.

22-PS-Stock-Bauernschlepper

Die Kette des extrem kurzen Fahrzeugs wurde über ein großes vorderes Treib- und über ein kleineres hinteres Leitrad geführt. Laufrollen entfielen somit. Eine starke horizontale Druckfeder zwischen Rahmen und Hinterachse sorgte für die entsprechende Kettenspannung des außerordentlich einfachen Raupenantriebs. Der Stockschen Bauart entsprechend war der Zweizylindermotor des 2,2 t schweren Fahrzeugs vorderlastig eingebaut. Der Zughaken war hochliegend angebracht, um das Aufbäumen der kurzen Maschine bei Hindernissen zu erschweren. Durch den 28-PS-Deutz-Motor ließ sich über ein Dreiganggetriebe eine Geschwindigkeit von bis zu 9,5 km/h erzielen. Gesteuert wurde das Fahrzeug über Lenkkupplungen. Eine Riemenscheibe war an der Stirnseite des auch als *„Raupenstock"* bezeichneten Fahrzeugs angebracht.
Im Jahre 1934 verließ das Unternehmen die Tragpflugkonzeption und stellte den modern konstruierten *„Stock-Bauernschlepper"*, einen Traktor mit einem 22-PS-Deutz-Motor vor. Die Blockkonstruktion ergab eine gute Bodenfreiheit; vorne war eine mit langer Querfeder abgestützte Pendelachse angebracht. Dem Zeitgeschmack entsprechend besaß der Schlepper vorne und hinten automobilartige Kotflügel.
Hinzuweisen ist an dieser Stelle, daß der Name „Bauernschlepper" in den folgenden Jahren die charakteristische Bezeichnung für leichte Schlepper zur Motorisierung der klein- und mittelbäuerlichen Betriebe wurde.

Im Jahre 1938 erhielt das überarbeitete Modell mit der neuen Bezeichnung *„Stock-Dieselschlepper"* einen 20-PS-Deutz-Motor; während der Kriegszeit wurde er auch mit einem 25-PS-Deutz-Holzgasmotor ausgerüstet. Riemenscheibe, Zapfwelle, Mähbalken und die Möglichkeit der Spurweitenverstellung waren vorhanden. Mit einem Stock-Getriebe versehen, konnte er 19,5 km/h erreichen. Den Vertrieb der „Stock-Dieselschlepper" übernahm die Firma → Primus in Berlin.
Mit der Demontage und dem Verlust der Fabrikationsstätten im Osten Berlins endete die Produktion der Stock-Schlepper. Als Handelsunternehmen bestand die Firma unter dem Namen Stock-Motorpflug Heinrich Frese u. Co. oHG in Berlin und in Kassel bis ins Jahr 1971 fort.

Technische Daten der Stock-Schlepper

Typ	SP	Z	PS	K	B × H	Hubr.	D	Gew.	Mot.
	1907	1		W					
	1908	1	8	W					3-scharig
	1909		24	W					6-scharig
Stokraft	1912	4	40	W			720	8000	
	1913	4	48	W					6-scharig
Großpflug	1914	4	60	W					Baer-Motor
	1914	4	50/60	W					Stock-Motor
Stockpflug	1914	4	35/40	W					
Großpflug	1914	4	80	W					6-scharig
Peaboklei	1918	4	25	W	100 × 140	4396	800	2300	3-scharig, Deutz
Peabista	1918	4	65/70	W	155 × 210	15840	720	6500	6-scharig
Peabimoho	1921	4	55	W	130 × 200	10613	720	6000	auch als Typ Stogro
Stocklei	1924	4	30	W			920	2900	3-scharig
Stocklei	1924	4	40	W	120 × 180	8138	1000	2900	Bayern-Motor
Stocklei	1925	4	35/40	W					Stock-Motor, (Typ Stokraft)
Wende-stock	1924	2	20/25	W	100 × 140	2198	800	1750	Deutz
Raupen-stock	1924	2	28	W	120 × 160	3617	1000	2200	Deutz
Bauern-schlepper	1934	2	22	W	100 × 140	2198	1500	1500	Deutz
Diesel-schlepper	1938	2	20	W	100 × 130	2041	1500	1450	Deutz
dto.	1942	2	25	W	150 × 130	4592	1550		Deutz-Generator

20-PS-Stock-Dieselschlepper

25-PS-Stock mit Generator

45-PS-Stoewer 3 S 17

Stoewer-Werke AG, vorm. Gebr. Stoewer, Stettin-Neutorney, Falkenwalder Str. 186, 1917–1926

Unter der Leitung des Ingenieurs Otto BARSCH brachte die Motorpflugabteilung der bekannten pommerschen Automobilfabrik im Jahre 1917 zwei moderne und technisch ausgereifte Motorpflugmodelle heraus. Der Typ „3 S 17" war mit einem 38/40-PS-, der Typ „6 S 17" mit einem 75-PS-Stoewer-Benzinmotor ausgerüstet. Bei den Fahrzeugen handelte es sich um Gelenkpflüge, die einen drei- bzw. sechsscharigen Pflug gelenkig ankuppeln konnten. Auch als Zugmaschine und als stationäre Kraftquelle mit Riemenscheibe konnten die Fahrzeuge verwendet werden. Zur Geländegängigkeit trugen die gefederten vorderen Kippachsen bei. Nach der Fertigstellung einiger Prototypen während des Krieges wurde die Serienproduktion des kleineren 4- t -Typs mit 1,8 m hohen Antriebsrädern und einem inzwischen auf 45 PS gesteigerten Motor aufgenommen. Etwa 200 Exemplare verließen die Stettiner Werke.

Technische Daten der Stoewer-Schlepper

Typ	SP	Z	PS	K	B × H	Hubr.	D	Gew.	Mot.
3 S 17	1917	4	38/40	W	125 × 150	7359	800	5000	
6 S 17	1917	4	75	W					
3 S 17	1919	4	45	W	125 × 150	7359	850	5000	

Hans Ströbele, Ottobeuren, 1948

Kurzzeitige Herstellung eines 22-PS-Dieselschleppers.

Süddeutsche Bremsen AG, München, Moosacherstr. 80, 1926–1927

Für kurze Zeit wurde ein Dreizylinder-25-PS-Schlepper mit einem kompressorlosen Viertakt-Dieselmotor, der 750 U/min erreichte, als „Colo-Trekker" gefertigt. Bei einem Gewicht von 2240 kg mit Eisenbereifung, bzw. 3300 kg mit Elastikbereifung, konnte er bis zu 12 km/h schnell sein. Der „Colo"-Dieselmotor war gemeinsam mit der → Ansbacher Eisengießerei und Maschinenfabrik und Motorenbau → Carl Bachmann entwickelt worden. Die unter der Abkürzung „*Südbremse*" bekannte Firma wurde später von den Mannheimer Motoren-Werken (MWM) übernommen.

Technische Daten der Südbremsen-Schlepper

Typ	SP	Z	PS	K	B × H	Hubr.	D	Gew.	Mot.
Colo-Trekker	1926	3	25	W	125 × 180	6623	750	2240	

Ig. Sulzer, Maschinen- und Fahrzeugbau, Harthausen über Augsburg-Land, 1952–1961

Das Unternehmen stellte für ein Jahrzehnt ein breitgefächertes Schlepperprogramm mit wasser- und luftgekühlten MWM- und Deutz-Motoren her. Auch ein wassergekühlter 11 bis 15 PS starker München-Sendling-Motor wurde für kurze Zeit eingebaut. Die Motorhauben stammten vorwiegend von ehemaligen Schleppern der Marken → Linke-Hofmann-Busch und → Gutbrod. Die Traktoren waren außer dem 1959 erschienenen Tragpflugschlepper „S 25 LT" in Blockbauart mit Portalpendelachsen ausgeführt. Auch ein Allradtyp mit gleich großen Rädern war mit 28, ab 1957 mit 30 und ab 1959 mit 40/45 PS im Angebot vertreten.

14-PS-Sulzer S 15 ▲

▼ 36/40-PS-Sulzer S 36/40

25-PS-Sulzer S 330 L

32-PS-Sulzer S 30 CA

Technische Daten der Sulzer-Schlepper

Typ	SP	Z	PS	K	B × H	Hubr.	D	Gew.	Mot.
S 15	1952	1	14	W	100 × 150	1178	1500	1200	MWM
S 15 L	1957	1	15	L	110 × 140	1330	1650	1200	Deutz
S 25	1952	2	25	W	100 × 140	2200	1500	1820	Deutz
S 25 L	1959	2	25	L	95 × 120	1700	2100	1290	Deutz
S 25 LT	1959	2	25	L	95 × 120	1700	2100	1290	Deutz Tragschlepper
S 36/40	1952	3	36/40	W	100 × 150	3534	1500	2050	MWM
S 12	1954	1	11/15	W	105 × 146	1254	1500	1100	Mü.-Sendling
S 20	1954	2	20	W	112 × 150	1480	1600	1200	MWM
S 22 L	1954	2	24	L	98 × 120	1810	2100	1240	MWM
dto.	1954	2	22	L	90 × 120	1526	1600		Deutz
S 28 (A)	1954	2	28	W	100 × 150	2356	1500	1760	MWM, Allrad
S 11 L	1957	1	11	L	90 × 120	763	2100	890	Deutz
S 17	1957	2	17	W	85 × 110	1250	2000		MWM
S 18 LM	1957	2	18	L	80 × 110	1004	1800	980	MW
S 18 LD	1959	2	20	L	95 × 120	1700	2000	1170	Deutz
S 18/20 L	1957	2	28	L	90 × 110	1400	2000	980	MWM
S 24 L	1957	2	24	L	105 × 120	2008	2000	1260	MWM
S 30 L	1957	2	32	L	95 × 120	2550	1600	1770	Deutz
S 30 LA	1957	2	30	L	110 × 140	2660	1600	1760	Deutz, Allrad
S 12 L	1958	1	12	L	105 × 120	1004	2000	890	MWM
S 13 L	1958	1	14	L	95 × 120	850	2100	890	Deutz
S 38 L	1958	3	38	L	95 × 120	2550	2250	1840	Deutz
S 14 L	1959	1	14	L	95 × 120	850	2100	890	Deutz
S 40	1957	3	40	W	100 × 150	3534	1500		MWM
S 42 LA	1959	3	40	L	110 × 140	3990	1650	2100	Deutz, Allrad
S 330 L	1960	2	25	L	80 × 100	1004	3000	1290	MWM

T

Taunus Traktoren Ing. F. Lauche, Frankfurt a. Main, Emser Str. 28, 1949

Einen Zweizylinder-Schlepper mit einem 22-PS-Deutz-Motor und einem angebauten Mähwerk plante dieses Unternehmen zu fertigen.

Technische Daten der Taunus-Schlepper

Typ	SP	Z	PS	K	B × H	Hubr.	D	Gew.	Mot.
Taunus	1949	2	22	W	100 × 140	2198	1500	1650	Deutz

Technische Kultur Gesellschaft für Forst- und Maschinenwesen mbH, Berlin, 1918–1920

Diese Landmaschinenhandels- und Kultivierungsgesellschaft fertigte zunächst den „Apel"-Tragpflug und ab 1920 den „Mopeda"-Schlepppflug der Danziger Firma Pfeiffer. Beide Typen waren Mißerfolge, so daß die Firma ihre Fabrikation wieder aufgab.

Titus-Traktorenbau Peter A. Titus GmbH, Mühlheim a. d. Ruhr, Weselerstr. 48–50; **Primus-Montagewerk,** Worms a. Rhein, Hafenstr. 89, 1949–1959

Das Titus-Werk in Worms beteiligte sich an der Montage der → Primus-Traktoren. Mit Einzylinder-Deutz-Motoren wurden die Typen „U 11" und „U 15", mit Zweizylinder-MWM-Motoren die Modelle „U 22", „U 33" und „U 35" gefertigt.
1952 bestand das Programm aus dem Typ „U 18 K 5" mit einem Einzylinder-Bauscher-Motor, dem Typ „U 25 G 5" und dem Typ „U 40 G 7" mit Zwei- und Dreizylinder-MWM-Motoren. 1953 versuchte man sich erfolglos im Raupenschlepperbau.
1959 ist das Unternehmen nach Konkurs aufgelöst worden.

Technische Daten der Titus-Schlepper

Typ	SP	Z	PS	K	B × H	Hubr.	D	Gew.	Mot.
U 11	1949	1	11	W	100 × 140	1099	1500	1150	Deutz
U 16	1949	1	15	W	120 × 160	1808	1500	1190	MWM
U 22	1949	2	22	W	100 × 140	2198	1500	1500	Deutz
U 22	1949	2	22	W	100 × 150	2356	1500	1500	MWM
U 33	1949	2	33	W	100 × 140	3297	1500	1800	MWM
U 33	1949	2	33	W	110 × 150	2850	1500	1800	MWM-Süd-bremse
U 35	1949	2	35	W	120 × 170	3845	1500	1950	Deutz
U 18 K 5	1952	1	20	W	105 × 145	1254	1500	1280	Bauscher
U 25 G 5	1952	2	24	W	95 × 120	1700	2000	1570	MWM
U 40 G 7	1952	3	40	W	100 × 150	3534	1500	2200	MWM

Toro-Motorpflug AG, Hannover, Georgstr. 35

1. 1923–1927 **DAAG-Toro-Motorpflug AG,** Ratingen
2. 1927–1928 **Toro-Motorpflug AG,** Hannover, Georgstr. 35

Oberingenieur Brey, der den →Fürstlichen Stollbergschen „Ilsenburger"- und den → Hansa-Lloyd-Schlepper entworfen hatte, konstruierte für die Deutsche Last-Automobil Fabrik AG (DAAG), die die Toro-Motorpflug AG ins Leben gerufen hatte, einen Schlepper mit der Bezeichnung *„Eiserner Zugochse"*. Die Fertigung der Fahrzeuge erfolgte bei der Eisenbahnsignalbau-Anstalt Max Jüdel u. Co. in Braunschweig, die damit ihre Fabrikationsanlagen auslasten wollte. Ein Kämper-Vierzylinder-Benzolmotor mit 18 bis 28 PS trieb das 2 t schwere Fahrzeug an. Geschwindigkeiten von 2,9 bis 6 km/h konnten erreicht werden. Zwei eng aneinanderliegende Vorderräder ersparten eine komplizierte Achsschenkellenkung. Die besondere Einrichtung des Eisernen Zugochsens war der diagonal unter der Hinterachse angebrachte Kipppflug. Durch einen Seilzug konnte je nach der Fahrtrichtung des Schleppers eine Pflughälfte heruntergelassen werden. Der Fahrer mußte entsprechend einen der um das senkrecht stehende Doppellenkrad angebrachten Sitze für Vor- oder Rückwärtsfahrt einnehmen und konnte somit ohne Wendemanöver fahren und die Furchen gut beobachten. Hauptsächlich in der rheinischen Landwirtschaft fand der Schlepper seine Käufer.

18/28-PS-DAAG Toro Zugochse

Technische Daten der Toro-Schlepper

Typ	SP	Z	PS	K	B × H	Hubr.	D	Gew.	Mot.
Eiserner Zugochse	1923	4	18/28	W	90 × 140	3560	1000/ 1500	2000	Kämper

Trabant Traktorenbau GmbH, Hamburg, Bergstr. 14, 1949–1950

Die zunächst in Buchholz/Kr. Harburg ansässige Firma fertigte in geringer Stückzahl den Zweizylinder-„Trabant"-Schlepper mit 28/32-PS-V-Motoren von Bohn & Kähler.

Technische Daten der Trabant-Schlepper

Typ	SP	Z	PS	K	B × H	Hubr.	D	Gew.	Mot.
Trabant 1	1949	2	28/32	W	140 × 190	584	1500	2050	Bohn u. Kähler, V-Motor

12-PS-Tröster Unifront

A. J. Tröster Landmaschinenfabrik, Butzbach, Kaiserstr. 7–9, 1954–1960

Die einachsige Bodenfräse der traditionsreichen oberhessischen Landmaschinenfabrik wurde 1954 als Typ „Unifront“ mit einem Anhänger gekoppelt, so daß ein Vierrad-Lastenschlepper ~~oder~~ ein auch als „Motorvorderwagen“ bezeichneter Geräteträger entstand. Ein wassergekühlter Zweizylinder-Güldner-Motor mit 12 PS kam zum Einbau. Eine Riemenscheibe war am Kurbelwellenende angebracht; die Spurweite ließ sich für Kulturarbeiten verstellen. Ab 1957 wurde der gleichstarke F & S-Dieselmotor eingebaut.

Technische Daten der Tröster-Schlepper

Typ	SP	Z	PS	K	B × H	Hubr.	D	Gew.	Mot.
Unifront	1954	2	12	W	75 × 100	883	1800	800	Güldner
Unifront	1957	1	12	L	88 × 100	604	2200		F & S

U

Union-Gießerei, Königsberg, 1926

Eine Zug-Kraftwalze für die Grünlandschaft brachte die Königsberger Lokomotivfabrik mit einem 42/50-PS-Benzolmotor heraus. Die beiden 2,7 m breiten hinteren Antriebstrommeln konnten mit Greifern versehen werden. Eine Differentialsperre war bei dem 6 t schweren Fahrzeug vorhanden.

Universal-Landbaumotor-Aktiengesellschaft, München, 1911–1913

Diese Firma stellte eine frühe, eigenwillig konstruierte Allzweckmaschine der Marke „Faktotum" her. Das Fahrzeug mit einem Plattformrahmen konnte als Motorfräse, als Transportfahrzeug, als Antriebs- und Zugmaschine, als Ackerbaumaschine und als Feuerspritze benutzt werden. Vorne befand sich ein kleines Leitrad, hinten zwei ebenfalls kleine Antriebsräder. Die Lenkung erfolgte durch den Einschlag des Vorderrades und durch das Blockieren eines Treibrades. Konstrukteur des „Faktotums" war der Landmaschinenhändler Carl Freiherr von Wangenheim, der auch den → Karwa-Motorpflug entwickelt hatte. Auch eine Änderung der Konstruktion des „Faktotums" brachte keinen Produktionserfolg.

Universal Faktotum

Wilhelm Unterilp, Berlin-Charlottenburg, 1911

Wilhelm UNTERILP (1845–1927), vielseitiger Ingenieur und Fabrikant, hatte sich durch die Erfindung einer Kartoffellegemaschine einen Namen in Fachkreisen gemacht. Eine weitere Erfindung war sein Versuchstyp eines Scheiben-Motorpfluges, bei dem anstelle der starren Pflugkörper vom Motor angetriebene Scheiben angebracht waren.

Ursus-Traktoren-Werk GmbH, Wiesbaden, Mainzer Str. 180

1. 1947–1949 **Motor Pool Wiesbaden GmbH**
2. 1949–1950 **Groß Hessische Truck Company GmbH**
3. 1950–1954 **Ursus-Traktoren-Werk GmbH**
4. 1954–1957 **Ursus-Traktorenwerk Erkelenz u. Co. KG**

Der Motor Pool Wiesbaden war zunächst mit der Instandsetzung und dem Handel von ausgemustertem US-Heeresgerät beschäftigt. Neben dem Umbau von GMC-Lkws auf Deutz- und Henschel-Dieselmotoren begann die

15-PS-Ursus

25/28-PS-Ursus Allrad

Firma 1947, auch den Jeep und den Dodge-Kommandowagen zu Behelfsschleppern umzurüsten. In das allradgetriebene Jeep-Fahrzeug kam anstelle des amerikanischen Vierzylinder-Vergasermotors ein 15-PS-Bauscher-Dieselmotor. Die gleich großen Räder und das beibehaltene Sechsganggetriebe gaben dem preiswerten Fahrzeug mit der Typenbezeichnung *„Ursus"* ausreichende Fahreigenschaften. Auch nur mit Heckantrieb, allerdings mit unterschiedlichen Reifengrößen, wurde der „Ursus-Heck" auf der Basis des Jeeps oder des Dodge geliefert.
1949 löste ein in Blockbauart ausgeführter Allradschlepper mit gleich großen Rädern vom Typ „B 28" die Umbau-Schlepper ab. Ein wassergekühlter Zweizylinder-MWM-Motor mit 28 PS kam zum Einbau.
Nach erneuter Firmenumbenennung übernahm 1954 der Frankfurter Traktorenhersteller → Franz H. ERKELENZ das Ursus-Traktoren-Werk, nachdem schon seit ca. 1952 dort seine Knickschlepper montiert wurden. Unter der Bezeichnung „Bambi C 12" wurde sein leichter Allradschlepper mit dem 12-PS-ILO-Zweitakt-Dieselmotor weitergebaut. Auch mit einem Zweizylinder- Güldner-Motor (17 PS) mit Luftkühlung oder mit einem 25 PS starken MWM-Zweizylindermotor mit Wasserkühlung konnte er ausgestattet werden.

25/28-PS-Ursus B 28 Allrad

12-PS-Ursus C 12 Bambi

1954 wurde das Programm mit dem Dreizylindertyp „B 40" erweitert, der nach dem gleichen Prinzip wie der „B 28" gebaut war. 1957 löste der auf 42 PS gesteigerte Typ „B 42" dieses Modell ab.
1957 wurde das Unternehmen aufgelöst. Franz H. ERKELENZ war schon im Jahre 1954 gestorben.

Technische Daten der Ursus-Schlepper

Typ	SP	Z	PS	K	B × H	Hubr.	D	Gew.	Mot.
Ursus	1947	1	15	V	110 × 145	1380	1500	1250	Bauscher
Ursus-Heck	1947	1	11	V	100 × 140	1099	1100		Deutz
Urus	1950	1	12	V	105 × 145	1256	1500	1480	
B 28 (A)	1949	2	25/28	W	100 × 150	2356	1500	1700	MWM, Allrad
C 10 Bambi	1952	1	10	W	80 × 100	502	2000	600	F & S
C 10 Bambi	1953	1	10	W	90 × 120	760	1750	650	Stihl
C 12 Bambi	1953	1	12	L	98 × 120	905	2000	700	MWM
C 12 Bambi	1954	1	12	L	90 × 104	660	2000	765	ILO
C 12 Bambi	1954	2	17	L	85 × 115	1300	2000		Güldner
B 40	1954	2	25	W	95 × 120	1700	2000		MWM
B 42 (A)	1957	3	42	W	100 × 150	3534	1500		MWM

V

Vari Werk Haussner KG, Lampertheim, 1954–1955

Dieses Unternehmen baute den „Varimot"-Spezialschlepper der Firma → Hermann Lanz nach. Das Kompaktfahrzeug war zunächst mit Lenkbremsen, später zusätzlich mit der Möglichkeit eines geringen Lenkeinschlags der Räder versehen. Ein liegender Farny & Weidmann mit Einzylinder-Dieselmotor (10 PS) trieb beide Achsen über Ketten an.

Technische Daten der Vari-Schlepper

Typ	SP	Z	PS	K	B × H	Hubr.	D	Gew.	Mot.
Varimot	1954	1	10	V	90 × 120	760	1750		Farymann

VEB DUZ Schädlingsbekämpfungsgeräte Halle, Halle, 1949–1960

Den zu Kriegsbeginn vorgestellten Scheuch-Schlepper der → Auto-Union baute dieser Spezialbetrieb mit einem 8,75-PS-Einzylinder-Zweitaktmotor. Ein großdimensionierter Ventilator und ein 12-Liter-Tank saßen über dem Motor des 570 kg schweren Fahrzeugs. 1957 wurde die Leistung des als „ES 19" bezeichneten Schleppers auf 9,5 PS gesteigert.

Technische Daten der Halle-Schlepper

Typ	SP	Z	PS	K	B × H	Hubr.	D	Gew.	Mot.
Scheuch	1949	1	8,75	L	88 × 76	462	3000	570	DKW
	1957	1	9,5	L	85 × 90	510	3000		Warchalowski-Diesel

VEB IFA Traktorenwerk Brandenburg, Brandenburg a. d. Havel, 1948–1965

Nach der Wiedereinrichtung des demontierten Brennabor-Werkes wurde von 1949 bis 1952 ein von dem Chefingenieur Josef VOLLMER und dem technischen Leiter des Werkes, Dr. Walter ISENDAHL, entwickelter Schlepper mit Generator-Gasantrieb fabriziert, der auf eine Vorkriegskonstruktion der Normag-Werke zurückging. Ein liegender Einzylinder-Gegenkolbenmotor mit 25 PS Leistung und einer Schwinghebelübertragung trieb das als *„Allesfresser-Aktivist"* oder auch als *„S 25 Solidarität"* bezeichnete, rahmenlose Fahrzeug an. An das Motorgehäuse war über einen Träger die Vorderachse mit der darüberliegenden Generatoranlage angeflanscht.
1950 erschien der „Aktivist" mit einem 22-PS-Zweizylinder-Dieselmotor, der von den Karl Marx Werken, dem ehemaligen Orenstein & Koppel Werk, in Babelsberg hergestellt wurde. Die Zylinder waren in V-Form längsliegend eingebaut. Zapfwelle und Riemenscheibe waren vorhanden. Durch den kurzen Radstand, die gedrungene Bauweise sowie die schlecht durchkonstruierte Lenkung galt der „Aktivist" als eine wenig geglückte Schlepperkon-

25-PS-Brandenburg S 25 Generator

28/30-PS-Brandenburg Aktivist

struktion. In der Bundesrepublik wurde das Fahrzeug als Typ „NG 23" von den nach Zorge im Harz verlegten → Normag-Werken, ebenfalls mit einem Dieselmotor, hergestellt.
Nach dem Auslaufen der Radschlepperproduktion übernahm das Brandenburger Traktorenwerk die Fertigung des Kettenschleppers „KS 07" als Weiterentwicklung des „Rübezahl"-Typs der ehemaligen FAMO-Werke. Der FAMO-Dieselmotor mit 60 PS, eine einstige Kämper-Konstruktion, kam mit einem Fünfganggetriebe zum Einbau.
Mitte der 50er Jahre erhielt der nun als „KS 30 Urtrak" bezeichnete Typ ein Pendelrollen-Laufwerk anstelle des starren Kastenlaufwerkes. Die Motorleistung wurde auf 65 PS gesteigert und die Verkleidung erhielt eine zeitgemäßere Form. Auf Wunsch konnten die Fahrzeuge mit Spillwinde, Zapfwelle und Riemenscheibe ausgestattet werden. Das letzte Baumuster des „Urtrak" soll mit einem 90-PS-Dieselmotor ausgerüstet worden sein.
Das einstige Brennabor-Automobilwerk und spätere Traktorenwerk wurde ein Teilbetrieb des neu entstandenen VEB IFA Getriebewerkes, das Getriebe für die Schlepper- und Lastkraftwagenproduktion herstellte.

Technische Daten der Brandenburg-Schlepper

Typ	SP	Z	PS	K	B × H	Hubr.	D	Gew.	Mot.
S 25	1948	2	25	W	130 × 150	3979	1000	2200	Generator
Aktivist	1950	4	28/30	W	115 × 160	3325	1500	2250	ehem. Normag-V-Motor
KS 62	1952	4	60/65	W	125 × 175	8596	1150	5300	FAMO-Typ
KS 30 (Urtrak)	1962	4	63/65	W	125 × 175	8596	1150	5200	

60/65-PS-Brandenburg KS 62

VEB Horchwerke, Zwickau

1. 1948 **VEB Horchwerke**
2. 1948–1951 **VEB Kraftfahrzeugwerk Horch**, früher Auto-Union

Mit Teilen des aus Breslau verlagerten *FAMO-Maschinenparks,* der aus 150 Transportzügen bestanden haben soll, nahm der vollständig demontierte Betrieb die Fertigung des FAMO-Schleppers der → Linke-Hofmann-Busch-AG als Typ „Pionier" auf. Mit der Neuordnung der Fahrzeugindustrie in der DDR wurde die Horch-Traktorenherstellung in das → VEB IFA Schlepperwerk Nordhausen verlagert. Insgesamt 2605 „Pioniere" verließen das Zwickauer Werk. Nach 1951 wurden in dem altbekannten Automobilwerk wieder Personenwagen mit Zweitaktmotoren und zeitweise Lastkraftwagen gefertigt.

40-PS-Horchwerke Pionier

VEB IFA Schlepperwerk Nordhausen, Nordhausen/Harz

1. 1949–1952 **Maschinenbau Nordhausen LEB** (vorm. Schmidt, Kranz u. Co.)
2. 1952–1965 **VEB IFA Schlepperwerk Nordhausen**

Nach Demontage und späterer Neueinrichtung bildete das ehemalige Panzermotorenwerk „Montana" der → Orenstein & Koppel AG in Nordhausen mit dem ehemaligen → Normag-Traktorenwerk das Schlepperwerk Nordhausen. Ein leichter Typ nach der vorhandenen Vorkriegskonstruktion von MBA wurde hier unter der Bezeichnung „Brockenhexe" ab 1949 fabriziert. Das Fahrzeug war in rahmenloser Blockbauart mit einer vorderen Pendelachse konstruiert und besaß einen Zweizylinder-22-PS-Deutzmotor, der ebenso wie das ZF-Getriebe und die L'Orange-Einspritzpumpe später in Lizenz nachgebaut wurde. Durch die schwere Blockbauweise und den hierfür zu schwachen Motor galt die „Brockenhexe" als eine wenig geglückte Konstruktion und wurde daher nach 150 Exemplaren wieder aufgegeben.

22-PS-Nordhausen Brockenhexe

40-PS-Nordhausen Pionier II

Nach umfangreichen Umstellungsarbeiten an den Werksanlagen und den Fließbändern wurde der von den → Horchwerken übernommene „Pionier" für einige Jahre in Nordhausen produziert. Die Jahreskapazität soll bei 2000 Stück gelegen haben. Die kantige Motorhaube wurde 1957 in eine gefälligere, abgerundete Form abgeändert. Für Straßenzugzwecke erhielt der Schlepper unter der Bezeichnung „Harz" ein anderes Getriebe, das eine Höchstgeschwindigkeit von 17,5 km/h ermöglichte. Bis 1960 wurde der robuste, aber 3320 kg schwere „Pionier" gebaut, der jahrelang das Standardfahrzeug der Maschinen- und Traktorenstationen (MTS) der DDR-Landwirtschaft war.

1956 stellte das Werk den mittelschweren Schlepper „Favorit" mit Mähbalken und Zapfwelle vor. Ein luftgekühlter 33-PS-Vorkammer- oder ein – vorwiegend zugelieferter – wassergekühlter 30-PS-Wirbelkammer-Dieselmotor wurde hierzu verwendet. Das wassergekühlte Triebwerk war ein halbierter Motor aus der Motorenbaureihe für den „Horch-Sachsenring"-

Lkw. Auch die Teile des luftgekühlten Motors wurden vorwiegend aus der Lkw-Motorenfertigung übernommen. Die Motorleistung stieg im Jahre 1959 auf 36 und schließlich auf 40 PS. Gleichzeitig erhielt der auch äußerlich überarbeitete Schlepper die Typenbezeichnung „Famulus".
Eine Allradvariante erschien nur im ersten Produktionsjahr; mit einem Schnellganggetriebe für 24 km/h konnte der „Favorit" bzw. „Famulus" auch für Straßentransportzwecke günstig eingesetzt werden. Zur technischen Ausstattung gehörte neben der Riemenscheibe und einer Zapfwelle auch erstmalig eine hydraulische Dreipunktaufhängung. Zur Spurveränderung konnten die Räder umgedreht angebracht werden.
Hinzuweisen ist hier auf die ungewöhnliche Konstruktion von Tandemschleppern, die ab 1959 erschienen. Da keine starken Dieselmotoren zur Verfügung standen, koppelte der Betrieb zwei „Famulus"-Traktoren unter Fortfall der Vorderräder zusammen, wobei der Aufsattelpunkt der zweiten Fahrzeughälfte die Knicklenkung des doppelmotorigen Allradfahrzeuges bildete.
Im Zuge der Neuordnung der DDR-Landmaschinenindustrie hat das Werk 1965 die Traktorenfertigung eingestellt. Als IFA Motorenwerk Nordhausen stellte es danach die Dieselmotoren für das Standard-Schleppermodell „ZT 300" aus der → Schönebecker Produktion her.

33-PS-Nordhausen Famulus

72-PS-Nordhausen Tandemschlepper

Technische Daten der Nordhäuser-Schlepper

Typ	SP	Z	PS	K	B × H	Hubr.	D	Gew.	Mot.
Brocken-hexe	1948	2	22	W	100 × 140	2200	1500	1775	MBA-Typ
Pionier	1950	4	40	W	105 × 145	5022	1250	3320	FAMO-Typ
Favorit	1956	2	30	W	115 × 145	3012	1500	2600	
Famulus	1960	2	33	L	115 × 145	3012	1500	2065	
Famulus		2	36	W	115 × 145	3012	1650		
Tandem-Famulus	1959		72						2 × 36-PS-Motoren

<u>**VEB IFA Schlepper-Werk Triptis,**</u> vorm. Bruno Müller, Triptis/Thüringen, 1950–1953

Das ehemalige Lenkgetriebewerk Bruno Müller montierte unter neuer Bezeichnung im Auftrag der sowjetischen Behörden die FAMO-Raupe „Rübezahl" (→ Linke-Hofmann-Busch). Die Produktion ging angeblich vollständig als Reparationsauftrag in die Sowjetunion.

VEB IFA Traktorenwerke Schönebeck, Schönebeck/Elbe

1. 1949–1952 **VEB Schlepperwerke Schönebeck**/Elbe (vorm. FAMO und Weltrad)
2. 1952–1990 **VEB IFA Traktorenwerke Schönebeck**

Das ehemalige, gegen Kriegsende in Teilen aus Breslau nach Schönebeck verlagerte und anschließend demontierte FAMO-Werk wurde Anfang der 50er Jahre im Rahmen der vorgesehenen DDR-Landwirtschaftspolitik großzügig ausgebaut. Nach anfänglicher Teileproduktion für die Horchwerke stellte der Betrieb ab 1949/1950 die ehemalige FAMO-Radschlepper-Konstruktion als Typ „Pionier" her, den auch die → Horch-Werke und das → Schlepperwerk Nordhausen nachbauten. Der 40/42-PS-FAMO- bzw. Kämpermotor kam in die rahmenlose Blockkonstruktion mit der kantigen Vorkriegs-Blechverkleidung.
Eine völlig neue Konstruktion bildete der 1953 in Serie hergestellte Geräteträger „RS 08 Maulwurf". Er war aus dem Scheuch-Schlepper der → Auto-Union weiterentwickelt worden. Das Fahrzeug mit einem Vierkantholm als Zentralträger besaß zunächst einen über der Vorderachse angeordneten

42-PS-Schönebeck Pionier

15-PS-Schönebeck RS 08 Maulwurf

15-PS-Zweizylinder-Zweitaktmotor mit einer Dynastartanlage. Der Fahrer steuerte das Fahrzeug vom Heck aus. Zwischen den Achsen konnten Bodenbearbeitungsgeräte anmontiert werden. Der Radstand ließ sich durch das Versetzen der Vorder- oder der Hinterachse verändern.
1956 löste der „RS 09 Maulwurf" dieses Modell ab. Der Motor befand sich jetzt günstiger angeordnet über der Hinterachse. Die teleskopartige Lenksäule, der Fahrersitz, das Lenkrad und die Bedienhebel lassen sich seitdem für Rückwärtsfahrbetrieb umstecken. Eine Zapfwelleneinrichtung, eine Pritsche oder ein Baggeraufsatz konnten geliefert werden. Als Antriebsaggregat stand zunächst ein luftgekühlter Zweizylinder-Viertaktmotor in V-Form mit 18 PS nach einer Lizenz der Wiener Motorenfabrik Warchalowski zur Verfügung. Ab 1964 löste ein in gleicher Bauart ausgeführter 25-PS-Motor der Motorenwerke Cunewalde den Lizenzmotor ab.
Seit 1967 wurde neben dem auf 30 PS gesteigerten „Maulwurf" der neue DDR-Standardschlepper vom Typ „ZT 300" gefertigt. Der Schlepper ist in Heckrad- („ZT 300") oder in Allradausführung („ZT 303") lieferbar. Zum Einbau kam der auf 93 PS gedrosselte Vierzylinder-Dieselmotor aus der Lkw-Baureihe „W 50". Mit der Gründung des DDR-Landmaschinenkombi-

18-PS-Schönebeck RS 09 Maulwurf

93-PS-Schlepper ZT 303-E

nats „Fortschritt" im Jahre 1978 erhielten die Fahrzeuge seitdem die Bezeichnung „Fortschritt ZT 300" bzw. „Fortschritt ZT 303".
Neben der Radschlepperfertigung wurde auch hier die FAMO-Raupe als Typ „KS 07" montiert.
Letztes Baumuster bis zur vollständigen Auslastung des Werkes durch die „ZT 300"-Schlepper war der „KS 30 Urtrak".
Ein leichter Raupentyp „RS 30" mit einem 30-PS-Motor soll im Jahre 1951 entwickelt worden, aber nicht in den Serienbau übernommen worden sein. Auch an einem russischen Raupentyp mit einem 60-PS-Motor soll in den 50er Jahren in den Schönebecker Werken gearbeitet worden sein.

Technische Daten der Schönebeck-Schlepper

Typ	SP	Z	PS	K	B × H	Hubr.	D	Gew.	Mot.
Pionier	1951	4	42	W	105 × 145	5022	1250	3320	FAMO-Typ
RS 08	1951	2	15	L	76 × 76	690	3000	1330	DKW
R 09	1956	2	18	L	85 × 90	1020	3000	1070	Warchalowski
RS 09/124	1964	2	25	L			3000		Cunewald
ZT 300	1967	4	93	W	120 × 145	6560	1850		Typ 303 Allrad
KS 30	1951	4	63	W	125 × 175	8590	1150		FAMO-Rübezahl

Vereinigte Fabriken landwirtschaftlicher Maschinen, vorm. Epple u. Buxbaum AG, Augsburg, 1927

Diese traditionsreiche Landmaschinenfabrik mit dem Gründungsjahr 1882 stellte im Jahre 1927 ein Kleintraktorenmodell mit der Bezeichnung *„Rollmops"* vor, nachdem die Firma Erfahrungen im Bau von Motormähern gesammelt hatte. Der „Rollmops" erhielt den Einzylinder-10/12-PS-Hanomag-Motor, der auch zum Antrieb des Hanomag-„Kommißbrot"-Automobils verwendet wurde. Riemenscheibe und Mähbalken waren bei dem eisenbereiften Fahrzeug vorhanden. Auch mit einem Zweizylindermotor wurde experimentiert; in die Serienproduktion ist der „Rollmops" nicht gegangen.

Technische Daten der Epple u. Buxbaum-Schlepper

Typ	SP	Z	PS	K	B × H	Hubr.	D	Gew.	Mot.
Rollmops	1927	1	10/12	V	80 × 100	502	2500		Hanomag

10/12-PS Rollmops

Vereinigter Motoren- und Flugzeugbau Paul Dahl, Berlin-Lichtenberg, Krimhildstr. 5–12

1. 1918–1920 **Paul Dahl,** Berlin-Lichtenberg, Krimhildstr. 5–12
2. 1920–1921 **Vereinigter Motoren- und Flugzeugbau Paul Dahl**

Die einstige Rüstungsfirma (Atos-Propeller) und spätere Motorenfabrik fertigte gegen Kriegsende die „Atos"-Zugmaschine mit kurzer Ladepritsche und einer Seiltrommelanlage. Nach nur wenigen Exemplaren wurde die für landwirtschaftliche Zwecke wenig geeignete Konstruktion an die → Nahag abgegeben.

Karl Vogeler, Maschinen- und Werkzeugfabrik, Berlin NW 40, Alt Moabit 1, 1920

Der Vogeler-Tragpflug war eine leichte, aber stabile Konstruktion von Karl GLEICHE, der nach dem Tode von Rudolf → STOCK zu Vogeler gegangen war. Der Deutz-35/45-PS-Motor trieb die 3,8 t schwere Maschine mit ihren 1,8 m hohen Vorderrädern an.

Technische Daten der Vogeler-Schlepper

Typ	SP	Z	PS	K	B × H	Hubr.	D	Gew.	Mot.
Tragpflug	1920	4	35/45	W	115 × 160	6644	800	3800	Deutz

45-PS-Hammonia-Zugmaschine

Voß u. Co., Hamburg, Brahms-Allee, 1923

Die Hammonia-Zugmaschine war eine Gelegenheitskonstruktion dieses Unternehmens. In ein äußerst primitiv gestaltetes Kastenfahrgestell baute die Firma billig erworbene 45-PS-Motoren aus Heeresbeständen ein. Über eine Kette wurden zwei eng aneinanderliegende hintere Räder gesteuert. Zwei Fahrersitze befanden sich vor und hinter dem Lenkrad. Durch die nur 1 m hohen Treibräder waren die Fahrzeuge für den Betrieb in der Landwirtschaft wenig geeignet.

W

Karl F. Wahl Maschinenfabrik KG, Balingen/Württ., Olgastr. 2–10, 1935–1962

WAHL entwickelte 1935 einen leichten 20-PS-Schlepper mit einem MWM-Motor, der im Schell-Programm Berücksichtigung fand und bis 1941 gebaut werden konnte.
1949 nahm die Maschinenfabrik die unterbrochene Produktion mit dem 24 PS starken, rahmenlosen Ackerschlepper „W 46“ wieder auf. Riemenscheibe und Zapfwelle waren vorhanden. Dieser Zweizylindertyp blieb als „W 46“, als „W 22“ oder als „W 120“ mit einigen Änderungen stets im Programm.

22/24-PS-Wahl W 46 (1)

12-PS-Wahl W 12

Ein umfangreiches Programm von Ein-, Zwei- und Dreizylinder-Schleppern mit Leistungen von 12 bis 36 PS wurde in den 50er Jahren entwickelt. Die Fahrzeuge waren in Block-, Halbrahmen- oder in Tragschlepperbauweise ausgeführt. Die Vorderachsen bestanden zunächst in einfacher Pendel-, seit der Mitte der 50er Jahre in einer Portalkonstruktion. Die Hinterachse war zur Erhöhung der Bodenfreiheit in Portalbauart konstruiert. Bis 1957 kamen wasser- und luftgekühlte MWM- sowie luftgekühlte Hatz-Motoren zum Einbau; danach baute Wahl nur noch luftgekühlte Maschinen dieser Marken ein. Zu erwähnen ist dabei, daß z. B. die Modellreihe „W 15 E“ mit Deutz-Motorhauben versehen wurde, obwohl ein MWM-Motor darunter steckte.
Kurz vor der Einstellung der Schlepperfertigung übernahm Wahl den Vertrieb der englischen David-Brown-Schlepper, die das fehlende Programm in den höheren PS-Klassen ausfüllen sollten. Die Jahreskapazität des Unternehmens lag bei ca. 500 Schleppern. Mit der Fertigung von kleineren Geräten ist das Unternehmen der Landmaschinenindustrie weiterhin verbunden.

Technische Daten der Wahl-Schlepper

Typ	SP	Z	PS	K	B × H	Hubr.	D	Gew.	Mot.
W 35	1935	2	20	W	95 × 120	2120	1500	1460	MWM
W 46(AS 22)	1949	2	22/24	W	100 × 150	2356	1500	1500	MWM
W 15	1952	1	14	W	100 × 150	1178	1500	1220	MWM
W 16	1952	1	16	W	100 × 150	1178	1600	1220	MWM
W 17	1952	2	17	W	85 × 110	1250	2000	1155	MWM
W 46 (AS 22)	1952	2	25	W	95 × 120	1700	2000	1650	MWM
W 40	1952	3	40	W	100 × 150	3534	1500	1800/ 2200	MWM
W 12	1953	1	12	L	105 × 120	1004	2000	935	MWM
W 12	1953	1	12	W	95 × 120	850	2000	995	MWM
W 22/24	1954	2	24	L	105 × 120	2008	2000	1200	MWM
W 22/24	1954	2	24	W	95 × 120	1700	2000	1200	MWM
W 28	1954	3	28	L	105 × 120	3120	2000	1580	MWM
W 28	1954	3	28	W	100 × 150	3534	1500	1580	MWM
W 15 E	1957	1	16	L	105 × 120	1004	2200	1155	MWM
W 12	1957	1	12	L	90 × 110	699	2000	935	MWM
W 12	1957	1	12	W	90 × 105	668	2600	890	Hatz
W 36	1957	2	36	W	95 × 120	2550	2000		MWM
W 70	1959	1	12	L	90 × 105	668	2500	855	Hatz
W 80	1959	1	14	L	105 × 120	1004	2000	986	MWM oder Hatz 12 PS
W 90 T	1960	2	16	L	105 × 120	1004	2200	880	MWM, Tragschl.
W (A) 95	1960	2	18	L	90 × 110	1450	2000	1025	MWM
W (22) 120	1960	2	24	L	98 × 120	1810	2000	1220	MWM
W (30) 130	1960	2	30	L	105 × 120	2008	2200	1600	MWM
W 133	1960	2	20	L	80 × 100	1004	2650	1320	MWM, Tragschl.
W 98	1960	2	20	L	80 × 100	1004	2600		MWM
W 150	1960	2	30	L	105 × 120	2077	2200		MWM
W 120	1961	1	16	L	80 × 100	1004	2850		MWM

Motorpflug Carl Freiherr v. Wangenheim, Berlin-Wilmersdorf, 1920

Der Landmaschinenindustrielle VON WANGENHEIM, der die Vielzweckmaschine „Faktotum" der Firma → Universal-Landbaumotor AG konstruiert und vertrieben hatte, entwickelte 1920 ein weiteres Modell. Der Bau sollte aufgrund einer Lizenzabgabe der Bayerischen Motorenwerke von der Hannoverschen Waggonfabrik AG (Hawa) gefertigt werden. Über einen Prototyp mit unbekannt gebliebenen technischen Daten kam das Projekt nicht hinaus.

16-PS-Wahl Tragschlepper W 90

28-PS-Wahl W 28

Ernst Wanner, Wangen/Allg., 1949–1951

Einen Vierrad-Kleinschlepper der Marke „Fix KS 2" mit einem F & S-Einzylinder-Vergasermotor mit 6,5 PS stellte diese Firma für kurze Zeit her. Das mehr einem Motormäher ähnelnde Gerät besaß eine vordere Ladepritsche sowie einen Mähbalken.

6,5-PS-Wanner Fix KS 2

Technische Daten der Wanner-Schlepper

Typ	SP	Z	PS	K	B × H	Hubr.	D	Gew.	Mot.
Fix KS 2	1949	1	6,5	L	71 × 70	277	3000	430	F & S

Anton und Ludwig Weber, Mech. Werkstätte, Autoreparatur, Bad Kreuznach, Lohrermühle, 1931

Diese Firma entwickelte eine nur 380 kg schwere, kompakte Zugmaschine mit Allradantrieb und einer Drehschemellenkung. Der in der Fahrzeugmitte liegende Zweizylinder-DKW-Motor mit 12 PS trieb über eine diagonal liegende Welle die Hinterachse und mit einer am vorderen Wellenende angebrachten Kegelradübertragung die Vorderachse an. Die Lenksäule lag waagerecht; die äußeren Ränder der Eisenräder waren mit Stollen versehen. Eine Serienproduktion wurde jedoch nicht aufgenommen.

12-PS-Weber-Allradschlepper

Ernst Weichel, Landmaschinenbau, Heiningen, Bahnhofstr. 1, 1975

Das Landmaschinenunternehmen Weichel übernahm die Geräteträgerkonstruktion von → Schmotzer. Auf das verbreiterte Fahrgestell kam ein hochbordiger Heuwagenaufbau der österreichischen Firma Reform-Werke. Ein Dreizylindermotor mit 46 PS von Perkins trieb das als „Weichel-Porter" bezeichnete Fahrzeug an.

Technische Daten der Weichel-Schlepper

Typ	SP	Z	PS	K	B × H	Hubr.	D	Gew.	Mot.
Weichel-Porter	1975	3	46	W	91 × 127	2500	2200	2300	Perkins

Fritz Weigold, Fahrzeugbau, Mannheim, Gärtnerstraße, 1949–1951

Das Fahrzeugbauunternehmen Weigold montierte für kurze Zeit Zweizylinder-22/24-PS- und Dreizylinder-35-PS-Schlepper mit MWM-Motoren. Riemenscheibe und Zapfwelle waren vorhanden.

Technische Daten der Weigold-Schlepper

Typ	SP	Z	PS	K	B × H	Hubr.	D	Gew.	Mot.
A	1949	2	22/24	W	95 × 150	2125	1500	1600	MWM
B	1949	3	35	W	95 × 150	3185	1500	2000	MWM
WK 15	1949	1	11	W	100 × 150	1178	1500		MWM

Welte, Stahl- und Fahrzeugbau, Umkirch, Im Gansacker, 1969–heute

Als Spezialfabrik für Schwertransport-, Langholzmaterial-, Holztransport- und Forstfahrzeuge wurde das Unternehmen im Jahre 1952 gegründet. Ende der 60er Jahre nahm die Firma den Bau von speziellen Forstschleppern der Typen „Oekonom", „Forstmann" und „Junior" auf. In Normal- und Schmalspurausführung, mit Spurweitenverstellung, Front- und Heckschild,

104-PS-Welte Oekonom (1)

hydraulischer Verlagerung des Schwerpunktes in der Axialen sowie mit Zweiwegeausrüstung können die mit Deutz-Motoren ausgerüsteten Schlepper geliefert werden.

Technische Daten der Welte-Schlepper

Typ	SP	Z	PS	K	B × H	Hubr.	D	Gew.	Mot.
Ökonom ES 60	1969	4	64	L	100 × 120	3768	2500	5250	Deutz
dto. ES 80	1969	6	91	L	100 × 120	5652	2500	5480	Deutz
Forstmann	1969	6	91	L	100 × 120	5652	2500	6000	Deutz
Junior	1972	4	70	L	100 × 120	3768	2300	4950	Deutz
Junior	1975	4	72	L	100 × 120	3768	2300	4950	Deutz
Ökonom ES 100	1975	6	104	L	100 × 120	5652	2500	7200	Deutz
ES 80 Junior	1976	5	80	L	100 × 120	4710	2500	5600	Deutz
ES 100/3 L	1978	6	105	L	100 × 120	5652	2300	7400	Deutz
ES 70 Jubi-Trac	1979	4	70	L	100 × 120	3768	2300	4800	Deutz
ES 100/5 L	1980	6	105	L	100 × 120	5652	2300	7400	Deutz
ES 80 S Junior	1981	5	88	L	100 × 120	4710	2500	5800	Deutz
ES 70 Jubi-Trac	1984	4	70	L	100 × 120	3768	2300	4800	Deutz

H. Wesseler oHG, Schlepper- und Fahrzeugbau, Altenberge, Kümper 46, 1938–1966

Im Jahre 1936 konstruierte Heinrich Wesseler in der 1879 von Bernhard Wesseler als Landschmiede gegründeten Landmaschinenfabrik einen Schlepper für den Eigenbedarf. Nach Erprobung und weiterer Vervollkommnung fertigte das Unternehmen von 1938 bis 1940/41 20 Schlepper in Rahmenkonstruktion mit einem aufgesetzten 12-PS-Einzylindermotor.
Nach dem Krieg begann Wesseler erneut die Schlepperfertigung mit einem 22-PS-Typ, dem in den 50er Jahren ein umfangreiches Programm an leichten und mittleren Ackerschleppern folgte. Wasser- und luftgekühlte Ein-, Zwei- und Dreizylindermotoren von MWM kamen zum Einbau. Das erste Großserienprogramm aus dem Jahre 1953 begann mit den wassergekühlten Modellen „W 17, W 24, W 28, W 32“ sowie den luftgekühlten Typen „WL 12“, „WL 36“. Der Motor-Getriebeblock war bei diesen Traktoren über ein

24-PS-Wesseler W 24 (1)

20-PS-Wesseler WL 20 E (1)

Vierkantrohr mit der Hinterachse verbunden. Diese Bauart ermöglichte einen Anbau von Zwischenachsgeräten; besonders der Kleinschlepper „W 12" war mit seiner Wespentaillenbauart hierzu geeignet. Die Vorderachsen der Schlepper waren in Portalkonstruktion ausgeführt. Zapfwelle und eine Hydraulik waren vorhanden; die Räder konnten in der Spurweite verstellt werden.

Im Jahre 1956 erweiterte das Unternehmen sein Programm durch die Konstruktion eines in Halbrahmenbauweise ausgeführten Geräteträgers vom Typ „WLG Ackermeister" mit luftgekühlten Ein- und Zweizylindermotoren mit 12 bzw. 18 PS. Der Motor befand sich über der Hinterachse. Die Vorderachse war durch ein Vierkantrohr mit dem Motor-Getriebeblock verbunden. Zapfwelle und Hydraulik standen ebenfalls zur Verfügung; auch die Radspur ließ sich verändern. Ab 1958 gelangte noch ein 20 PS starker Motor zum Einbau.

Bis 1958/59 konnten nahezu alle Typen in luft- oder wassergekühlter Version mit MWM-Motoren geliefert werden. So stand eine Palette von Traktoren mit Leistungen von 14 bis 45 PS zur Verfügung. Die äußere Gestaltung lehnte sich gegen Ende der 50er Jahre durch die Haubenform an die Deutz-Schlepper an. Ab 1959 verwendete Wesseler nur noch luftgekühlte MWM-

Aggregate; gleichzeitig wurden die PS-Zahlen der kleineren Typen erneut angehoben. Mit dem allgemeinen Rückgang des Schleppergeschäftes gab auch Wesseler die Montage der Traktoren auf. Als Landmaschinenfabrik und Fiat-Traktoren-Filiale existiert das Unternehmen weiterhin.

Technische Daten der Wesseler-Schlepper

Typ	SP	Z	PS	K	B × H	Hubr.	D	Gew.	Mot.
Wesseler	1938	1	12	W	95 × 150	1062	1500		
Wesseler	1948	2	22	W	100 × 150	2356	1500		
WL 12	1953	1	12	L	98 × 120	905	2000	780	MWM
W 17	1953	2	17	W	85 × 110	1250	2000	1200	MWM
W 24	1953	2	24	W	95 × 120	1700	2000	1500	MWM
W 28	1953	2	28	W	100 × 150	2356	2000	1800	MWM
W 32	1953	2	32	W	105 × 150	2600	1600	1800	MWM
WL 36	1953	3	36	W	98 × 120	2715	2000	1850	MWM
W 12	1954	1	12	W	95 × 120	850	2000	780	MWM
W 24 L	1954	2	24	L	98 × 120	1810	2000	1500	MWM
W 18	1957	2	18	W	85 × 110	1250	2000	950	MWM
WL 18	1957	2	18	L	90 × 110	1400	2000	950	MWM
W 36	1957	3	30	W	105 × 120	2080	1500	1600	MWM
W 36	1957	3	36	W	105 × 120	3120	2000	1700	MWM
W 40	1957	3	40	W	105 × 120	3120	2200	2200	MWM
WL 49	1957	3	40	L	105 × 120	3120	2000	2200	MWM
W 14	1958	1	14	W	105 × 120	1040	2000	790	MWM
WL 14	1958	1	14	L	105 × 120	1040	2000	790	MWM
W 20	1958	2	20	W	85 × 110	1250	2100	980	MWM
WL 20	1958	2	20	L	90 × 110	1400	2100	980	MWM
WL 28	1958	2	28	L	105 × 120	2080	2000	1350	MWM
WL 38	1958	3	38	L	105 × 120	3120	2000	1750	MWM
WL 15 E	1959	1	15	L	105 × 120	1040	2200	800	MWM
WL 26 E	1959	2	26	L	105 × 120	2080	2000	1320	MWM
WL 230 E	1959	2	30	L	105 × 120	2080	2200	1390	MWM
WL 45 E	1959	3	45	L	105 × 120	3120	2200	1890	MWM
WL 12 E	1960	1	12	L	98 × 120	904	2000		MWM
Geräte-träger									
WLG 12	1956	1	12	L	98 × 120	905	2000	1100	MWM
WLG 18	1956	2	18	L	90 × 110	1400	2000	1220	MWM
WLG 20	1958	2	20	L	90 × 110	1400	2100	1220	MWM

18-PS-Wesseler WLG 18 Ackermeister (1)

20-PS-Wesseler WLG 20 Ackermeister (1)

8/10-PS-Widmann Fawi

Fahrzeugbau Widmann, Waiblingen, 1950

Einen Dreirad-Schlepper vom Typ „Fawi“ mit ankuppelbarem Hänger stellte diese Firma her. Ein Farny und Weidmann-Dieselmotor mit 8/10 PS trieb das 560 kg schwere Fahrzeug an.

Technische Daten der Widmann-Schlepper

Typ	SP	Z	PS	K	B × H	Hubr.	D	Gew.	Mot.
Fawi	1950	1	8/10	W	90 × 120	760	1/50	560	Farymann

Georg Wiß, Gaggenau u. Karlsruhe, 1911

Georg Wiss (1868–1928), Vorstandsmitglied der Automobilfabrik Benz u. Cie., ließ um 1911 einen stabilen Gelenkpflug mit einem 65-PS-Benz-Motor, Pendelvorderachse und 2,2 m großen Treibrädern konstruieren. Eine Differentialsperre und ein Sonnendach waren bei dem 6,6 t schweren Fahrzeug vorhanden. Das Zweiganggetriebe ermöglichte Geschwindigkeiten von 4 bis 6 und von 11 bis 12 km/h. Der Pflugrahmen befand sich zwischen den Achsen. Mit einer motorisch angetriebenen Hebevorrichtung konnte er

bewegt werden. Da das eine Hinterrad nun in der gezogenen Furche lief, mußte mit der Lenkung stets gegengesteuert werden. Auch wurde das zeitraubende Anbringen der Greifer an den Pflugrahmen als ungünstig angesehen.
1913/14 übernahm die → Daimler-Motoren-Gesellschaft den „Wiß"-Schlepper, der nun im Zweigwerk Berlin-Marienfelde weitergebaut wurde. Mit eigenen 40-, 60- und 80-PS-Motoren sowie mit weiteren technischen Verbesserungen konstruierte das Berliner Werk das Fahrzeug zum reinen Zugschlepper um.

Wolfenbütteler Traktoren Gesellschaft mbH, St. Andreasberg-Sperrluttertal; Wolfenbüttel, Goslarsche Str. 32

1. 1949 **Wolfenbütteler Traktoren Gesellschaft mbH**
2. 1950 **Walter Eckold, Traktoren- u. Fördergeräte**

Dieser aus der damaligen Sowjetzone in den Oberharz übergesiedelte Betrieb entwickelte einen Universalschlepper mit Windschutzscheibe und Dach, der einen Zweizylinder-Deutz-Motor mit 22 PS besaß. Mähantrieb und ein hydraulischer Kraftheber waren vorhanden. Nur wenige Exemplare wurden gebaut.

Technische Daten der Wotrak-Schlepper

Typ	SP	Z	PS	K	B × H	Hubr.	D	Gew.	Mot.
Wotrak	1949	2	22	W	100 × 140	2198	1500	1200	Deutz

Wumag-Waggon- und Maschinenbau GmbH, Krefeld-Linn, 1948

Nach einer Idee von Dr. Ing. ZEYNS stellte dieses Unternehmen einen Prototyp eines einfachen Dreiradschleppers unter Verwendung von Automobilteilen her. Das hintere Stützrad war in dem als Längsträger ausgebildeten Rohrrahmen am gegabelten Ende eingeschoben. Ein unverkleideter 12-PS-ILO-Vergasermotor trieb über ein Vierganggetriebe den 660 kg schweren Kleinschlepper an.

Z

Hermann Zanker KG, Maschinen- u. Metallwarenfabrik, Tübingen, 1949–1950

Die durch die Herstellung von Gasgeneratoren und Haushaltsgeräten bekannt gewordene Firma brachte einen leichten, nur 1350 kg wiegenden Schlepper vom Typ „M 1" heraus. Ein eigener Einzylinder-Zweitakt-Dieselmotor mit Thermosyphonkühlung trieb das Fahrzeug an. Die Einliter-Maschine leistete 12, bei Höchstbelastung 15 PS. Zapfwelle und Riemenscheibe waren vorhanden.
Ende 1949 übernahm → Bautz dieses Modell und produzierte es als Typ „AS/AW 120" in verbesserter Form weiter. Die Firma Zanker verlegte ihren Fertigungsschwerpunkt seitdem erfolgreich auf den Waschmaschinenbereich.

12/15-PS-Zanker M 1 (2)

Technische Daten der Zanker-Schlepper

Typ	SP	Z	PS	K	B × H	Hubr.	D	Gew.	Mot.
M 1	1949	1	12/15	Th	100 × 130	1020	1500	1185	Zweitakt

Hubert Zettelmeyer AG, Maschinenfabrik und Eisengießerei, Konz b. Trier, 1936–1954

Die durch Straßenwalzen bekannt gewordene Firma stellte 1936 einen rahmenlosen 20-PS-Ackerschlepper als Typ „Z 1“ her. Mit gleichem Grundaufbau, einer gefederten Vorderachse und einer umfangreichen Verkleidung kam noch der Straßenschlepper „Z 2“ hinzu. Die Räder waren gleich groß; die Hinterachse war zwillingsbereift. Ein Zweizylinder-Deutz-Motor mit Ver-

20-PS-Zettelmeyer

24-PS-Zettelmeyer GZ 1

dampferkühlung kam in die 1,75 und 1,93 t schweren Fahrzeuge. Riemenscheibe, Spillwinde und später auch eine Zapfwelle waren in einem kombinierten Triebblock zusammengefaßt. Ab 1939 wurde der 22-PS-Deutz-Motor mit Wasserkühlung eingebaut.
Während des Krieges erhielt der „Z 1" eine Einheits-Holzgasanlage und einen auf 25 PS gesteigerten Motor. 1946 wurde wieder auf den bewährten 22-PS-Motor zurückgegriffen. Zu Beginn der 50er Jahre erhielten die Schlepper eine abgerundete Haube und einen 25-PS-Deutz-Motor. Die Höchstgeschwindigkeiten betrugen 18 bzw. 21 km/h.
Nachdem Zettelmeyer mit den neu herausgebrachten Autoschüttern, die auf der Basis des Schleppers entwickelt worden waren, größere Erfolge erreichen konnte, verlegte sich das Unternehmen ganz auf die Herstellung von Baustellenfahrzeugen. Etwa 3000 Schlepper wurden gefertigt.

Technische Daten der Zettelmeyer-Schlepper

Typ	SP	Z	PS	K	B × H	Hubr.	D	Gew.	Mot.
Z 1	1936	2	20	V	100 × 130	2041	1500	1750	Deutz
Z 1	1939	2	22	W	100 × 140	2198	1500		Deutz
GZ 1	1941	2	25	W	150 × 130	4592	1550		Deutz-Generator
Z 1	1946	2	22	W	100 × 140	2198	1500	1650	Deutz
Z 1	1951	2	25	W	100 × 140	2198	1600	1715	Deutz

E. A. Zogbaum, 1950

Den „Unitrak"-Schlepper der Firma → Walter Hofmann baute dieses Unternehmen mit einem 10-PS-Vergasermotor nach. Ein Drehpflug oder eine Fräse konnten angebaut werden.

25-PS-Zettelmeyer Z 1

Nachtrag

Durch Zuschriften aufmerksamer Leser konnte der Autor noch folgende Firmen mit in die Taschenbuchreihe aufnehmen:

Martin Burzler, Treuchtlingen/Bayern, Naumburgerstraße 21, 1951

Unter der Bezeichnung „MTB A 3/15" erschien ein Leichtschlepper mit dem 14-PS-Zanker-Motor (→ Zanker).

Technische Daten der Burzler-Schlepper

Typ	SP	Z	PS	K	B × H	Hubr.	D	Gew.	Mot.
MTB A 3/15	1951	1	14	W	100 × 130	1021	1500	1360	Zanker

Carl Steinmetz, Karlsruhe-Durlach, Rittnerstraße, 1914

Versuchskonstruktion eines Schleppers mit Gaggenauer-Pkw-Fahrgestell.

Bernhard Teupenia oHG, Ochtrup, 1959

Unter der Bezeichnung „D 15" bot Teupenia einen Geräteträger an, der auch als Zugmaschine verwendet werden konnte. Mähantrieb und Riemenscheibe waren vorhanden.

Literaturhinweise

Bücher:

BARSCH, Otto: Motorpflüge, Berlin 1920
BARSCH, Otto: Die Motorpflugtechnik, Bd. 1: Das Motorpflugwesen, Berlin 1927
BARSCH, Otto: Straßen- und Industrieschlepper, Berlin 1929
BARSCH, Otto: Technische Ratschläge beim Motorpfluganikauf, Berlin 1920
BECKER, Gabriel: Motorschlepper für Industrie und Wirtschaft, Berlin 1926
BLUMENTHAL, R.: Technisches Handbuch Traktoren, Berlin 1960
Die Fahrzeugindustrie der sowjetischen Besatzungszone Deutschlands, 1. Teil:
Die Kraftfahrzeugindustrie, bearbeitet in der Außenstelle Berlin des Instituts für Raumforschung Bonn, Bad Godesberg 1953
FLÜCHT, Heinz u. Helmut Blum: Schlepper, Handbuch des deutschen Schlepperbaus, Berlin 1941
FRANZ, Günther: Die Geschichte der Landtechnik im 20. Jahrhundert, Frankfurt 1969
HANSEN, Hans-Harry: Auto-Branchen-Code, Frankfurt 1951, 1955, 1964/65
KONRAD, Joachim: Landtechnik Traktorenkunde, Berlin 1965
Kraftpflug-Führer, Deutsches Traktorenbuch 1929, Berlin 1929
KRIEGER, Johannes: Größe und Standort der Betriebe der deutschen landwirtschaftlichen Maschinenindustrie, Berlin 1927
KÜHNE, Georg: Handbuch der Landmaschinentechnik, Berlin 1930
Deutsche Landmaschinen, Hrsg.: Der Verband deutscher Landmaschinen-Industrie, Berlin 1927
Das deutsche Landmaschinen-Adreßbuch, Pößneck 1938
Landmaschinen und Ackerschlepper, Frankfurt/Main 1967/68
LEHMBECK, Theodor: Der Motor in der Landwirtschaft, Berlin 1919
LÜBEN, Alfred R.: Die deutsche Landmaschinenindustrie, Berlin 1926
Materialien zur Wirtschaftslage in der sowjetischen Zone. Der Fahrzeugbau in der sowjetischen Besatzungszone Deutschlands, Hrsg.: Bundesministerium für gesamtdeutsche Fragen, Bonn 1955
MEYER, Hannes u. Wolfgang Lehmann: Reparatur- und Einstelltabellen Bd. 1–3, Würzburg 1984
NEUBAUER, Erich: Das gelbe Schlepperbuch, Wiesbaden 1953, 1954, 1957, 1961
SCHILLING, Erich: Landmaschinen, Bd. 1 und 2, Rodenkirchen 1953/1955
THEBIS, Reinhold: Traktoren und Raupenschlepper, Leipzig 1926
Deutsche Verbrennungsmotoren, Frankfurt 1951

Zeitschriften:

Allgemeine Automobil-Zeitung, Berlin 1899–1943
Historischer Kraftverkehr (früher Elefant), Schwieberdingen 1982 ff.
Die Landmaschine, Zeitschrift für landwirtschaftliche Maschinen und Geräte, Berlin 1921–1929
Der Landmaschinen-Markt, Würzburg 1949–1963
Landmaschinen Rundschau, 1950–1955
Landtechnik, Fachzeitschrift für alle Bereiche der Agrartechnik; mit den Mitteilungen des Kuratoriums für Technik und Bauwesen in der Landwirtschaft für Agrartechnik, Wolfratshausen bei München 1946 ff; ab 1970 Lehrte (Hannover)
Das Lastauto, Pößneck 1925–1943
Das Nutzfahrzeug, München 1949–1970
Schlepper Jahrbuch, Kassel 1949/1950, 1950, 1951/1952
Technik und Landwirtschaft, Heidelberg 1949–1961
Der Traktor, München, 1954–1960
Zeitschrift des mitteleuropäischen Motorwagenvereins, Berlin 1897–1920

Weitere interessante und günstige Titel:

Klaus Herrmann:

Ackergiganten
– Technik, Geschichte und Geschichten

192 Seiten, Format 21,5 x 27,5 cm,
gebunden, durchgehend farbige und s/w-Abbildungen
Best.-Nr. 313 957
Sonderausgabe nur DM 19,80

Faszination der Technik

144 Seiten, Format 23,0 x 29,5 cm,
gebunden, durchgehend farbige Abbildungen
Best.-Nr. 265 934
Sonderausgabe nur DM 19,80

Isaac Asimov:

500 000 Jahre Erfindungen und Entdeckungen

670 Seiten, Format 17,0 x 22,9 cm,
gebunden
Best.-Nr. 269 837
Sonderausgabe nur DM 19,80

Brian Hollingsworth/Arthur Cook:

Das Handbuch der Lokomotiven

413 Seiten, Format 21,5 x 30,0 cm,
gebunden, mit Schutzumschlag
durchgehend farbige Abbildungen
Best.-Nr. 266 874
Sonderausgabe nur DM 39,80

Deutsche Eisenbahnen

10 Bände, insg. 2158 Seiten, Format 11,5 x 16,5 cm,
kartoniert in Kassette, durchgehend s/w-Abbildungen
Best.-Nr. 185 884
Sonderausgabe nur DM 49,80

Frank Gruber
Berhard Richter:

Das grosse Buch der Eisenbahn

312 Seiten, Format 26,4 x 33,5 cm,
gebunden mit Schutzumschlag,
durchgehend farbige Abbildungen
Best.-Nr. 281 543
Sonderausgabe nur DM 49,80

Hans-Peter Orth:

Feuerwehr in der Geschichte

168 Seiten, Format 20,5 x 29,5 cm,
gebunden mit Schutzumschlag,
durchgehend farbige Abbildungen
Best.-Nr. 283 440
Sonderausgabe nur DM 29,80

Udo Paulitz:

Alte Feuerwehren

3 Bände, insg. 384 Seiten, Format 27,0 x 22,0 cm,
gebunden, durchgehend farbige Abbildungen
Best.-Nr. 247 437
Sonderausgabe nur DM 49,80

Enzyklopädie des Automobils

480 Seiten, Format 21,0 x 29,0 cm,
gebunden, durchgehend meist farbige Abbildungen
Best.-Nr. 170 217
Sonderausgabe nur DM 25,–

Enzyklopädie der Flugzeuge

432 Seiten, Format 23,4 x 29,7 cm,
gebunden,
durchgehend farbige und s/w-Abbildungen
Best.-Nr. 245 514
Sonderausgabe nur DM 25,–

Georgio Apostolo:

Enzyklopädie der Hubschrauber

144 Seiten, Format 26,2 x 29,0 cm,
gebunden,
durchgehend farbige und s/w-Abbildungen
Best.-Nr. 205 153
Sonderausgabe nur DM 29,80

Enzyklopädie der Kriegsschiffe

432 Seiten, Format 21,0 x 28,0 cm,
gebunden, durchgehend farbige Abbildungen
Best.-Nr. 269 084
Sonderausgabe nur DM 25,–

Eberhard Rössler:

Geschichte des deutschen U-Bootbaus

2 Bände, insg. 550 Seiten, Format 21,0 x 25,0 cm,
gebunden mit Schutzumschlag,
durchgehend s/w-Abbildungen, incl. 11 Faltkarten
Best.-Nr. 265 603
Sonderausgabe nur DM 49,80

Alfred Dudszus
Alfred Köpcke:

Das große Buch der Schiffstypen

608 Seiten, Format 24,5 x 30,5 cm,
gebunden, farbige und s/w-Abbildungen
Best.-Nr. 219 790
Sonderausgabe nur DM 29,80

Hans-Joachim Mau
Charles E. Scurrell:

Flugzeugträger – Trägerflugzeuge

288 Seiten, Format 24,5 x 27,5 cm,
gebunden, farbige und s/w-Abbildungen
Best.-Nr. 246 959
Sonderausgabe nur DM 29,80

Siegfried Breyer
Gerhard Koop:

Schlachtschiff Bismarck

144 Seiten, Format 29,5 x 21,0 cm,
gebunden, durchgehend s/w-Abbildungen
Best.-Nr. 274 019
Sonderausgabe nur DM 19,80

Hort Huchling:

Physik

408 Seiten, Format 12,0 x 18,7 cm,
gebunden
Best.-Nr. 327 965
Sonderausgabe nur DM 19,80

Alfred Hilbert:

Mathematik

672 Seiten, Format 12,0 x 18,7 cm,
gebunden
Best.-Nr. 327 973
Sonderausgabe DM 19,80

Weltbild Kolleg:

Das Abiturwissen 10 Bände

3.934 Seiten, Format 12,0 x 19,0 cm,
kartoniert mit Schuber
Best.-Nr. 222 828
Neuausgabe DM 98,–

Bestellungen an Weltbild Verlag GmbH,
Steinerne Furt 68–72, 86167 Augsburg